本书为江苏省优势学科第三期项目资助
江苏省委宣传部／苏州市委宣传部／苏州大学"部校共建马克思主义学院"
江苏省中国特色社会主义理论体系研究中心苏州大学基地
苏州大学人文社科优秀学术团队（马克思主义政党与国家治理研究）理论成果

生态文明建设中的生态公正问题研究

罗志勇 著

苏州大学出版社
Soochow University Press

图书在版编目(CIP)数据

生态文明建设中的生态公正问题研究 / 罗志勇著
. —苏州：苏州大学出版社，2021.12
ISBN 978-7-5672-3826-8

Ⅰ.①生… Ⅱ.①罗… Ⅲ.①生态环境建设—研究—
中国 Ⅳ.①X321.2

中国版本图书馆 CIP 数据核字(2021)第 263527 号

书　　名：**生态文明建设中的生态公正问题研究**
SHENGTAI WENMING JIANSHEZHONG DE SHENGTAI
GONGZHENG WENTI YANJIU

著　　者：罗志勇
责任编辑：李寿春
助理编辑：王玉琦
装帧设计：吴　钰

出版发行：苏州大学出版社（Soochow University Press）
社　　址：苏州市十梓街 1 号　邮编：215006
网　　址：www. sudapress. com
邮　　箱：sdcbs@suda. edu. cn
印　　装：广东虎彩云印刷有限公司
邮购热线：0512-67480030　销售热线：0512-67481020
网店地址：https://szdxcbs. tmall. com/（天猫旗舰店）

开　　本：700 mm×1 000 mm　1/16　印张：16.25　字数：275 千
版　　次：2021 年 12 月第 1 版
印　　次：2021 年 12 月第 1 次印刷
书　　号：ISBN 978-7-5672-3826-8
定　　价：60.00 元

凡购本社图书发现印装错误，请与本社联系调换。服务热线：0512-67481020

序　言

　　建设美丽中国，走向社会主义生态文明新时代，是将我国建设成为社会主义现代化强国的重要战略任务。在我国社会主义生态文明建设进程中，生态环境领域的公平正义问题是一个必须正视的突出问题。将公平正义的理念拓展到生态领域，以经济公正、政治公正、文化公正、社会公正和生态公正这一"五位一体"的整体公正观，维护好、实现好、发展好人民群众的生态权益，推进人与自然和谐共生的现代化，是社会主义生态文明建设的首要目标和重大价值诉求。苏州大学马克思主义学院罗志勇博士在其著作《生态文明建设中的生态公正问题研究》即将付梓之际，委托我写个序言。作为他的博士生导师，我欣然应允，并就此谈几点感想，权当作序。

　　习近平总书记指出："良好生态环境是最公平的公共产品，是最普惠的民生福祉。"[1] 这一论断深刻揭示了生态环境与人类社会密切相关。在当代中国，生态环境问题不仅是个重大的政治问题，也是个重大的民生问题。随着全球化的加速，发端于西方的工业文明既在历史上前所未有地显示出了人类征服和改造自然的力量，也暴露出了资本逻辑反生态的弊端以及人性的弱点，造成人与自然关系、人与社会关系的紧张和失衡。对自然界的过度开发利用，一方面表现出资本逐利的本性和人性的贪婪，体现了传统现代化发展模式的错误；另一方面造成环境污染和生态破坏，给人类生存和人的全面发展带来前所未有的危机。呵护自然，改善生态环境，为人类创造美好的工作和生活环境，已成为一个重大的社会问题。人类社会发展与生态环境发展的一致性，人的全面发展需要良好的生态环境作为强有力的支撑和保证系统等观念，已经构成当代社会发展的主题。

　　良好的生态环境是人的全面发展不可或缺的物质条件。因此，保障每个

---

[1] 中共中央文献研究室编《习近平关于社会主义生态文明建设论述摘编》，中央文献出版社，2017，第4页。

人平等公正享有生态权益，是马克思主义生态公正理论和社会主义经济公正、政治公正、文化公正、社会公正和生态公正"五位一体"整体公正观的重要内容和应有之义。人作为宇宙间最复杂的存在物，是以两种方式存在于世界上的。

一方面，人不能脱离自然界而存在，人是自然界的产物。马克思认为，人有两个"身体"：一个是他的有机身体，即血肉之躯；另一个是他的无机身体，即外部自然界。"自然界就它自身不是人的身体而言，是人的无机的身体。人靠自然界生活。这就是说，自然界是人为了不致死亡而必须与之处于持续不断的交互作用过程的、人的身体。所谓人的肉体生活和精神生活同自然界相联系，不外是说自然界同自身相联系，因为人是自然界的一部分。"[1] 良好的生态环境为人的自由而全面发展提供物质基础。马克思、恩格斯指出："全部人类历史的第一个前提无疑是有生命的个人的存在。因此，第一个需要确认的事实就是这些个人的肉体组织以及由此产生的个人对其他自然的关系。当然，我们在这里既不能深入研究人们自身的生理特性，也不能深入研究人们所处的各种自然条件——地质条件、山岳水文地理条件、气候条件以及其他条件。任何历史记载都应当从这些自然基础以及它们在历史进程中由于人们的活动而发生的变更出发。"[2]

另一方面，人在本质上是一切社会关系的总和。处在特定的社会关系之中，人的发展要受制于一定的社会人文环境。社会人文环境对人的发展起着决定性作用。人从降临地球的那一天起，就既要接受自然遗产的馈赠，又要接受社会文化遗产的馈赠。自然环境和社会人文环境结合在一起，陶冶着人的情操，塑造着人的品格，浸染着人的心灵，规约着人的行动。自然界和社会的交互作用，构成了人的存在和发展须臾不可分离的物质基础。正如马克思所强调的，"只有在社会中，自然界才是人自己的合乎人性的存在的基础，才是人的现实的生活要素。只有在社会中，人的自然的存在对他来说才是人的合乎人性的存在，并且自然界对他来说才成为人。因此，社会是人同自然界的完成了的本质的统一，是自然界的真正复活，是人的实现了的自然主义

---

[1] 中共中央马克思恩格斯列宁斯大林著作编译局编译《马克思恩格斯文集》第 1 卷，人民出版社，2009，第 161 页。

[2] 中共中央马克思恩格斯列宁斯大林著作编译局编译《马克思恩格斯文集》第 1 卷，人民出版社，2009，第 519 页。

和自然界的实现了的人道主义"[1]。

生态公正问题的实质是一个重大的社会政治问题。全球日益恶化的生态危机推动着生态学和政治学的联姻，促使生态政治学的产生和发展。人类从来没有像今天这样强烈地感受到生态危机对自身生存和发展带来的重大威胁，也从来没有像今天这样强烈地感受到生态公正问题已经从一个轻微的和局部的问题，演变成了一个严重的全球性问题。今天，生态环境危机成为超越社会制度和社会意识形态、事关人类生死存亡并且带有普遍意义的全球性问题，突出地昭示出这样一个道理：不管是资本主义制度，还是社会主义制度，只要从事工业化，只要忽视自然因素对于社会发展的作用，忽视人与自然的和谐关系，违背客观规律发展，都不可避免地会导致生态环境问题。此外，人口的增长、资源的过度利用、科学技术的滥用、自然条件本身的变异、生活方式选择的失当、政府决策的失误等，都会导致严重的生态环境问题。对于生态环境问题，包括当代中国的生态环境问题，只从物理的、自然的、经济的、技术的或者经验的层面进行考察和说明，是一种肤浅的和表层的说明。只有将这一问题上升到政治学的高度进行深刻的反思，才能揭示其产生的深刻根源，从而找到解决这一严重危机问题的有效良方。

在生态文明建设的理论和实践研究中，将生态环境问题与政治问题联姻，不是人们主观意志的产物，而是由人类所处的生态环境的社会性和政治性的特点所决定的。因此，这种联姻就成为一种客观的和必然的联姻。生态环境问题处在复杂的关系网络中。决定生态环境问题的是多种复杂因素和多种变量，其中最重要的是两种因素，即自然因素和社会因素。生态环境问题突出反映了自然因素和社会因素的统一。自然因素是人类赖以生存的自然条件，是不管什么样的阶级、民族、国家和社会制度的人们都必须依赖的客观条件；社会因素则是人类在与自然界进行物质变换过程中亦即劳动过程中所形成的生产力和生产关系。生态环境问题就是在自然因素和社会因素相互作用过程中产生和发展的。由于自然和社会构成了一个相互关联着的有机系统，因此，自然因素成了社会因素存在和发展不可缺少的物质条件。在属人的世界里，自然因素又受到社会因素的影响和制约。生态环境问题从现象上看，是自然界发生的对人类生存和发展带来影响的自然界的变化问题，是自

---

[1]　中共中央马克思恩格斯列宁斯大林著作编译局编译《马克思恩格斯文集》第1卷，人民出版社，2009，第187页。

然环境或生态系统结构和功能由于人为的不合理开发、利用而引起的生态环境退化和生态系统的严重失衡问题。

生态公正是社会公正的重要组成部分。在生产资料私有制的社会制度下，正如人们之间的政治权益、经济权益、文化权益和社会权益存在着差异性和非均等性一样，人们在生态权益方面也是不公正和不平等的。消灭人们在生态权益方面的不合理、不公正和不平等现象，充分保证人们在生态权益问题上的公平正义，是社会进步的表现以及重要的价值取向，也是马克思主义社会发展理论的重要内容。生态权益是始终伴随着人类社会和人类本身的重要权益。马克思和恩格斯认为，人类本身是自然界长期发展的产物，人类社会发展与自然界发展具有相同性，表现为一个自然历史过程。人类社会作为一个有机体，既表现为人类社会内部具有多样性的复杂结构，又表现为人类社会与外部自然界之间的内在有机联系。人类社会以及每个人的一切生存条件，如衣食住行等都与生态环境存在着紧密的联系，并由此影响到人们的生存质量，对人的自由而全面发展状况予以直接的决定性影响。

争取人的生态权益的公正平等，特别是争取以无产阶级和广大劳动人民为代表的弱者的生态权益的公正平等，成为马克思和恩格斯弱者权益保护思想体系中的一项十分重要的内容。良好的生态环境和人的生态权益是人类实践活动的产物，打上了人类实践活动的印记，是人类文明的凝聚和体现，反过来又构成了促进人的生态权益实现以及人的自由而全面发展不可缺少的外部自然条件。营造良好的生态环境就是为了满足人的生态需求，实现人的生态权益，保证人类能够自由而全面发展。生态环境的建设程度以及优美程度与人的生态权益以及人的自由而全面发展程度，在某种意义上具有直接相关性。集自然属性与社会属性于一体的现实的个人或人群共同体，除了具有社会需求以及政治权益、经济权益、文化权益和社会权益以外，还具有强烈的生态需求及在此基础上产生的生态权益。这也是人作为生命有机体的必备需求。

生态公正问题最早兴起于 20 世纪 80 年代美国爆发的环境正义运动，是指面对自然环境破坏和生态危机加剧，不同种群、族群、国家和民族地区之间在自然资源的分配、开发和利用方面享有平等公正的权利，对自然生态的保护、治理和修复也应承担相应责任和义务的公平正义性问题。随着全球性生态危机的日益加剧，由环境正义运动催生的生态公正问题也成为西方学术界持续探讨和研究的一个理论热点问题，并且逐步发展成为一个多学科、综合性的研究领域，在世界产生广泛影响。党的十八大以来，生态文明建设已经成为中国特色社会主义"五位一体"总体布局的重要组成部分，西方环境伦理思想和生态公正理论也开始影响我国学界。在批判地借鉴、吸收西方环境正义理论的基础上，国内学者结合当代中国实际，以马克思主义生态公正理论为指导，从伦理学、哲学、政治学、社会学等多学科、多领域和多视角开展了深入研究，取得了比较丰硕的成果。

　　罗志勇博士的这一著作从生态公正的视角，将生态公正的价值观置于当代中国生态文明建设的大背景下进行研究，既表明维护生态公正在当代中国发展中的重大理论价值，也突出了公平公正的生态文明观对当代中国重构生态文明模式、实现人与自然和谐共生良性发展的实践意义。在研究方法上，该著作以马克思主义生态公正思想为理论指导，吸收和借鉴了政治学、经济学、生态学、伦理学、环境哲学、社会学等诸多学科的理论观点，试图展现社会主义生态公正思想的创新性和科学性，充分体现了作者的学术敏锐性和学术勇气，以及驾驭研究素材，并对繁杂的学术观点进行梳理、整合和创新的理论功底。

　　诚然，随着我国生态文明建设从理论到实践的不断深入推进，关于生态公正问题的研究方兴未艾。生态公正作为一个学理性很强并涉及法学、政治学、经济学、伦理学、哲学、生态学、社会学、教育学和文化人类学等多学科交叉的学术领域，对于研究者的知识储备、理论功底和创新性思维都是不小的挑战。作为近年来该领域研究的一大成果，作者在该课题研究的学理性深度，以及实证性广度等方面还存在诸多不足，需要在今后的研究中逐步加以深化。

　　是为序。

方世南

2021 年 8 月 8 日于姑苏学士林

前　言

　　生态危机已经成为人类可持续发展面临的最大挑战之一。作为发展中的新兴工业化国家，当代中国同样面临着如何在保持经济社会持续健康和高质量发展的同时，兼顾经济、政治、文化、社会和自然生态的整体性公正，充分保障每个公民平等公正享有生存发展的生态权益问题。在当代中国生态文明建设进程中，更加重视生态环境领域的公平正义，切实保障并维护公民的生态权益，在生态治理过程中贯彻落实共存、共荣、共享的生态公正观，是社会主义生态文明建设的首要目标和价值诉求。

　　20 世纪 80 年代，美国爆发的环境正义运动引起了人们对生态环境领域的公平正义问题的关注与探讨。随着全球性自然环境的破坏和生态危机的加剧，生态公正问题也日益凸显。一般而言，生态公正是指不同国家和地区，不同种群和族群之间享有平等公正地分配、开发和利用自然资源的权利，同时公平公正地承担对自然资源和生态环境的保护、治理和修复的责任和义务。生态公正是生态文明建设的重要价值目标，是工业文明进程中人与人、人与自然矛盾发展到一定历史阶段的必然产物。自西方工业革命以来，在人类中心主义思想意识的主导下，人类对自然界的肆意开发和利用导致环境污染和生态危机愈演愈烈，加剧了人与自然关系的紧张和对立。工业文明所带来的全球性生态危机，民间环保运动的日益兴起，促使西方国家开始重新审视资本主义生产方式，由此催生了以维护人民平等公正享有生态权益的环境正义运动的发展和理论研究。改革开放以来，作为后发展中的新兴工业化国家，当代中国既要加快工业化发展以实现现代化的宏伟目标，又面临着环境污染可能导致人民群众身体和生命健康福祉遭受损害的困境，需要摒弃西方传统工业化道路，加快生态文明建设，探索一条既能实现经济社会高质量发展，又能实现人与自然和谐共生的生态现代化之路。

　　生态公正理论具有坚实的实践基础、深厚的理论渊源和丰富的中国思想资源。在实践基础方面，发轫于西方的环境正义运动和中国共产党对生态文明建设的实践探索以及当代中国民间环保组织的环境保护活动为研究当代中国生态公正问题提供了丰富的素材。在理论渊源方面，马克思主义生态公正理论是研究当代中国生态公正问题的主要理论渊源。马克思主义辩证的生态自然观为社会主义生态公正理论的构筑提供了立场、观点和方法论指导。马克思主义经典作家的生态思想从唯物辩证和历史唯物的角度阐述了经济社会发展与生态环境及人与自然之间的互动关系，是对传统生态公正理论的扬弃与超越。在思想资源方面，中国共产党的生态文明思想和中国传统文化中的生态公正思想成为研究当代中国生态公正问题的重要思想资源。此外，西方生态马克思主义的生态公正思想也为研究当代中国生态公正问题提供了许多有益的启发和借鉴。

在生态文明建设中，当代中国存在的生态公正问题及其挑战主要包括三个方面：在人与自然关系方面，表现为在人类中心主义意识主导下，人们对自然界的过度开发与索取导致了人与自然关系的失衡，自然生态系统日益受到破坏，地球上其他物种生存发展的空间和条件被剥夺，形成了自然生态不公正；在人与人关系方面，表现为社会不公正形成的社会财富占有的巨大差距导致了群体生存差异下的群际生态不公正，包括代内不公正和代际不公正；在人与社会关系方面，表现为由区域经济社会发展不平衡性导致的域际生态不公正，以及制度设计不合理导致的城乡二元对立社会结构背景下的城乡生态不公正。

当代中国生态公正问题的产生原因错综复杂，需要结合国内外政治、经济、社会、文化等多个视角，运用马克思主义辩证的方法论和唯物史观加以全面剖析。生态公正问题的根源既有历史的原因，也有现实的原因；既有思想意识、理论认识方面的不足，如人类中心主义的支配、现代环境意识的缺失、生态文明理论的滞后性等，也有当代社会结构不合理、体制机制不完善、经济社会发展不平衡不充分的现实问题，如城乡二元对立的社会结构的失衡、政府公共权力运行的失范、社会文化价值取向的扭曲等。此外，在全球化背景下，当代中国作为发展中国家，仍然受不平等、不公正的国际政治经济旧秩序的影响，发达国家推行国际生态殖民主义，长期对广大发展中国家进行生态殖民掠夺、在全球生态治理中推卸责任甚至向发展中国家转嫁生态风险和生态矛盾，加剧了国际生态不公正，也是导致我国生态公正问题的一个重要外部因素。

　　当代中国生态文明建设要以实现和维护人民群众的生态权益，保障中华民族的永续发展和人民健康福祉为旨归。建设人与自然和谐共生的美丽中国，是实现生态公正的必然要求，主要路径为：一是以新发展理念和绿色发展战略，为实现生态公正夯实根基；二是以健全法律体系，为实现生态公正提供法治保障；三是以生态文明制度创新，为实现生态公正提供规范和制度约束；四是以乡村生态振兴战略保障农民生态权益，为实现乡村生态公正奠定基础。

目　录

第一章　导　论　　　　　　　　　　　　　　　　　　　／001

第一节　选题缘起及其意义　　　　　　　　　　　　　／003
一、选题缘起　　　　　　　　　　　　　　　　　／003
二、选题意义　　　　　　　　　　　　　　　　　／006
第二节　国内外研究综述　　　　　　　　　　　　　　／009
一、国外研究综述　　　　　　　　　　　　　　　／010
二、国内研究综述　　　　　　　　　　　　　　　／016
第三节　研究框架和研究方法　　　　　　　　　　　　／027
一、研究框架　　　　　　　　　　　　　　　　　／027
二、研究方法　　　　　　　　　　　　　　　　　／029
第四节　创新点和不足　　　　　　　　　　　　　　　／030
一、创新点　　　　　　　　　　　　　　　　　　／030
二、不足　　　　　　　　　　　　　　　　　　　／031

第二章　生态公正的一般理论概述　　　　　　　　　　　／033

第一节　生态公正的基本内涵　　　　　　　　　　　　／035
一、生态与环境　　　　　　　　　　　　　　　　／035
二、公平、公正与正义　　　　　　　　　　　　　／036
三、生态公正的基本内涵　　　　　　　　　　　　／040
第二节　生态公正的基本类型　　　　　　　　　　　　／041
一、种际生态公正　　　　　　　　　　　　　　　／043
二、人际生态公正　　　　　　　　　　　　　　　／045
三、域际生态公正　　　　　　　　　　　　　　　／046

四、国际生态公正 / 048

第三节 生态公正与生态文明建设 / 050
一、生态公正在生态文明建设中的价值意蕴 / 050
二、生态文明建设中的生态公正问题 / 053
三、生态公正在生态文明建设中的构建原则 / 056

第三章 生态公正的实践基础与理论资源 / 059

第一节 生态公正的实践基础 / 061
一、中国共产党对生态文明建设的实践探索 / 061
二、西方环境正义运动与生态公正 / 067
三、当代中国的环境维权活动与生态公正 / 073

第二节 生态公正的理论渊源 / 081
一、马克思与恩格斯生态公正思想形成的时代背景 / 081
二、马克思与恩格斯生态公正思想的丰富内涵 / 083
三、马克思与恩格斯生态公正思想的当代价值 / 092

第三节 生态公正的思想资源 / 096
一、中国共产党的生态文明建设思想 / 096
二、西方生态马克思主义的生态公正思想 / 099
三、中国传统文化中的生态公正思想 / 105

第四章 当代中国推进生态公正的历程与挑战 / 113

第一节 当代中国推进生态公正的基本历程与成就 / 115
一、社会主义建设初期，党推进生态公正的探索阶段 / 115
二、改革开放以来，党推进生态公正的发展阶段 / 117
三、进入新时代以来，党推进生态公正的深化阶段 / 120

第二节 当代中国生态公正面临的挑战 / 129
一、经济社会结构转型的挑战 / 129
二、发展理念转换的挑战 / 132
三、创新动力不足的挑战 / 133
四、国际生态帝国主义的挑战 / 134

第五章　当代中国生态公正问题探源　　　　　　　　　　　　/ 137

第一节　生态公正价值取向的偏离与重塑　　　　　　　　/ 139
一、工具理性主义对生态价值认识的影响　　　　　　　/ 139
二、生态公正价值观的重塑　　　　　　　　　　　　　/ 142

第二节　城乡生态文明发展的不平衡性　　　　　　　　　/ 143
一、城乡经济社会发展的不平衡性　　　　　　　　　　/ 143
二、城市生态风险向乡村的不合理转移　　　　　　　　/ 144
三、城乡环保资源分配的不平衡性　　　　　　　　　　/ 146

第三节　西方发达国家生态霸权主义的影响　　　　　　　/ 147
一、在产业转移和资本输出中转嫁生态风险　　　　　　/ 147
二、在全球生态治理中推卸责任　　　　　　　　　　　/ 147
三、在国际贸易中设置"绿色壁垒"　　　　　　　　　/ 148

第六章　建设人与自然和谐共生的美丽中国　　　　　　　　/ 155

第一节　以新发展理念和绿色发展战略为实现生态公正夯实根基　/ 157
一、强化绿色发展理念，树立人与自然和谐共生的生态文明观　/ 157
二、建立健全绿色 GDP 评价指标体系，保障绿色发展质量　/ 159
三、激发绿色科技创新活力，增强绿色发展动力　　　　/ 161
四、倡导绿色生活方式，奠定绿色发展基础　　　　　　/ 163

第二节　以健全法律体系为实现生态公正提供法治保障　　/ 167
一、推进政府环境信息公开，保障公民环境知情权　　　/ 168
二、健全政府环境影响评价制度，保障公民环境参与权　/ 170
三、健全环境事件听证制度，保障公民环境监督权　　　/ 171
四、完善环境责任追究机制，保障公民生态环境损害救济权　/ 174
五、发挥《中华人民共和国民法典》在保障公民生态权益中的作用 / 175

第三节　以生态文明制度创新为实现生态公正提供规范和制度约束 / 180
一、创新生态补偿制度　　　　　　　　　　　　　　　/ 180
二、创新环境资源税费制度　　　　　　　　　　　　　/ 197
三、创新生态资源市场化交易制度　　　　　　　　　　/ 198
四、创新区域生态合作治理机制　　　　　　　　　　　/ 200

第四节　以乡村生态振兴为实现生态公正营造和谐氛围　　　／202

一、乡村生态振兴的内涵　　　／203

二、乡村生态振兴的价值　　　／204

三、新时代推进乡村生态振兴战略的实践路径　　　／206

第七章　人类命运共同体视野下的国际生态合作治理　　　／213

第一节　人类命运共同体为实现国际生态公正提供价值遵循　　　／215

一、人类命运共同体的提出　　　／215

二、人类命运共同体的内涵　　　／216

三、人类命运共同体的价值　　　／220

第二节　加强国际生态合作治理　建设和谐美丽世界　　　／222

一、加强国际生态合作治理的必要性　　　／222

二、加强国际生态合作治理面临的挑战　　　／224

三、加强国际生态合作治理，实现生态公正的主要路径　　　／226

结　语　　　／230

参考文献　　　／233

后　记　　　／243

第一章

导　论

第一节　选题缘起及其意义

一、选题缘起

"枯萎了湖上的蒲草，消匿了鸟儿的歌声。"当 18 世纪英国著名浪漫派诗人约翰·济慈笔下描绘的这幅萧瑟凄凉的景象变成当今世界全球性生态危机的缩影和形象写照的时候，我们不禁深切缅怀美国海洋生物学家蕾切尔·卡逊在半个多世纪前以非凡的勇气和科学家的严谨求实、敢于担当的精神，为唤醒人类良知和生态公正意识，推动世界环保事业发展作出的开创性贡献。1962 年，蕾切尔·卡逊的著作《寂静的春天》的出版，揭开了西方环境保护运动的序幕。它犹如平地一声惊雷，使人类从狂妄与自负的美梦中惊醒，终于发现与工业文明所带来的经济发展、财富增长、社会进步相伴相随的是自然资源的耗竭和生态环境的破坏，最终意识到大自然对人类的报复真真切切地萦绕在人类身边，成为人类挥之不去的梦魇。人类开始审视人与自然的辩证统一关系，谋求人与自然和谐共生、共存与共荣的出路。在《寂静的春天》中，卡逊尖锐地指出："'控制自然'这个词是一个妄自尊大的想象产物，是当生物学和哲学还处于低级幼稚阶段时的产物，当时人们设想中的'控制自然'就是要大自然为人们的方便有利而存在……这真是我们的巨大不幸。"[1]

近代以来，随着西方资本主义工业文明的深入推进，人类活动对自然生态环境的干预与破坏达到了高潮，导致人类与大自然关系的日益紧张及恶化，催生了愈演愈烈、日益严峻的全球性生态危机问题，成为本世纪（21 世纪）关乎人类生存与发展的全球性重大课题。早在 150 多年前，恩格斯就在《自然辩证法》中向人类发出了振聋发聩的生态警示："但是我们不要过分陶醉于我们人类对自然界的胜利。对于每一次这样的胜利，自然界都对我们进行报复。每一次胜利，起初确实取得了我们预期的结果，但是往后和再往后

---

[1]　蕾切尔·卡逊：《寂静的春天》，吕瑞兰、李长生译，吉林人民出版社，2004，第 263 页。

却发生完全不同的、出乎预料的影响，常常把最初的结果又消除了。"[1] 然而，在工业文明一路高歌猛进，科学主义和工具理性主义甚嚣尘上的西方资本主义社会，这一警告却应者寥寥，曲高和寡。直到 20 世纪中叶，对自然资源的掠夺性开发和利用而导致的严重环境污染问题，使英国、法国、德国、美国、日本等发达资本主义国家重大环境污染事件频发，因生态环境不断恶化引发的经济社会危机越来越严峻。发达资本主义国家为完成工业文明之路付出了沉重的生态环境代价之后，才开始品尝环境恶化带来的苦果。1930 年发生在比利时马斯河谷的烟雾事件，1952 年英国伦敦爆发的毒烟雾事件，1956 年发生于日本水俣湾附近震惊世界的水俣病事件，等等。[2] 大量的环境污染事件密集出现，致使发达工业化国家对人类自身与自然关系的反思迅速升温。在学术领域，西方马克思主义阵营中出现了一个新的哲学流派——生态学马克思主义学派，以萨拉、佩珀、奥康纳、福斯特等为代表的一批西方生态学马克思主义者开始从对资本主义制度的批判与反思中揭示导致生态危机的根源，并提出解决方案。

现代环境正义运动的发展与生态公正问题的理论研究是在西方发达国家由工业文明转向实现人与自然和谐发展的生态文明进程中兴起和发展的。20 世纪 80 年代，美国掀起了一场声势浩大的环境正义运动。这次运动的直接起因是环境风险与环境责任在不同社会阶层之间的不公平分配所带来的新的社会公正问题。这场以实现环境平等权为主旨的基层群众运动，有着广阔的社会背景和深刻的历史渊源，是美国民权运动的扩展，也是对主流环保组织的挑战。环境正义运动对美国社会产生了多方面的影响，它扩展了民权的范围，推进了环境权利公正化和民主化的进程。[3] 然而，由于不公正、不合理的国际政治经济旧秩序的存在，西方发达工业国纷纷将本国生态环境污染源转移到广大发展中国家，以转嫁国内日益严峻的生态危机和生态矛盾。随着全球化的不断扩张，全球性生态殖民主义加剧了西方发达国家与广大发展中国家之间的生态不公正矛盾。生态殖民主义借助全球化的扩张而愈演愈烈。不同于传统的殖民主义剥削和掠夺，西方发达资本主义国家对广大发展中

---

[1] 中共中央马克思恩格斯列宁斯大林著作编译局编译《马克思恩格斯文集》第 9 卷，人民出版社，2009，第 559-560 页。

[2] 曲格平：《人类在生物圈内生存》，《中国环境管理》1987 年第 4 期。

[3] 滕海键：《20 世纪八九十年代美国的环境正义运动》，《河南师范大学学报（哲学社会科学版）》2007 年第 6 期。

家进行的生态殖民掠夺加剧了广大发展中国家的环境污染，而且，将其生态危机及生态矛盾向广大发展中国家的转嫁与输出导致了严重的生态不公正。从 19 世纪末 20 世纪初赤裸裸的生态殖民掠夺，到 21 世纪初更具隐蔽性和欺骗性的以贸易"绿色壁垒"为掩护的生态危机转嫁，作为西方发达国家工业产品倾销地、原材料供应地和环境污染转移地的广大发展中国家，不得不为这种国际维度的财富创造和消费承受着巨大的环境污染毒害和生态治理压力。

20 世纪 70、80 年代，中国这个历史悠久的东方文明古国进行了一场具有划时代意义的伟大社会变革——改革开放，开启了由工业化迈向现代化的新的伟大征程。中华人民共和国成立以来，特别是改革开放 40 多年来当代中国的现代化进程，是一次追赶发达国家和全球化发展潮流的急行军。一方面，中国共产党紧紧围绕以经济建设为中心这个发展主题，实行对内改革、对外开放的基本国策，使长期被压抑和束缚的社会生产力得到极大的解放，创造了经济持续高速增长的世界奇迹。在短短的 40 多年间，中国国内生产总值总量已经由改革开放前的世界第十位以外跃居至世界第二位，中国也成为仅次于美国的世界第二大经济体。伴随着我国综合国力的大幅度提升，人民生活水平得到了极大提高，中国特色社会主义事业也稳步推进。另一方面，中国人民为已经取得的巨大成就而欢欣鼓舞的同时，也日益清醒地意识到，伴随着经济增长获得的巨大成功，中国也付出了沉重的生态环境代价。大气污染、土壤污染、水污染、沙漠化、资源枯竭、生物多样性遭到严重破坏等，已经直接威胁到中华民族的基本生存和永续发展。环境问题已经成为影响中国未来可持续发展的最严重的挑战之一。近年来，在生态环境领域，由于生态不公正问题引发的群体性冲突事件也日益成为影响社会和谐稳定的重要因素。中国共产党和政府为了让人民群众"喝上合格的奶，吃上合格的肉、菜，喝上干净的水，能享受到蓝天白云、呼吸新鲜空气"而殚精竭虑。因此，基于改革开放以来的实践经验，在吸取快速工业化、城镇化的教训，反思西方发达国家工业化走过的历程的基础上，中国共产党深刻认识到良好的生态环境是实现中华民族伟大复兴的前提和基础，开始进行发展理念和发展方式的艰难转型，提出了科学发展观和五大发展理念，不仅把生态文明建设写进了党章，而且将之提升到与经济建设、政治建设、文化建设、社会建设并列的战略高度，使之成为中国特色社会主义"五位一体"总体布局的重要内容，更是首次将保障公民生态权益写入人权白皮书中，凸显了中国共产党和政府对环境问题和人民群众生态权益的高度重视，深刻体现了中国共产党对自然客观规律的敬畏与自觉遵循，彰显了中国共产党立党为公、执政为民的马克思主义政党的本质属性。

党的十八大以来，中国共产党顺应人民群众日益增长的对优美生态环境的需求和期盼，更加重视保障和维护公民平等公正享有的生态权益。习近平总书记指出："良好生态环境是最公平的公共产品，是最普惠的民生福祉。"[1] 这一论断深刻揭示了社会主义生态文明建设进程中的一个重大理论和实践问题，即生态公正问题，对新时代深入研究当代中国生态文明建设理论，推进社会主义生态文明建设实践具有十分重要的指导作用。应当看到，在我国工业化、城市化还远未完成的形势下，中国共产党和政府要有效维护每个公民生存发展需要的生态权益，实现生态公正，仍然面临着诸多挑战和困境。因此，面对国际环境的变幻莫测和国内生态资源环境瓶颈的制约，当代中国的发展必然要在生态文明范式下以壮士断腕的决心和勇气转变发展理念，实现经济社会结构的转型升级，探索出一条适合中国特色社会主义的人与自然和谐发展的新路径。中国共产党人担当着领导发展方式转变的重大历史责任，必须在发展理念上实现真正的转变，在大力推进生态文明建设的进程中，坚持并牢牢把握生态公正这一生态文明理论的价值取向，为构建公平正义、人与自然和谐发展的美丽中国而不懈努力。

二、选题意义

作为世界上最大的发展中国家，当代中国加强生态治理，建设美丽中国，加快生态文明建设，实现和维护公民在生态环境领域的公平正义，对建设富强、民主、文明、和谐、美丽的社会主义现代化强国，实现中华民族伟大复兴的中国梦都具有深远的意义。

生态公正作为实现社会公正的前提和基础，是针对由生态环境因素引发的社会不公正问题，特别是区域之间以及不同群体之间在自然资源的分配利用和环境保护中权利与义务的不平衡、不公正问题而提出的一种公正论主张。其根本意义在于有效地保护人们享有平等的生存和发展权利，减少社会

---

[1] 中共中央宣传部编《习近平总书记系列重要讲话读本》，学习出版社，2014，第123页。

不公正导致的人们在基本生存环境上的不平等，维护人的价值与尊严。在文化价值观上，维护生态公正既有利于摒弃和消除人类中心主义的狭隘思维，又有利于纠正生态中心主义的抽象理念，构建人与人、人与社会、人与自然和谐共存、协调发展的关系。在实现中华民族伟大复兴的历史征程中，我们要以马克思主义辩证的生态自然观为指导，秉持人与自然和谐共生的生态公正价值取向，努力推进社会主义生态文明建设，构建生态多样性与差异性和谐统一、共存共荣的美丽中国。

第一，生态公正是实现社会公正的前提和基础。生态公正既是对以往社会公正的延续，又加以生态的维度，使得人类本身的公正之义与自然本身的公正之义相互融合，使人与自然在生态公正下达到了统一。自然界是人类社会赖以存在和发展的物质前提和基础。生态公正问题的实质是当代人类社会如何全面协调处理人与人、人与社会、人与自然之间辩证互动关系，使人与人、人与社会、人与自然实现良性、和谐、可持续发展。只有以生态公正保障社会公正，以社会公正促进生态公正，才能实现真正的社会公正。生态公正主要体现在人类既能够公平公正地分配和利用自然生态资源，又不影响和破坏生态系统的平衡与和谐发展。在生态环境和生态资源的开发利用、分配占有和享用等方面的不公正，必然会带来社会不公正，而一个缺乏公平正义的社会必然进一步加剧生态不公正。正如环境保护部原副部长潘岳指出："某些人的先富牺牲了多数人的环境，某些地区的先富牺牲了其他地区的环境。环境不公加重了社会不公。"[1]

第二，生态公正是社会主义生态文明建设的价值目标和价值诉求。公平正义作为社会主义的首要价值，不仅体现在人民依法享有经济权益、政治权益、文化权益和社会权益，还充分体现在每个公民平等公正享有生态权益和公平公正承担生态保护义务和生态治理责任。在当代中国生态文明建设进程中，更加重视生态领域的公平正义，切实保障并维护公民的生态权益，在生态治理过程中贯彻落实共存、共荣和共享的生态价值观是社会主义生态文明建设的首要目标和价值诉求。在社会主义生态文明建设中，坚持生态公正理念是实现好、维护好最广大人民的生态权益，保障每个公民平等享有生存和发展的自然生态资源的基本价值诉求。在当代社会，尊重并维护每个公民的生态权益是维护社会公正和生态公正的必然要求。社会主义生态文明建设强

---

[1] 潘岳：《环境不公加重社会不公》，《瞭望新闻周刊》2004 年第 45 期。

调公平公正的可持续发展理念。其核心要义在于，人类利用地球生态系统的
有限资源与生态环境所能承载的环境容量应当保持在合理的区间，实现动态
平衡。树立生态文明的公平发展观就是要改变传统的"竭泽而渔"的经济发
展和"赢者通吃"的社会发展的不公平发展模式，解决生态权益上的区域、
城乡、代际、群际等不公平发展问题。这不仅要求代内之间人们共同维护地
球生态系统完整和平衡，而且要求当代人为后代留下良好的生态环境与丰富
的自然资源，实现中华民族的永续发展。

第三，生态公正是对传统人类中心主义与生态中心主义理念的扬弃，为
实现人与人、人与社会、人与自然的和解提供了新的理论依据。人类中心主
义和生态中心主义理念的固有缺陷在于片面强调人类或者自然的至上性，将
二者关系对立起来，而无视人与自然相互依存的双向互动性。强化生态公正
理念，使得人类赋予大自然以人格的力量和内在张力，有助于构建更加和谐
稳定的人与自然关系，促使人类用尊重自身生命的态度去顺应自然、善待自
然，保护生态环境。面对生态危机的严峻挑战，树立生态公正的理念有利于
唤醒人类以一种生存论的眼光看待生态环境困境，学会把生态环境融入人类
的生命之中，把人与自然的关系和人与社会的关系有机结合起来予以整体考
量，将生态环境的发展与人类的政治、经济、社会、文化的发展有机统一，
协调发展。重视生态公正问题的研究有利于我国积极推进环境保护工作，合
理地、有节制地开发利用生态资源，实现经济社会发展与自然生态环境的共
存共兴。生态公正摒弃了人类中心主义和生态中心主义的狭隘思维，强调生
态物种的多样性与人类文明的多样性的辩证统一，协调物质文明、政治文
明、精神文明、社会文明、生态文明的互动发展，为人类社会的可持续发展
指明了方向。人类只有坚守生态公正的理念和原则，保持人类社会发展规模
与生态环境的良性互动，才能将经济、社会、资源与环境置于和谐共存、协
调发展的大系统之中，保持整体和谐发展的伦理新秩序。

第四，生态公正是马克思主义公正理论的重要组成部分。马克思主义唯
物史观告诉我们，公正是人类社会的崇高境界，是社会主义和共产主义的首
要价值目标。马克思主义公正理论是内在地包含了经济公正、政治公正、文
化公正、社会公正和生态公正的广义公正理论。生态公正集中体现在每个公
民平等公正地享有生态权益，消灭人们在生态权益方面的不合理、不公正和
不平等现象，充分保证人们在生态权益问题上的公平正义，是社会进步的表

现以及重要的价值取向，也是马克思主义社会发展理论的重要内容。[1] 当代中国在大力推进社会主义生态文明建设进程中，加强生态公正问题的研究，将传统的公正观延伸到自然生态领域，从更加宏观的整体性视野来审视人与人、人与社会、人与自然的辩证关系，更加着眼于人类在长期以来理性主义和功利主义主导下对于自然生态价值的漠视给人类自身带来的生存发展困境，以及由社会财富的分配、占有和享受的不公平性带来的人民生态权益的不公正，丰富并拓展了马克思主义生态公正理论。

第五，生态公正是加快社会治理和全面建设社会主义现代化强国的价值遵循和生态保障。维护生态公正，是实现社会主义民主、自由和人权的社会正义观的应有之义。党的十八大以来，以习近平同志为核心的党中央向广大人民群众庄严承诺："我们的人民热爱生活，期盼有更好的教育、更稳定的工作、更满意的收入、更可靠的社会保障、更高水平的医疗卫生服务、更舒适的居住条件、更优美的环境，期盼孩子们能成长得更好、工作得更好、生活得更好。人民对美好生活的向往，就是我们的奋斗目标。"[2] 中国共产党不仅要通过发展经济，满足人民日益增长的物质生活需求，还要通过保护环境，加强生态治理，建设美丽中国，保障人民群众日益增长的优美生态环境需求。生态公正倡导的是复合社会正义，主张每个人、每个社群、每个民族都有公平公正地享受自然资源和优质的生态环境的权利，强调公正合理地分配社会财富和自然财富，平等地分享保健、教育、食物、住房、文化娱乐以及政治权利。无论是加快社会治理，实现社会文明，还是建设富强民主文明和谐美丽的现代化强国，都离不开优美的自然生态环境的保障，人的自由而全面发展更离不开公平公正的生态环境的呵护与涵养。

第二节 国内外研究综述

20 世纪 80 年代，起源于美国的环境正义运动有力地推进了环境权利公正化和民主化的进程，对国际环保运动产生了深刻的影响。随着全球性生态危机的日益加剧，由环境正义运动催生的生态公正问题也成为西方学术界持

---

[1] 方世南：《生态权益：马克思恩格斯生态文明思想的一个重大亮点》，《鄱阳湖学刊》2011 年第 5 期。
[2] 习近平：《人民对美好生活的向往就是我们的奋斗目标》，《人民日报》2012 年 11 月 16 日。

续探讨和研究的一个理论热点问题，并且逐步发展成一个多学科、综合性的研究领域，在世界产生广泛影响。在我国，长期以来由于公民环境保护和环境权利意识的缺失，由社会不公正导致的生态不公正问题长期被忽视，学界对生态公正问题的相关理论与实践研究也起步较晚，发展相对滞后。改革开放以来，随着我国工业化进程的加速，传统粗放型增长模式带来的环境污染问题日益凸显，生态危机日益加剧，已经严重影响了我国经济社会的全面协调可持续发展。近年来，对自然资源的占有、分配、消费、利用以及在环境保护和治理中所承担的责任与义务的不公平、不公正导致的环境群体性事件呈集中爆发之势，助推了我国理论界对生态公正问题的关注与研究。在批判地借鉴、吸收西方环境正义理论的基础上，国内学者结合当代中国实际，以马克思主义生态公正理论为指导，从伦理学、哲学、政治学、社会学等多学科、多领域和多视角开展了深入研究，取得了比较丰硕的成果。

一、国外研究综述

随着环境保护运动的发展和公民环境权利意识的觉醒，西方社会对生态环境领域出现的公平正义问题的关注和研究起步较早，在环境伦理学、生态哲学、社会学等领域产生了许多有重要影响的理论成果，形成了比较成熟的生态公正理论话语体系。概括起来，西方生态公正研究成果主要集中于以下几个方面。

（一）关于生态公正概念的提出及其伦理探讨

西方学术界一般认为"生态公正"这个概念最早起源于20世纪80年代美国爆发的环境正义运动，是针对美国底层民众和少数族裔环境权利受到侵害而引发的社会不公正问题，特别是针对不同群体在环境保护中权利和义务的不平等问题而提出的。1987年，介绍美国北卡罗来纳州瓦伦县居民示威活动的著作《必由之路：为环境正义而战》出版。该书首次使用了"生态公正"一词。从此，生态公正作为一个诠释环境思想的新概念被广泛采用。20世纪90年代，美国政府和学术界逐渐重视生态公正问题，出版了大量生态公正方面的学术著作，召开了有关学术会议，还成立了各种形式的生态公正组织。此后，随着生态主义运动的发展，环境正义逐渐向生物物种、生态系统等领域延伸，学界由此提出了"生态公正"的概念并就问题解决的原则、方法和路径等展开了深入研究。美国环境伦理学家彼得·S.温茨是较早从经济学角度入手探讨正义诸原理和环境正义问题的西方学者之一。在所著《环境正义论》一书中，温茨指出，在对自然资源的利用中，为了避免"公有地悲剧"[1]，人们之间需要确立并实施环境正义，以保证每个人的公正份额，而环境政策必须蕴含绝大多数人认为是合情合理的环境正义原理。他认为，正义问题会在某些东西相对需要而供应不足或被意识到供应不足的情况下出现。[2] 至于如何避免人们在生态环境中的"公有地悲剧"，温茨认为可以通过诉诸财产权，但对于所有权无法确定或所有权不起作用的地方，它就无能为力了。最后，温茨提出了预知合作原理来指导个体的环境义务。"由于在社会群体中的任何一个人都有改善环境不公正的基本义务，所以此原理要求，在我行动时，我仿佛预期到在我的社会群体中其他人在这一方面会有同样的行为一样，而不管我是否真正预见到了这样的事情，因为这个社会群体中的每个人都有从根本上说相似的义务来消减环境不正义。"[3] 因此，预知合作原理要求在极不公正的情形中，"我的行为应比那些具有相关相似性的人们的行为更好一些"[4]。温茨基于人性"善"的伦理考量来探讨环境正义问题并提出解决方案，富有创新性，但这种脱离实际的过于理想化的理论阐述，其局限性也是显而易见的。

英国生态哲学家布赖恩·巴克斯特从生态主义的视角探讨了生态公正的重要性及其实现的可能性。在《生态主义导论》一书中，他认为，生态主义主张把道德关怀给予非人类存在物，即自然界，但对人类与自然的道德关怀的程度是不同的，往往给予人类的是最高的道德关怀。其次，人类群体受经济社会状况的影响对生态主义的需要是有差异的，人们对生态主义的需要只有具备了一定的经济基础才能凸显出来。最后，巴克斯特强调了民主在实现生态正义中的重要性，他指出生态主义支持对民主的一般论证，它源自人类

---

[1] 所谓"公有地悲剧"，是指由于自然资源产权不清晰，每个人都只享受使用自然资源的权利，却无人承担自然资源保护的责任和义务，导致自然资源因过度使用而遭到破坏，最终使公共利益受损的一种现象。

[2] 彼得·S.温茨：《环境正义论》，朱丹琼、宋玉波译，上海人民出版社，2007，第8页。

[3] 彼得·S.温茨：《环境正义论》，朱丹琼、宋玉波译，上海人民出版社，2007，第435页。

[4] 彼得·S.温茨：《环境正义论》，朱丹琼、宋玉波译，上海人民出版社，2007，第433页。

个体自我管理能力或自治[1]，生态主义把对环境的福祉最严重的威胁看成是经济决策缺乏适当的民主过程[2]。至于什么样的国家能够实现生态正义，生态主义者提出了可持续发展、生态现代化与经济民主三大主张，认为在不同民族基础上建立全球国家，可防止某些导致广泛专政的可能性，有助于民主的实际应用和全球参与；在环境及其决策协调问题上，私有制本身不能够解决，需要一种好的所有制形式来保证环境正义。

作为开创西方环保运动先河的美国生态学家蕾切尔·卡逊，在其名著《寂静的春天》中阐述了丰富的环境伦理思想，揭示了环境保护中的生态公正问题，提出了许多令人深思的真知灼见。一方面，她呼吁人们停止对大自然的破坏，纠正"控制自然"的妄自尊大的想法，论述了环境保护中正义主题的其中一个维度，即人类与自然之间的生态公正主题；另一方面，面对自然环境的失衡，人与人之间的关系由于生存的竞争而异化[3]，她要求人们的行为不要危害当代人的利益，也不要对后代人的生存造成威胁，论及了环境保护中正义主题的另一个维度，即人与人之间的生态公正主题，以及这一维度包含的两层关系——当代人之间的代内公正以及当代人与后代人之间的代际公正。

关于生态公正内涵的探讨，西方学者最初是从伦理学视角来对其界定的。环境正义，在英文中称为"Environmental Justice"，其内涵通常与生态公正、生态正义、环境公正是相通的。"环境正义"一词最初被使用时的含义与"种际正义"的含义相同。彼得·S.温茨《环境正义论》一书主要探讨的就是在人与自然之间实施正义原则的可能性。美国的环境正义运动爆发之后，"环境正义"一词关于"人与自然之间的正义原则"的含义渐渐被"种际正义"代替，而让位于"由环境因素引起的社会不公正"。与传统环保主义只关注自然环境的保护不同，环境正义在强调人类应该消除对环境造成破坏的行为的同时，从"人—自然—社会"辩证关系的重要维度肯定了保障所有人在生态环境面前应平等公正享有的基本生存权及自决权。环境正义一方面强调了要重视和保护自然环境不被人类破坏，另一方面揭示了人类社会的不公平是导致自然环境被破坏的根本原因之一。对生态公正内涵的探讨，西

---

[1] 布赖恩·巴克斯特：《生态主义导论》，曾建平译，重庆出版社，2007，第121页。
[2] 布赖恩·巴克斯特：《生态主义导论》，曾建平译，重庆出版社，2007，第124页。
[3] 蕾切尔·卡逊：《寂静的春天》，吕瑞兰、李长生译，吉林人民出版社，2004，第263页。

方学者主要是针对环境资源在当今世界的代内配置的不公平的现状，从世界的贫富差距、发达国家与发展中国家的矛盾、环境保护责任和义务来界定的。美国学者、生态学马克思主义学派的代表詹姆斯·奥康纳认为，一方面倡导不能低估自然界的存在价值，特别是要尊重自然界之本真的自主运作性；另一方面又强调必须清醒地认识到环境正义问题深刻的现实根源在于社会问题。[1] 美国学者理查德·豪夫里科特认为，环境正义是以资源的可持续利用、人的生活质量的提高为目的的社会变革问题，对天然资源的平等分配是其中心原则。环境正义强调人人都应享有洁净的水和空气以及健康保护与稳定工作的权利。日本学者户田清则认为，环境正义是在合理利用环境有限能量和资源，同时，在人与人之间实现环境利益和环境破坏结果上的公平公正。[2] 尽管角度不同，上述学者关于生态公正内涵的阐释都包涵了两大基本原则，即可持续性和权利对等原则。

（二）关于生态公正的主要类型以及产生根源的分析

随着全球化进程的加速，由环境污染引发的生态危机已经成为人类必须共同面对的重大课题，生态公正问题也早已超越国家、地区和种族的界限而成为全球性问题。美国学者罗伯特·布拉德侧重从政治和社会层面来阐释环境正义的类型。他把环境正义的实质性构成分为社会正义、地理正义和程序正义三种形式。社会正义是指关于社会的因素，例如环境决策中容易受到不同阶级、种族、民族等因素的影响；地理正义则是指在低收入人群社区以及有色人种社区偏见性地设置危险废弃物处理场的问题；程序正义则是指在社会管理的法律、规范、评价标准和执法活动面前全民平等。[3] 这三种环境正义的类型划分尽管有一定道理，但由于没有充分考虑生态公正的代际和域际等问题，失之偏颇。

关于生态环境危机日益加深带来生态公正问题的根源，美国著名的生态政治学者丹尼尔·A. 科尔曼在其著作《生态政治：建设一个绿色社会》中，试图从生态政治学的视角给予揭示。科尔曼指出，资本主义社会日益深重的

---

[1]　张乐民：《奥康纳的环境正义思想探析》，《学术论坛》2011 年第 6 期。
[2]　朱红：《当代中国环境正义问题研究》，硕士学位论文，华侨大学，2014，第 2 页。
[3]　文同爱、李寅铨：《环境公平、环境效率及其与可持续发展的关系》，《中国人口资源与环境》2003 年第 4 期。

生态环境危机及其环境正义问题的根源在于，资本主义政治制度的失范、参与型民主运动的失败、唯利是图的狭隘文化价值观、土地和劳动的商品化等资本主义制度与生态危机之间存在着千丝万缕的联系，因此，尽管近年来资本主义社会公众的环保意识在日益加强，政府和民间的环保努力也有目共睹，但生态环境在局部治理向好而总体恶化的趋势未曾改变。为此，科尔曼强调确立健全的生态价值观、弘扬合作与社群精神、壮大基层民主力量等解决办法还是有其积极意义的。[1] 科尔曼对资本主义社会生态危机和生态公正问题产生根源的剖析及其提出的矫治建议值得肯定，对于当代全球生态国际治理具有重要启示意义。

（三）关于实现生态公正的理论路向与制度选择

生态公正是一切公正的基础和前提。面对工业化、城市化和全球化加速带来的叠加效应，全球性生态危机和生态矛盾正在日益构成对人类生存和发展的挑战。西方发达国家推行的生态霸权和生态殖民主义无疑加剧了国际生态不公正。对于如何解决工业化进程中日益严重的环境污染所导致的生态危机，实现生态公正，当代西方学者进行了深入的理论探讨。环境学家 R. D. 布拉德尖锐指出，"环境问题的真正原因是社会关系和社会结构的非公正性"。因此，"环境问题若不与社会公正联系起来便不会得到有效的解决"[2]。在解决生态危机问题方面，西方学者提供了许多理论路向，主要有市场资本主义、生态凯恩斯主义、生态资本主义、市场社会主义和生态社会主义等。[3] 市场资本主义主张把生态环境问题纳入市场，为环境权利制定价格，通过市场的环境权利和责任的交易，由市场自由调节，从而解决环境危机，实现生态公正。然而，自由市场在生态治理中的失灵，尤其是根深蒂固的自私自利原则使企业和个人将环境成本外部化，决定了运用经济手段和机制，特别是价格机制对自然环境进行调节只是治标不治本之策。生态凯恩斯主义倡导国家干预，希望借助政府干预来解决环境问题，但由于受到资本主义社

---

[1] 丹尼尔·A. 科尔曼：《生态政治：建设一个绿色社会》，梅俊杰译，上海译文出版社，2006，第203页。

[2] R. D. Bullard, "Solid Waste Sites and the Houston Black Community," Sociological Inquiry 53（1983）：273-288.

[3] 张留记：《苏州社会主义新农村建设中的生态公正问题研究》，硕士学位论文，苏州科技学院，2011，第7页。

会制度及其资本主义私有制经济基础的制约，其效果十分有限。稳态资本主义或生态资本主义实现生态正义的基本前提是道德的、合乎伦理的行为与合作——很显然，对任何类型的资本主义而言，这些条件都是不可能满足的，因为它们与任何类型的资本主义本质相矛盾。市场社会主义本质上不是真正的社会主义，它不能实现经济民主和解决失业问题，无法实现经济的更加生态化，因而不是一个向可持续社会转型的正确框架。生态社会主义坚持对社会主义的价值追求，以平等作为核心理念，以"非暴力"作为实现价值观的方式，以建设基层民主、节制增长与平等分配的政治、经济模式作为实现生态公正的制度依托。但是，生态社会主义企图在不改变资本主义社会制度的前提下做些细枝末节的改良，也是不可能实现真正的生态公正的。

（四）西方生态学马克思主义学者对生态公正问题的研究

作为在西方社会有着举足轻重影响的一个学术流派，生态学马克思主义以对资本主义制度的深刻批判及对导致全球性生态危机的根源的揭示而成为西方独树一帜的一个哲学流派。其代表人物主要有威廉·莱斯、戴维·佩珀、詹姆斯·奥康纳、约翰·贝拉米·福斯特等。生态学马克思主义学者认为，马克思对未来社会的设计必然包含着生态公正的维度，解决生态危机，实现生态公正的出路在于建立生态社会主义。生产性正义是奥康纳生态学社会主义理论的核心。詹姆斯·奥康纳批判了资本的逻辑，认为资本无限逐利的本性是导致全球化背景下生态危机，侵害生态公正的根本因素。他提出，由于每个人对于分配的标准认知不同，以及分配所必须考虑的可靠的成本和利益计算体系在一个生产社会化高度发达的社会很难找到，因此"分配性正义"原则根本不可能实现，正义之唯一可行的形式就是生产性正义。生产性正义强调能够使消极外化物最少化、使积极外化物最大化的劳动过程和劳动产品（具体劳动和使用价值），例如，如果某个公司致力于社区建设、工作中自我发展的可能性、对有毒废弃物的拒绝等，那么生产性正义就对其持赞成态度。[1] 生产性正义的唯一可行的途径就是生态学社会主义。生态正义实现的路径在于从"分配性正义"到"生产性正义"的转变。威廉·莱斯认为，控制自然的观念是生态危机的认识论根源，他主张不是消除"控制自

---

[1] 詹姆斯·奥康纳：《自然的理由：生态学马克思主义研究》，唐正东、臧佩洪译，南京大学出版社，2003，第538页。

然"的观念,而应给予其重新解释:它的主旨在于伦理的或道德的发展,而不在于科学和技术的革新。生态学马克思主义学者的这些思想和观念为人类探寻生态危机的源头,走向生态公正的现实之路提供了新的视角,也打开了西方生态学马克思主义新的研究思路。

总之,国外学者在理性主义传统下,对于环境正义、生态公正等当代生态环境热点问题的系统阐述,为我国学界从事当代中国环境伦理和生态哲学、经济学、政治学、社会学等多学科领域的理论研究和实践,提供了深厚的理论基础和丰富的思想材料,有助于推动当代中国生态文明建设中的生态公正问题的深入研究。

二、国内研究综述

改革开放以来,随着中国经济的高速增长,工业化进程的加速推进,由此产生的生态环境问题日益凸显,生态不公加剧了社会不公,对我国社会的和谐稳定构成了严峻挑战。问题是时代的声音。近十多年来,随着环境伦理学、生态哲学、社会学等学科的快速发展,我国理论界在借鉴、吸收西方环境正义理论的基础上,从伦理学、哲学、政治学、社会学等多学科、多领域和多视角开展了深入研究,取得了比较丰硕的成果。

(一)对西方环境伦理、生态哲学理论及实践的研究与评析

一般认为,西方生态公正问题最早发端于美国,它起初是一种环境运动,其主要目标是非洲裔美国人和部分白人群体因为自己的家园被当作垃圾场而举行的抗议活动,要求美国政府改善这些群体尤其是有色人种的生活居住环境和条件,赋予他们享受良好环境的权利。1982年,美国北卡罗来纳州瓦伦县居民举行的抗议美国政府将该地区作为有毒垃圾掩埋场的游行示威活动,标志着环境正义运动的正式兴起。在生态公正理论产生的起源和实践基础方面,滕海键教授全面介绍了美国20世纪80、90年代的环境正义运动,分析了环境正义运动产生的广阔社会背景和深刻历史渊源,评价了环境正义运动对美国社会及世界产生的深刻影响,及其在理论和实践上所具有的世界意义。[1]

---

[1] 滕海键:《20世纪八九十年代美国的环境正义运动》,《河南师范大学学报(哲学社会科学版)》2007年第6期。

在国际生态公正问题的理论研究方面，不少学者致力于西方生态学马克思主义生态公正思想的研究与评析。生态学马克思主义是马克思主义生态思想在西方社会广泛传播的产物，其对资本主义制度的深刻批判及其对导致全球性生态危机的根源的揭示在学界产生了广泛影响。在我国，陈学明教授是较早对西方生态学马克思主义进行系统研究并将其代表人物的著作和思想介绍到国内的主要学者之一。陈学明教授系统阐述了生态学马克思主义学派代表人物的生态思想，对其局限性进行了批判，并结合中国实际对我国生态文明建设提出了许多有益的启示和借鉴。张乐民对美国学者、西方生态学马克思主义理论的重要代表人物奥康纳的环境正义思想做了探析，肯定了奥康纳指出的生态公正问题不单纯是个生态环境问题，而是社会不公正问题向生态领域的延伸的思想，即一方面倡导不能低估自然界的存在价值，特别是要尊重自然界之本真的自主运作性；另一方面又强调必须清醒地认识到环境正义问题深刻的现实根源在于社会问题。[1] 王云霞、杨小华分析了生态学马克思主义在北美的领军人物福斯特的生态学理论中蕴含的生态公正思想及其对我国解决现代化进程中的生态环境问题、构建中国特色生态文明的重要启示意义，指出福斯特通过对资本主义生态危机根源的深刻剖析，强调现有的生态运动应与社会正义联系起来，也即保护环境应与反对社会的不公正联系起来，主张通过生态革命消除资本主义生态危机以实现生态公正。福斯特对生态殖民主义的批判体现了他对国与国之间实现环境正义和社会正义的强烈诉求，因而福斯特的生态学马克思主义理论更多地具有了生态政治学的特质。[2] 我国环境伦理学者冯颜利在分析奥康纳的"生产性正义"思想的基础上提出了不同的看法，指出人们对于正义的诉求是多元化的，"生产性正义"不可能是生态正义的唯一形式，而分配问题又是人类社会的重大问题，也是中国特色社会主义伟大事业的重要理论与实践问题。当前，我国处于社会主义初级阶段，分配性正义不仅是合理的而且是必要的。而奥康纳的"生产性正义"思想没有建立在经济基础之上，如无源之水、无本之木，这也就注定了"生产性正义"思想是不可实现的。[3] 董慧介绍了英国学者大卫·哈维基

［1］　张乐民：《奥康纳的环境正义思想探析》，《学术论坛》2011年第6期。

［2］　王云霞、杨小华：《福斯特的资本主义生态批判及其启示》，《安徽大学学报（哲学社会科学版）》2010年第1期。

［3］　冯颜利、周文、孟献丽：《生态学社会主义核心命题的局限：评詹姆斯·奥康纳"生产性正义"思想》，《中国社会科学》2011年第5期。

于空间研究的生态正义思想。她提出哈维对生态正义的解读是当代西方马克思主义的重要贡献之一；同时，哈维运用的辩证法的思维范式、历史地理唯物主义的视角以及实证分析和马克思主义相结合的后现代的研究方法对未来生态正义思想的研究具有重大借鉴意义。[1] 汪盛玉对生态学马克思主义的生态文明观进行了探析，指出生态正义作为生态学马克思主义所倡扬的价值呼求，其所含纳的人与自然和谐相处的生态理念、生产过程正义的生态程序、公民生态意识培育的生态践行以及政治改良和文化发展的生态旨归等思想，为我们发展马克思主义、走出当代生态困境提供了有益启迪。同时，由于生态学马克思主义的构想带有乌托邦色彩，只有立足人与自然、社会发展与人的发展的辩证关系的马克思主义生态文明思想，才是我们建设生态和谐与社会公正的科学指南。[2]

对西方生态殖民主义导致国际生态不公正的揭露和批判，是西方生态学马克思主义理论的又一重要主题。郑湘萍、田启波分析了生态学马克思主义的生态殖民主义批判理论主要表现为三个方面：生态殖民主义出现的深层原因分析，生态殖民主义的表现形式及其危害，生态殖民主义的实质。这一生态殖民主义批判理论有利于人们更加真切地认识到资本主义制度的生态侵略本质，即"发达资本主义利用自己占优势地位的经济、政治、科技等力量，通过让收益内在化和成本外在化，即让社会作为一个整体来支付它们。最后的结果往往是由第三世界的人民和子孙后代为资本主义的经济繁荣所带来的昂贵成本买单。生态殖民主义行径严重违背了全球环境问题的一个重要方面——国际公平原则。国际环境中存在大量的非正义原则，其主要表现就是生态学马克思主义所批判的发达国家对不发达国家和地区的生态殖民主义"。同时，郑湘萍、田启波指出了西方生态学马克思主义对生态殖民主义的批判及其提出的解决方案的局限性，即生态学马克思主义主要是从道义上谴责西方国家的这种不平等、不公正、不道德的生态殖民主义行为，他们呼唤发达国家承担环境责任，这远远是不够的。要从根本上解决生态危机这一全球性问题，必须从社会制度和生产方式层面来遏制人的贪欲，彻底改变维护北半球发达国家对广大发展中国家进行控制和剥削的国际经济政治关系，建立公

---

[1] 董慧：《空间、生态与正义的辩证法：大卫·哈维的生态正义思想》，《哲学研究》2011 年第 8 期。
[2] 汪盛玉：《"生态正义"何以可能：生态学马克思主义生态文明观探析》，《贵州师范大学学报（社会科学版）》2014 年第 4 期。

正、合理的国际新秩序，使发展中国家平等分享世界科技进步、资源和市场份额。[1] 对西方生态殖民主义本质的揭露和批判，有利于我国更加重视全球化背景下维护国家生态安全的重要性，对我国社会主义现代化建设和生态文明建设也具有启示与借鉴意义。

与生态学马克思主义对生态殖民主义批判相似，西方生态社会主义流派则从社会正义的视角对资本主义制度导致的生态正义问题进行了批判。方世南教授指出，生态社会主义抓住社会正义问题并将其作为分析生态环境问题的重要方法论，揭示出生态环境问题的本质是社会正义问题，而资本主义制度的非正义性是产生全球生态危机的根源。将社会正义与生态正义结合起来，从政治正义、经济正义和文化正义等方面构建人与自然和谐及人与社会和谐的公正的社会主义社会，才能最终解决人类面临的生态危机，走向公正社会。同时，方世南教授也指出了生态社会主义与马克思科学社会主义理论的不同：生态社会主义的社会正义价值观，虽然在一定程度上继承了马克思主义的公平正义理论，对认识生态环境问题的成因及有效解决生态危机具有积极意义，但是其内在的理论缺陷，注定其与科学社会主义还相距甚远。[2]

此外，随着西方女性解放运动的发展，女权主义的兴起推动了西方生态女性主义思想的产生。随着资本主义生产方式带来的生态环境日益恶化对人类生存发展权利的影响，女性在环境污染中面临生态权益受到侵害的风险更大，致使生存发展权利的性别不公正问题日益引起西方学者的关注，对女性权利的研究也延伸到了生态环境领域，产生了重大影响。李培超从环境伦理学的视角，探讨了生态正义中的代内正义与代际正义问题，从生态女性主义思潮出发，着重探讨了女性正义问题和社会生态学的生态正义理念，指出由生态危机导致女性生态不公正的根源在于男权主义对于女性的压制，妇女儿童成为生态危机的最大受害者，要消除这种生态不公正现状，就必须颠覆男权主义文化，实现生态女性正义。[3]

（二）关于马克思主义经典著作中蕴含的生态公正思想的研究

马克思主义生态自然观蕴含丰富的生态公正思想，是指导我国生态文明

---

[1] 郑湘萍、田启波：《生态学马克思主义视阈中的生态殖民主义批判》，《岭南学刊》2009年第6期。
[2] 方世南：《社会正义观：生态社会主义的核心价值观》，《阅江学刊》2014年第4期。
[3] 李培超：《多维视角下的生态正义》，《道德与文明》2007年第2期。

建设和开展生态公正问题研究的理论渊源。国内一些学者从马克思主义基本立场或经典著作出发，对马克思主义经典著作中蕴含的生态公正思想进行了梳理和挖掘。王建明、王爱桂通过对《共产党宣言》的深入挖掘，认为马克思、恩格斯在《共产党宣言》中存在"一红一绿"两条主线：《共产党宣言》既批判了资本的扩张，也批判了资本主义的生态入侵；既揭露了资本家的阶级剥削，也揭露了资本的扩张对世界的生态掠夺；资本主义制度不仅导致了资本主义社会经济危机，而且同时也是导致资本主义生态危机的根源。因此，《共产党宣言》具有双重主题，是红色革命和绿色革命的"双重奏"。[1]邵发军则对马克思《1844年经济学哲学手稿》中的生态公正思想进行了探析，指出《1844年经济学哲学手稿》在生态正义思想方面呈现出了一种不同于古典和自由主义的特征，体现了理性主义和现实主义的结合，是自然生态正义与社会生态正义的综合体，为后期马克思超越正义的思想提供了一个理论上的准备。[2]李惠斌将生态正义、生态权利、生态价值列为马克思主义的新的研究视角，指出社会主义生态文明建设的要义在于明确生态价值概念，保护人们的生态权利，维护全社会的生态正义，这也是马克思主义者为之奋斗的目标。[3]任铃指出马克思主义的生态正义思想为我们提供了深厚的理论根基和深切的现实关怀，在对马克思主义进行文本解读的基础上，以自然、实践、主体、社会、历史为线索，从逻辑和总体上对马克思主义的生态正义思想进行梳理和总结，深入分析了马克思主义生态正义思想的多重向度及现实意义。[4]陶火生指出，与当代生态伦理学对人类中心主义的伦理批判不同，马克思开辟了对人与自然的异化关系的资本中心主义的历史性批判。尽管马克思、恩格斯并没有明确提出"生态公正"的范畴，但是，马克思认为人类社会中人与自然处于不对等地位的状况，其根源在于资本的增殖和逐利本性。生态的不公正是资本与雇佣劳动的社会不正义的延伸，走向生态正义的根本路径则是通过无产阶级的社会革命来消解资本的中心霸权。因此，限制资本是走向人与自然之间真正的生态公正的根本途径。只有洞见和消解资

[1] 王建明、王爱桂：《红色经典的绿色视野：〈共产党宣言〉中的社会正义与生态正义》，《苏州大学学报（哲学社会科学版）》2008年第5期。
[2] 邵发军：《〈1844年经济学哲学手稿〉的生态正义思想探析》，《岭南学刊》2012年第3期。
[3] 李惠斌：《生态权利与生态正义：一个马克思主义的研究视角》，《新视野》2008年第5期。
[4] 任铃：《马克思主义生态正义思想的多重向度及其现实关怀》，《南京社会科学》2014年第5期。

本的现代霸权，联合多方力量来限制资本，生态公正才能成为现实。[1] 此外，胡忠华从马克思主义著作中提炼出马克思主义环境公平的哲学思想，分析了马克思主义环境公平思想对于反思当代环境问题，探索解决环境问题的途径以及正确评价各种理论都有重要的意义。[2] 岑淳致力于挖掘、梳理马克思主义的环境正义思想，并探讨其现实意义，尝试性地梳理中国特色社会主义环境正义思想，并结合现实分析当代中国环境正义问题。[3]

（三）对当代中国生态公正问题及其构建的一般性研究

在对本土化的生态公正问题进行学理性分析研究方面，国内学者的研究视角及其内容主要集中在以下几个方面。

第一，探讨生态公正与社会公正的辩证关系。我国著名的马克思主义生态文明理论研究专家方世南教授从生态政治学视角深入论述了构建社会主义和谐社会应重视社会公正与生态公正的辩证统一关系，指出在生态环境使用、管理、分配等方面的不公正，导致了社会不公正。而社会不公正又加剧了生态不公正。协调生态公正与社会公正之间的关系，以生态公正推动社会公正，又以社会公正促进生态公正，已经成为构建社会主义和谐社会的主要内容和重大任务。[4] 环境保护部原副部长潘岳也指出，改革开放以来，在工业化进程中我国生态环境和生态资源的使用、管理、分配等方面存在着很大的不公正，生态不公正必然会导致社会不公正，而社会不公正又会进一步加剧生态不公正。在迈向现代化的进程中，"某些人的先富牺牲了多数人的环境，某些地区的先富牺牲了其他地区的环境。环境不公加重了社会不公"[5]。

第二，分析当前国内生态公正的现状，现实生态公正所面临的问题实质及导致生态公正问题的思想根源和责任主体。郇庆治认为我国最大的环境问题是经济发展的"至上性"以及经济发展"无边界"，必须从确立"发展的边界"开始寻找一条真正属于自己的绿色道路，中国政府必须真正承担起一种守护社会的环境正义的监管责任。[6] 骆徽、刘雪飞从种际公正、国内公

［1］陶火生：《资本中心主义批判与生态正义》，《福州大学学报（哲学社会科学版）》2011年第6期。

［2］胡忠华：《论马克思主义环境公平观》，硕士学位论文，江西师范大学，2011，第1页。

［3］岑淳：《马克思主义环境正义思想及其当代意义》，硕士学位论文，安徽大学，2011，第1页。

［4］方世南：《从生态政治学的视角看社会主义和谐社会的构建》，《政治学研究》2005年第2期。

［5］潘岳：《环境不公加重社会不公》，《瞭望新闻周刊》2004年第45期。

［6］郇庆治：《终结"无边界"的发展：环境正义视角》，《绿叶》2009年第10期。

正、国际公正三个方面分析了生态公正的现状。[1]李诗凡等认为，生态公平的内涵包括生态权利的平等享有、生态义务的平等履行和生态责任的公平承担，它是社会公平的重要组成部分。李诗凡等围绕生态公平问题，以马克思主义哲学的视角，从代内、代际和种际三个方面对当前存在的生态不公现象及其原因进行深度剖析，并根据"事物普遍联系"以及"科学实践观"等哲学原理和观点对构建生态公平的现实途径进行深入思考，以期实现对生态资源的平等拥有、对生态义务的平等履行和对生态责任的自觉承担，最终实现"人—环境—社会"的和谐、永续发展。[2]

第三，关于生态公正的具体内容及其实现路径的探讨。包大为认为探究生态危机作为现代文明危机的现实性，要以历史唯物主义的态度和方法，从经济、政治和文化多方面展望超越现代性框架的关于生态公正的讨论，从而使生态危机及其公正问题在全球公共性的基础上得以回归现实生活和实践。[3]郎廷建探讨了生态正义实现的路径，指出生态正义何以可能，是生态伦理学研究的一个极其重要的基础理论问题。非人类中心主义的理论困境和实践缺失，使得它无法、也不可能回答生态正义何以可能。个体或群体中心主义的短视和危害，使得它同样无法、也不可能回答生态正义何以可能。当代的全球化，使整个人类真正成为一个现实的主体性存在，使人类的共同利益获得了现实规定性，提出了当代人类必须共同面对的全球性问题。因此，作为人与人之间的一种经济关系，生态正义在坚持以人类整体、长远的利益作为处理人与自然关系根本价值尺度的经济活动中得以可能。[4]钱秋月指出生态正义是生态文明的应有之义，体现了人类的活动在对自然资源的配置时，如何在自身的需求与自然的实际承载能力之间达成合理的平衡。钱秋月结合马克思的生态思想以及当代西方生态学马克思主义者提出的生态理论，阐述了十五大以来党在面对日益严峻的生态危机时对生态理论的创新，提出了生态正义在当代中国实现的三个方面保障条件。其中，生态正义的意识形态保障能够为其实现提供方向性的道德和观念指引，生态法律保障能够通过对任何破坏生态的行为予以惩罚而确立刚性的底线，生态制度是保护生态的

[1] 骆徽、刘雪飞：《小康社会视角下的生态正义及其实现》，《文史哲》2005 年第 2 期。
[2] 李诗凡、陈海飞、陈柯楠：《生态公平问题初探》，《江苏科技大学学报（社会科学版）》2014年第 1 期。
[3] 包大为：《公共性：生态公正的现实基础》，《中共宁波市委党校学报》2013 年第 3 期。
[4] 郎廷建：《生态正义何以可能》，《马克思主义哲学研究》2014 年第 5 期。

专门制度和社会制度的综合体，从整体上确保生态正义的实现。[1]

第四，关于生态公正问题的生态伦理学哲思。刘湘溶、曾建平认为，应该建立一个"人—自然—社会"动态三维坐标体系，全局性把握人与人、人与社会、人与自然之间的关系，而在这个动态三维坐标体系中，首要的就是人际正义。[2] 余谋昌强调，生态公正要求在这个共同体中，人类应当合理地共同行使自己对所有成员（包括人类自己）的环境义务，促进人与人、人与自然的关系和谐。因此，生态公正是涉及人与自然关系中的利益与义务上的合理分配准则，它既包含对待人类成员实行生态正义，也对非人类存在实行生态正义。[3] 夏东民从价值哲学和环境伦理学视角，深入分析了人类与大自然之间是休戚与共的命运共同体关系，人与自然要实现可持续发展，就必须确立包括种际公正和代际公正在内的生态公正的环境伦理观。他指出环境伦理学从人与自然关系的科学说明出发，要求人类应该在确认人的价值和权利的同时，确认自然界的价值和自然界的权利；在承认人的利益的同时，承认生物和自然界的利益；在实现当代人利益的同时，充分考虑下代人的利益，最终达到人与自然界的和谐共处和协同进化，当代人的利益与世世代代人的利益的永续发展。[4] 基于此，夏东民提出了在环境建设实践中，要大力贯彻尊重、保护、支持生态环境的三大原则。洪大用从社会学的视角评析了环境公平概念及其社会学意义，指出环境公平的概念正是社会学与环境问题研究的链接点，分析了当代中国发展过程中在国际层次、地区层次和群体层次上所面临的环境公平问题，并提出了若干保障和促进环境公平的对策，如：维护环境主权，警惕生态帝国主义；完善污染者付费制度；设立国家环境基金；延伸社会救助制度，实施环境救济；加强环境执法，维护公众的环境权益等。[5]

（四）对当代中国生态公正问题及其构建的专题性研究

近年来，随着我国生态危机问题日益受到民众重视，因生态权益受到

---

[1] 钱秋月：《生态正义在当代中国何以实现：兼论十五大以来党对生态理论的创新》，《西北工业大学学报（社会科学版）》2014 年第 3 期。

[2] 刘湘溶、曾建平：《作为生态伦理的正义观》，《吉首大学学报（社会科学版）》2000 年第 3 期。

[3] 余谋昌、王耀先：《环境伦理学》，高等教育出版社，2004，第 255 页。

[4] 夏东民：《环境建设的伦理观》，《哲学研究》2002 年第 2 期。

[5] 洪大用：《环境公平：环境问题的社会学视点》，《浙江学刊》2001 年第 4 期。

侵害导致的为争取生态权益、维护生态公正的群体性生态维权事件时有发生。学界围绕生态公正问题开展专题性研究的成果也逐步增多。曾建平教授首次以当代中国环境实践为研究对象，比较全面、系统、深入地剖析了环境公正问题，从时空交叉的维度首次将环境公正类型划分为环境国际公正、族际公正、域际公正、群际公正、性别公正和时际公正等六大方面，对当代中国环境公正问题进行了比较全面的分析，并提出了实现环境公正的若干举措。[1] 在生态公正问题的实证研究方面，董敬畏运用贝克的风险社会理论，从生态风险的视角，以某副省级城市意图在某乡一座废弃的矿厂内建设一座日焚烧量达 3 000 吨的垃圾焚烧发电厂所引发的生态环境群体性事件为个案，分析了维护生态公平对于生态文明建设的重要性，指出生态公平与生态文明是相伴而生的孪生体，是一枚硬币的两面，二者的关系需要辩证对待。对于执政者来说，在建设生态文明的过程中，更需要注重生态公平，从而消除生态危机带来的生态风险及这种风险背后隐藏的社会问题，这也是新一届中央领导提出的国家治理能力现代化的应有之义。[2] 张瑜以我国内蒙古草原近年来在过度开发利用中破坏退化严重，面临严峻的生态环境问题为个案，探讨了重视草原碳汇，不仅可以促进生态公正的实现，更重要的是可以对草原生态环境的恢复和内蒙古经济社会发展做出更大的贡献。[3]

此外，从某一个领域开展专题研究的硕士学位论文有：林亮明的《当代国际生态环境公正问题研究》、梅华的《包容性增长视阈下的中国环境正义问题研究》、张留记的《苏州社会主义新农村建设中的生态公正问题研究》、朱红的《当代中国环境正义问题研究》、黄以胜的《论环境群际公正》、苏丰涛的《环境公正与补偿机制研究》等。这些论文分别从生态国际公正、城乡区域公正、贫富群体公正等方面进行较为系统深入的分析，具有较为重要的理论价值和实践价值。在学术论文方面，大连海事大学贾凤姿、杨驭越着重探讨了城乡环境不公导致农民生态权益缺失问题，从社会经济根源、社会意识根源、社会体制根源等方面分析农村环境公正缺失的成因，并提出提升农

[1] 曾建平：《环境公正：中国视角》，社会科学文献出版社，2013。
[2] 董敬畏：《生态公平与生态文明》，《长春市委党校学报》2014 年第 5 期。
[3] 张瑜：《生态公正视角下的内蒙古草原碳汇》，硕士学位论文，内蒙古大学，2012，第 4 页。

民生态权益、实现城乡环境公正的对策。[1] 黄爱宝指出，当代中国仍处于工业化和后工业化叠加并存的特殊历史发展阶段，维护后工业社会城乡生态公正的现实意义就是在实现人与自然和谐的根本目标基础上，通过实施科学策略破解日益彰显的城乡生态冲突，构建新型的城乡生态合作关系。[2] 总之，随着生态文明建设的加快发展，国内学界对生态公正问题的关注和研究也将不断深入。

综合近年来国内关于生态公正问题的研究成果，笔者不揣冒昧对当前国内生态公正问题研究现状做如下整体性评价。

1. 现有研究的不足

第一，在研究方法上，国内学界对当代中国生态公正问题的研究缺乏比较系统和宏观的视野，比较缺乏运用马克思主义历史与逻辑相结合的研究方法全面系统剖析我国生态公正问题产生的制度根源、文化根源、社会历史根源及认识论根源等方面的研究成果。在研究范式上，由于我国环境哲学、环境伦理学、生态政治学等社会科学的基础理论研究起步较晚，原创性理论建构不足，加之学术研究各自为政，研究内容模块化、分工过于精细化等弊端，所以，基于多学科、跨领域、整体性、实证性研究我国生态公正问题的学术团队及学术协作氛围还没有完全形成，不利于拓展我国生态公正问题研究的广度和深度。

第二，生态公正现有理论研究成果大多比较分散，没有形成系统化和整体化的理论体系。当前，大多数研究主要基于学科属性，针对某一具体学科与生态正义思想的联系进行挖掘，缺乏多学科、大范围交叉与融合研究的作品，缺少对生态公正问题的整体性把握。研究者在当代中国生态公正问题的理论与实践研究上没有紧密结合我国生态文明建设的实际，提炼出具有中国特色的生态公正理论。

第三，我国的生态公正思想研究起步较晚，从研究西方环境正义开始，其主要的概念、用语、范式基本上套用西方理论，西方生态主义思想烙印比较明显，需要和中国本土文化相结合，完成学术话语转换，形成中国特色生态公正的话语体系，促进生态公正思想在我国的传播和发展。

[1] 贾凤姿、杨驭越：《城乡环境公正缺失与农民生态权益》，《大连海事大学学报（社会科学版）》2010 年第 4 期。
[2] 黄爱宝：《后工业社会的城乡生态公正论》，《南京师大学报（社会科学版）》2014 年第 1 期。

第四，关于生态公正的实践性研究，缺少典型案例研究和更为具体的、有针对性的制度设计，需要在生态公正的制度构建、实施和落实等方面拓展。当前，阐释性、描述性研究较多，以问题为导向，对于生态公正的实现机制、如何解决生态公正实现过程中产生的问题等方面的研究相对较少，针对我国生态不公正问题典型案例的分析和相关制度的设计、构建的探讨也比较缺乏。

第五，缺乏从马克思主义整体公正观的视野来探讨生态公正问题。在"人—自然—社会"逻辑系统中，只有通过马克思提出的"两大和解"和"三大解放"，实现"人—自然—社会"的共存共荣，才能实现生态公正的价值目标。在生态公正的研究范畴中，关注人与人、人与自然之间辩证互动关系的比较多，对人与社会这一重要关系的探讨，深入揭示社会公正与生态公正内在逻辑关系的研究成果还比较欠缺。在这方面的研究方法上，将定性分析与定量分析紧密结合起来的成果还不是很多。

第六，马克思主义经典作家的生态文明理论仍然是指导我国社会主义生态文明建设的重要理论基础。当前研究在对马克思经典著作中蕴含的生态公正思想的挖掘、梳理和深化、发展并使之成为系统的理论体系方面还有很大的空间。此外，对我国传统文化中蕴含的生态公正思想的进一步梳理和挖掘也很有必要。

2. 有待深入研究的方向

鉴于上述研究的不足，当代中国生态公正问题的研究可以在如下几个方面深入开掘：第一，重视多学科、多领域的合作研究，对现有研究成果加以梳理、总结和整合，使之系统化、理论化、整体化；第二，积极研究我国古代哲学中蕴含的生态公正思想，加强中外生态公正理论的比较研究，创建具有中国特色的生态公正思想理论体系和话语体系；第三，重视加强当代中国生态公正问题的实证性研究，在发掘生态公正典型案例并加以研究的同时，深入探讨并提出解决当代中国生态公正问题的路径，提升生态公正思想研究的实践价值；第四，深入发掘马克思、恩格斯经典著作中的生态公正思想，并加以提炼、升华，使之为建立中国化的理论体系和话语体系、推动我国生态文明建设、促进生态治理提供理论支撑和实践指导；第五，加强对中国共产党的生态文明建设实践与理论的研究，尤其要加强对党的十八大以来习近平总书记关于我国生态文明建设重要论述的深入研究。

第三节　研究框架和研究方法

一、研究框架

本书由七章构成。

第一章主要回顾生态公正问题研究的时代背景及其研究价值。分析西方工业革命以来，在人类中心主义思想意识的主导下，人类对自然界的肆意开发利用导致环境污染和生态危机愈演愈烈，加剧了人与自然的紧张和对立关系。工业文明所带来的全球性生态危机，民间环保运动的日益兴起，促使西方国家开始重新审视资本主义生产方式，由此催生了以维护人民平等公正享有生态权益的环境正义运动的发展和理论研究。作为后发展中的新兴工业化国家，改革开放以来，中国既要加快工业化发展以实现现代化的宏伟目标，又面临着环境污染导致人民群众身体和生命健康福祉遭受损害的困境，需要摒弃西方"先污染，后治理"的传统工业化路径，探索一条人与自然和谐共生的生态现代化，加快生态文明建设，实现工业文明向生态文明的转型。

第二章主要探讨生态公正的基本内涵、基本类型、构建原则以及生态公正在当代中国生态文明建设中的重要价值等一般理论问题。

第三章主要阐述生态公正的实践基础、理论渊源和思想资源。在实践基础方面，发轫于西方的环境正义运动、中国共产党对生态文明建设的实践探索，以及当代中国民间环保组织的环境保护活动，为研究当代中国生态公正问题提供了丰富的素材。在理论渊源方面，马克思主义生态公正理论是研究当代中国生态公正问题的主要理论渊源。马克思主义辩证的生态自然观为社会主义生态公正理论的构筑提供了立场、观点和方法论指导。马克思主义经典作家的生态思想从唯物辩证和历史唯物的角度阐述了经济社会发展与生态环境及人与自然之间的互动关系，是对传统公正理论的扬弃与超越。在思想资源方面，中国共产党的生态文明思想和中国传统文化中的生态公正思想成为研究当代中国生态公正问题的重要思想资源。此外，西方生态马克思主义的生态公正思想也为研究当代中国生态公正问题提供了许多有益的启发和借鉴。

　　第四章主要比较全面系统地分析了当代中国推进生态公正的历程、成就与面临的挑战。公平正义是中国特色社会主义建设的价值遵循和实践目标。中华人民共和国成立以来，我们党为了保护生态环境，改善生存发展条件，提高人民生活水平，在利用自然和改造自然中开启了艰苦卓绝的社会主义现代化建设历程，同时也开启了保障人民生态权益、探索实现社会主义生态公正的生态文明建设进程。改革开放以来，随着党对人类社会发展规律、社会主义建设规律和共产党执政规律的认识和把握的不断深入，我们党坚持经济、政治、文化、社会和生态"五位一体"的整体公正理念，不断推进中国特色社会主义的整体文明建设。党的十八大以来，我们党对生态环境和人民生态权益的保护日益重视，在科学把握人与自然和谐共生的发展规律基础上，形成了生态文明的科学理念、原则和目标，在持续推动我国社会主义生态文明建设进程中，为实现和维护生态公正的价值目标打下坚实基础。同时，由于发展理念、经济增长方式、人民群众思想意识、经济基础、社会地位、生活方式、生产条件、资源禀赋等方面的差异性，也产生了一些影响人民生态权益的不公正问题，我国保障人民群众生态权益、实现和维护生态公正仍然面临着诸多挑战。新时代，在习近平生态文明思想的指引下，我国生态文明建设不断取得新的成就，为解决生态公正问题，建设美丽中国奠定了基础。

　　第五章主要探源当代中国生态公正问题。在我国，生态公正问题的产生比较复杂，这其中既有历史的根源，也有现实的因素。从特定的历史文化根源和深层次的认识论根源来考察，人们生态文明思想意识、理论认识方面存在着不足，如在人类中心主义支配下人们现代环境意识缺失、经济社会发展理念滞后等；从我国社会主义初级阶段经济社会结构转型发展的实践根源来看，我国产业结构、体制机制的不完善，经济社会发展的不平衡、不充分性问题等，产生的社会问题导致生态环境领域的不公正性。此外，在全球化背景下，当代中国作为发展中国家，仍然受不平等、不公正的国际政治经济旧秩序的影响，发达国家推行国际生态殖民主义，长期对广大发展中国家进行生态殖民掠夺、在全球生态治理中推卸责任甚至向包括中国在内的发展中国家转嫁生态风险和生态矛盾，加剧了国际生态不公正，也是导致我国生态不公正问题的一个重要外部因素。

　　第六章主要阐述当代中国生态文明建设中实现生态公正的路径选择：一

是以新发展理念和绿色发展战略，为实现生态公正夯实根基；二是以健全法律维护公民生态权益，为实现生态公正提供法治保障；三是以生态文明制度创新，为实现生态公正提供规范和制度约束；四是以乡村生态振兴战略保障农民生态权益，为实现乡村生态公正奠定基础。

第七章主要研究人类命运共同体视野下的国际生态合作治理。通过构建人类命运共同体，加强国际生态合作治理，为实现生态公正创造良好外部条件。

二、研究方法

1. 历史与逻辑相统一的研究方法。生态公正理论是马克思主义公正理论在当代中国的丰富和发展。本书的研究从马克思主义基本原理出发，将马克思主义辩证的自然生态观和社会有机体理论作为审视、分析、解决当代中国生态公正问题最基本的原则、立场、观点和研究方法，试图从历史文化与现实发展逻辑中剖析生态公正问题产生的深层次根源。

2. 系统论与整体论相结合的研究方法。当代中国的生态公正问题是涉及经济、政治、文化、社会以及人与自然生态和谐发展的系统理论问题。因此，本书在研究中既把研究的视域放置于包括人类在内的大自然生态系统中进行整体分析，又分别考察各个子系统的运行，把整体研究和系统分析相结合，以期为解决当代中国生态公正问题构筑坚实的理论支撑。

3. 文献研究法。本书对文献的搜集和借鉴主要集中在以下几个方面：马克思主义经典作家的有关著作及国内外关于生态公正的论文论著；改革开放以来中国政府制定出台的相关文件法规，包括政府发布的统计数据；当代中国公民及社会组织的环境保护和环境维权活动的开展情况等。

4. 比较研究方法。当代中国生态公正理论是在充分借鉴并科学批判西方现代环境正义理论的基础上初步形成的。对国内外主要环境保护运动及思潮的对比分析，有助于进一步发掘生态公正理论的当代价值和现实意义。

5. 多学科综合研究方法。生态公正理论的构筑需要伦理学、环境哲学、政治学、经济学、法学、生态学、社会学等多学科理论支撑。作为一种新型的公正理论，生态公正在本质上体现了当代社会公正的最新理念和人们对实现生态公平正义的理想追求，对其本质特征的独特性分析需要从多学科的视角进行。

6. 实证分析与规范分析相结合的方法。为了增强现实针对性和学理说服力，本书参考并引用了政府相关权威统计数据呈现当代中国面临的生态危机及其治理困境，以及不同地区、不同社会阶层在分配生态环境资源、享有生态权益方面的不公平性所导致的生态不公正。通过对当代中国生态不公正现实状况及其根源的分析，力求对我国生态公正现状及推进路径、措施进行研究，努力使其建立在客观性、可行性、有效性之上。

第四节　创新点和不足

一、创新点

本书的创新之处主要表现在以下几点。

1. 研究视角的创新。本书将生态公正的价值观置于当代中国生态文明建设的大背景下进行研究，既表明了维护生态公正在当代中国发展中的重大理论价值，也突出了公平公正的生态文明观对当代中国重构生态文明模式、实现人与自然和谐共生良性发展的实践意义。在研究方法上，以马克思主义生态公正思想为理论支撑，吸收和借鉴了政治学、经济学、生态学、伦理学、环境哲学、社会学等诸多学科的理论观点，试图展现社会主义生态公正思想的创新性和科学性。

2. 逻辑框架的创新。尽管学术界从不同视角对生态公正进行了大量研究，但就总体而言，对生态公正的研究大多集中于环境伦理学或生态学等某一学科领域，局限于具体表象的研究上，未能形成完整的理论体系。本书以马克思主义理论为指导，对散见于各个学科的生态公正思想进行梳理，从生态公正产生的时代背景、思想来源与理论指导、基本表现、问题探析与现实困境、实践路径等五个方面对当代中国生态公正问题进行系统阐释，将环境污染、生态危机与生态治理问题延伸到彰显社会公平正义的国家治理现代化层面，拓宽了社会主义生态文明建设研究的视角。

3. 若干理论观点的创新。

（1）对马克思、恩格斯经典著作中蕴含的生态公正思想进行了比较系统的梳理和挖掘，并揭示了马克思主义生态文明思想中蕴含的生态公正观对指导当代中国生态文明建设、解决当代中国生态公正问题的理论价值和实践价值。

（2）从整体性视角比较系统全面地探析了当代中国推进生态公正的基本历程与成就、实现生态公正面临的挑战；比较深入地剖析了生态公正问题产生的思想文化根源、政治制度根源和国际环境根源；对当代中国生态文明建设中政府生态治理效能不足导致的生态不公正进行了深入探讨，揭示了经济社会发展与生态治理效能不足的经验教训，为更好地推进社会主义生态文明建设，实现生态公正提出了对策。

（3）在探讨当代中国实现生态公正的路径选择方面，阐释了"乡村生态振兴"的内涵，强调了要重视乡村生态振兴，改善农民生存和发展的自然条件的重要性及其对策建议；提出了加强国际生态合作治理的重要性、挑战性和应对之策。

二、不足

本书不足之处与亟待突破的难点在于以下几点。

其一，由于涉及问题的敏感性，在深入实际开展问卷调查与个案研究，进行相关数据信息的采集、分析和处理过程中面临诸多困难，对近年来我国发生的导致生态不公正问题的典型案例的实证分析比较欠缺，制约了本书的定量和定性分析。

其二，案例呈现与学理分析的有效结合不够紧密，从哲学高度对我国生态公正问题进行的学理性阐述还缺乏理论张力与深度。

其三，在研究过程中，对本书涉及的伦理学、哲学、法学、环境学、生态学、政治学、社会学等多学科研究成果的梳理与理论整合囿于笔者学术功底的肤浅和知识储备的不足，未能做进一步的提炼和开掘。

其四，生态公正是一个学理性很强并涉及法学、政治学、经济学、伦理学、哲学、生态学、社会学、教育学和文化学等多门学科知识的理论课题。如何结合我国生态文明建设的实际，探索总结出一套具备可操作性、定性与定量相结合的测评我国实现生态公正成效的综合评价指标体系，还值得做进一步研究。

第二章
生态公正的一般理论概述

第一节　生态公正的基本内涵

一、生态与环境

生态与环境是既有联系，又有区别的两个概念。在日常生活中，生态和环境两个观念往往混同使用。

"生态"一词最早源于古希腊文字，原来是指一切生物的自然状态，以及不同生物个体之间、生物与环境之间的关系。从词源学意义上来分析，生态指的是人与周围环境的关系。作为一门科学，生态学的概念最早是由德国生物学家恩斯特·海克尔于1869年提出来的。他认为生态学是研究动物与植物之间、动植物及环境之间相互影响的一门学科。近年来，生态学涉及的范畴大大拓展，国内常用生态来表征一种理想状态，出现了生态城市、生态乡村、生态食品、生态旅游等提法。

环境总是相对于某一中心事物而言的。如果以人类社会自身为中心，则环境可以理解为人类生活的外在载体或围绕着人类的外部世界，即狭义的自然界，简而言之就是指人类赖以生存和发展的物质条件的综合体，也即人化的自然场域。人类环境一般可以分为自然环境和社会环境。自然环境又称为地理环境，即人类周围的自然界，包括大气、水、土壤、生物和岩石等。地理学把构成自然环境总体的因素划分为大气圈、水圈、生物圈、土壤圈和岩石圈5个自然圈。社会环境指人类在自然环境的基础上，为不断提高物质和精神文明水平，在生存和发展的基础上逐步形成的人工环境，如城市、乡村、工矿区等。《中华人民共和国环境保护法》则从法学角度对环境下了定义："本法所称环境，是指影响人类生存和发展的各种天然的和经过人工改造的自然因素的总体，包括大气、水、海洋、土地、矿藏、森林、草原、湿地、野生生物、自然遗迹、人文遗迹、自然保护区、风景名胜区、城市和乡村等。"

就概念的外延而言，比起环境的概念来，生态的概念其外延更明确，意蕴更深远一些。第一，生态强调整个系统的关联性。生态系统各部分是有机联系的，个体的人及人类社会都是宏观生态系统的一部分，人的活动必然会对生态系统的其他部分以及总体状况产生影响，生态系统各部分以及系统总体状况的改变反过来也会影响人类活动。第二，生态概念强调整体性。由于生态系统具有普遍联系性特征，所以生态系统内部某一局部的变化往往会导致一种全局性的后果，比如我们日常生活中常常提到的"多米诺骨牌效应"或"蝴蝶效应"就既体现了系统普遍联系的特点，又体现了系统的整体性。第三，生态概念蕴含动态性的特点。生态系统内部周而复始地进行着物质和能量的交换与转变。各种变化不仅处于过程中，而且不间断地产生着各种阶段性的后果，而这些变化理应符合生态规律的要求，否则，就会影响甚至改变整个生态系统的良性循环，对包括人类社会在内的整个生态系统造成重大破坏。

总之，生态与环境既有区别又有联系。生态偏重于生物与其周边环境的相互关系，更多地体现出构成生态的诸要素之间的系统性、整体性、关联性和动态性；而环境更强调以人类生存发展为中心的外部因素，更多地体现为人类社会的生产和生活提供的广泛空间、充裕资源和必要条件。本书的研究对象——"生态公正"中"生态"一词，不仅涵盖了人化的自然环境和社会环境，更突出体现人与自然、社会的辩证互动关系，外延更为丰富。

二、公平、公正与正义

作为一种衡量人与自然、人与人及人与社会理想状态的哲学与伦理价值尺度，公平、公正与正义在理论阐释中往往存在着同义交叉、混同使用的问题。纵观国内外关于生态公正问题的研究成果不难发现，关于生态公正的内涵表述往往也存在生态公平、生态公正与生态正义等学术概念通用的现象。因此，为了突出公正原则在探讨"人—自然—社会"之间的重要性，有必要对相关的核心概念做一个基本的界定。

（一）公平与公正

公平与公正既有联系，又有区别。一般而言，公平与公正的区别在于以下三方面。其一，两者侧重点不同。公平侧重地位上"一视同仁"和衡量标准的"同一个尺度"，即在普遍人权、独立人格、人与人之间地位等方面保证起点上的对等性；而公正强调每个人得其所应得，侧重分配领域，所涉及的对象是社会资源，主要是社会权利和义务的对称性。其二，两者的价值取向不同。公正比公平价值导向性强，公平的客观性相对明显。其三，两者追求的分配结果不同。[1] 党的十七大报告指出，初次分配和再分配都要处理好效率和公平的关系，再分配更加注重公平。可见，在社会资源的分配上，公平侧重于资源分配的均等化，目的是为了防止收入悬殊，导致两极分化；而公正作为利益分配的原则，强调利益分配的合理比例，即根据每个社会成员的具体贡献进行分配，这有利于调动社会成员的积极性，同时又注重对利益进行适当的调节，最终实现社会的整体公正。

公平与公正之间的内在关联性在于以下两方面。其一，公正的基本价值取向是公平得以真正实现的前提和基础。如果没有公正、正义的基本价值取向，就不会有真正意义上的公平即正向意义上的公平，剩下的可能只是"公平"的游戏规则。[2] 可见，公平价值的实现离不开公正价值的引导，否则有损社会公正的实现。其二，公正的实施过程需要借助于公平。公正作为利益分配中的一个原则和衡量标准，首先必须确保准入机制上的公平，即人人享有同等的机会和权利，地位上"一视同仁"和衡量标准"同一个尺度"，只有做到起点上的公平才有可能在利益分配中实现公正。由此可见，公正内含着公平，同时公平又表征着公正。正如吴忠民指出，公正带有明显的"价值取向"，它所侧重的是社会的"基本价值取向"，并且强调这种价值取向的正当性；而公平则带有明显的"工具性"，它所强调的是衡量标准的"同一个尺度"，用以防止社会对待中的双重（或多重）标准问题。[3]

（二）公正与正义

利用概念的界定方法——种属定义法，公正与正义在种属关系及内涵、外延上都是不同的。冯颜利指出，公正与正义是属种关系，而不是种属关系，也不是交叉关系。正义的内涵比公正丰富，而公正的外延比正义大，是正义的一定公正，公正的未必正义，不公正的一定不正义，不正义的未必不

---

[1]　陆树程、刘萍：《关于公平、公正、正义三个概念的哲学反思》，《浙江学刊》2010年第2期。
[2]　吴忠民：《社会公正论》，山东人民出版社，2004，第104-105页。
[3]　吴忠民：《社会公正论》，山东人民出版社，2004，第103页。

公正。[1] 两者除了概念上的区别，在侧重点和使用对象上也不同。公正如前所说的侧重于分配领域，而正义则侧重于社会制度的安排，包括社会的政治制度、经济制度、法律制度等，而且正义作为社会所倡导、弘扬的一种理念，比公正的感情色彩要强，凝聚力和号召力要大。在使用对象上，正义一般用在比较庄严重大的场合，它赋予一种行为以合乎人道的立场，预示着这就是人们所追求和向往的理想状态。公正相对于正义价值导向性和感情色彩没那么浓重，客观性更明显一些。

两者虽然有以上诸多差异，但都是一种理想的价值取向。康德指出，如果公正和正义沉沦，那么人类就再也不值得在这个世界上生活了。[2] 正义作为一种观念形态的正义理念与社会的政治和伦理的评价标准而存在，在基本社会制度安排上具有宏观指导意义，但在具体操作过程中，正义又必须以公正为基本依据和基本出发点。因为公正能使宏观上抽象的正义理念贯彻到微观的具体社会制度安排与政策制定上。实现社会公平正义的根本途径是正义的制度建构，即按照正义的基本原则体系，做出公正的制度安排和调整。所以说，正义目标的实现，需要在实践中把公正作为一个扎实的落脚点，也只有基于公正的制度安排和政策制定，才能使多元利益主体的利益分配得当，进而为社会正义的实现奠定基础。由此可见，公正以正义为旨归，为最终实现社会正义服务；正义作为一种最高的价值导向航标，又为公正的实施指明道路和前进方向。

（三）公平与正义

公平和正义是人类文明进步的重要标志，也是衡量一个国家或社会文明发展的标准和价值尺度。公平和正义这两个概念在不同的学科领域有不同的具体内涵，但都是在价值系统中对事物所做的道德认知与评价。在一定意义上，公平和正义往往合并表述为对人与人、人与社会、人与自然关系中人的主体行为的一种价值评判，只是在不同出场语境下，其具体内涵是不同的。

从伦理学视阈来考察，公平是指"在集体、民族、国家之间的交往中，公平指相互间的给予与获取大致持平的平等互利，同时还包含有对待两个或两个以上的对象时的一视同仁。在个人与社会集体之间的关系上，公平指个

---

[1] 冯颜利：《公正与正义》，《道德与文明》2002 年第 6 期。
[2] 康德：《法的形而上学原理：权利的科学》，沈叔平译，商务印书馆，1991，第 165 页。

人的劳动活动创造的社会效益与社会提供给个人的物质精神回报的平衡合理。在个人与个人之间的关系上，公平指他们之间的对等互利和礼尚往来"[1]。公平包含公民参与经济、政治和社会其他生活的机会公平、过程公平和结果分配公平。公平的内涵包括两个方面。一是社会地位上平等。社会中一切成员在社会地位上被平等地认可和尊重，这是最基本的平等。正如马克思指出，"这种平等要求更应当是从人的这种共同特性中，从人就他们是人而言的这种平等中引申出这样的要求：一切人，或至少是一个国家的一切公民，或一个社会的一切成员，都应当有平等的政治地位和社会地位"[2]。二是社会财富的分配上公平合理。公平用在衡量利益分配时，指的是付出与回报之间的相等。社会财富分配上的公平是具体的社会历史条件考量下的公平。

正义包括社会正义、政治正义和法律正义等。公平正义是每一个现代社会孜孜以求的理想和目标，因此，许多国家都在尽可能加大公共服务和社会保障力度的同时，高度重视机会和过程的公平。构筑一个公平正义的社会，需要全社会进行长期努力，提高全体公民的文化、道德、法制等方面的素质，使人们有渴求公平正义的意识、参与公平正义的能力和依法追求公平正义的行为。

总之，要从学理上清晰准确地界定并厘清公平、公正、正义这三个哲学概念是比较困难的。在探讨生态公正问题前，对公平、公正和正义的内涵及其关系做一个粗浅的比较分析，有助于在概念的把握上形成宏观的框架，在相关问题的理论阐述上更趋包容性。概言之，公平指社会地位上平等和社会财富分配上合理，公正是处理人与人之间利益关系的伦理原则，正义是一种理念存在，主要用于社会制度层面。三者虽属于不同的层面，但又是相互联系、相互依赖、密不可分的。公正和正义是公平的价值导向，公正又内在地蕴含了公平，最终以正义为旨归。就公平、公正、正义这三者的关系而言，公正已经包含了公平、正义的精义，并且同其他一些重要的价值理念的精义进行了新的整合，因而居于核心位置；公平、正义只有以公正为归属，依归于公正，才能有效地发挥作用。因此，本书的研究对象——"生态公正"中

---

[1] 朱贻庭：《伦理学大辞典》，上海辞书出版社，2002，第 45 页。

[2] 中共中央马克思恩格斯列宁斯大林著作编译局编译《马克思恩格斯选集》第 3 卷，人民出版社，1995，第 444 页。

的"公正"概念是融合了公平与正义丰富内涵的，既富于理想化的价值准则，又紧密联系实际的范畴。

三、生态公正的基本内涵

"生态公正"的提出，一般可以追溯到20世纪80年代美国爆发的环境正义运动。从一般意义上讲，它往往和环境正义、生态正义的内涵是基本相通的。环境正义是指面对自然资源破坏和生态危机加剧，不同群体、族群、区域和民族国家之间所应享有和承担的权利与义务的公平正义性。这一思想最初是在20世纪80年代美国的环境正义运动中，针对美国底层民众和少数族裔环境权利受到侵害而引发的社会不正义问题，特别是不同群体在环境保护中权利和义务不公平性问题而提出的。此后，随着生态主义的发展，环境正义逐渐向生物物种、生态系统等领域延伸，从而延伸出"生态公正"的概念及其问题解决的原则、方法和路径等。

关于生态公正的内涵，目前学术界对于生态公正还没有统一的定义。近年来，学术界从不同的学科领域和研究旨趣对生态公正的内涵进行了广泛的探讨。从社会学的视角看，生态公正并非指对生态环境的公正，而是指在所有人口中公正地分配好的环境资源和坏的环境资源，其实质是指如何在人与人之间分配自然资源和分摊环境责任，即环境权利与环境义务的对应问题。[1]从伦理学视角看，生态公正是指在环境资源的使用和保护方面，所有主体一律平等，即享有同等的使用权利，负有同等的保护义务。[2]还有学者从政治学视角进行探讨，认为生态公正链接的主要是针对种族、阶级和性别来说的不成比例的环境威胁、疾病和生命健康权，所聚焦的公正概念是对一个特定环境里的人们来说的，目标是有害废物生产分布，化学品和其他物质的处置，住房和城市的发展，土地使用，水权利，以及交通，等等。它要求在环境决策中参与公正，推动环境效益和负担的分配正义，国家机关让环境正义成为他们所做工作的一部分。[3]

---

[1] 曾建平：《环境公正三题》，《中共中央党校学报》2007年第6期。
[2] 张金俊：《国内农民环境维权研究：回顾与前瞻》，《天津行政学院学报》2012年第14卷第2期。
[3] Raoul S. Lievanos，"Certainty，Fairness，and Balance：State Resonance and Environmental Justice Policy Implementation，" Sociological Forum 27，no. 2（Jun. 2012）：480-503.

生态公正作为生态文明的一个重要立论起点和生态伦理价值尺度，集中体现了人与自然、人与人以及人与社会在开发、利用和保护自然资源上责、权、利三者的有机统一关系。就生态权益而言，生态公正是指构成生态系统的所有主体都享有平等公正的生存和发展权益，应拥有平等享用自然资源、清洁环境而不遭受资源的限制和不受环境伤害的权利。在承担保护环境、维持生态平衡义务方面，生态公正则体现为人类享用环境资源权利与承担环境保护义务的统一性，即生态利益上的社会公正。综合不同学科领域关于生态公正内涵的探讨，本书对生态公正内涵的理解和界定大致归结为以下几点。（1）生态公正的主体应为人、自然与社会的相互辩证关系，三者是一个有机的整体，离开任何一方面孤立地讨论生态公正都不成立。在人与自然关系方面，人类尊重自然生态价值，遵循人与自然相互依存、共存共荣的平等的生态伦理规律，在开发、利用自然生态环境资源中，自觉承担起相应的生态修复、保护自然的责任和义务，以实现人类和整个自然生态系统的动态平衡；在人与社会关系方面，尊重和保护每个公民平等公正地享有的生态权益，即对自然生态资源的开发、利用和保护的权利和义务的均衡性。（2）生态公正的客体是作为生态公正主体的人类在责、权、利方面应遵循的公平正义原则。（3）生态公正的终极价值目标是经过人类不懈努力实现人、自然和社会和谐共生、共存共荣的可持续性发展。

第二节　生态公正的基本类型

为了准确地考察生态文明建设中的生态公正问题，我们首先有必要对生态公正进行科学的划分归类。生态公正的实质是基于人类社会的差异性与同一性相统一的社会公正，从权利和义务相互对称的角度，强调不同的国家、地区和人员结成的共同体是差异的。从哲学的角度来看，生态公正根源于人的三重属性的存在。人具有类存在、群体存在和个体存在三种样态，与此对应，生态公正可以有三种不同的实现形式：人的类属性对应种际生态公正；人的群体属性对应群际生态公正，包括代内公正、代际公正；与个人属性相对应的是个体之间的生态公正，如富人与穷人之间、男性与女性之间的环境权利与义务的对应。

在当前的国内外学界关于生态公正问题研究成果中，对生态公正基本类型的划分，比较普遍的是采用时空维度的划分标准进行归类。如国内较早系统研究我国生态公正问题的环境伦理学者曾建平教授就是遵循这一标准，将生态公正分为族际环境公正、域际环境公正、群际环境公正、性别环境公正、时际环境公正、国际环境公正六大类型。[1] 具体而言，生态公正体现为两个维度的公正：在时间维度上，生态公正主要体现为代际生态公正；在空间维度上，生态公正主要体现为国际生态公正、族际生态公正、域际生态公正和群际生态公正。[2] 代内生态公正是指不同地域、不同人群之间的生态公正，又可分为国际生态公正、地区生态公正和人际生态公正；代际生态公正是指当代人与后代人之间的生态公正。

从性质上看，生态公正可以分为程序意义上的生态公正、地理意义上的生态公正和社会意义上的生态公正。[3] 程序意义上的生态公正强调的是同等待遇问题，即涉及生态环境的各种规章制度和评估标准都应当是普遍适用的，每个人在涉及自己社区的事务时，都应当拥有知情权和参与权。地理意义上的生态公正强调社区付出与所得的对称，即容纳废弃物的社区应该从产生废弃物的社区得到补偿。社会意义上的生态公正强调在整个社会中保障个人或群体应得之权益的重要性，即不同种族、民族、群体所承受的环境风险比例相当。此外，从人与自然物种之间的平衡关系考察，生态公正还包括种际生态公正。种际生态公正是指人类和大自然应该保持一种公正关系，具体来说，就是要求人类有意识地控制自己的行为，合理地利用和改造自然，维护生态系统的完整稳定，保持生物多样性。

综上所述，关于生态公正的类型界定是一个比较复杂的学术问题。就目前研究成果来看，对生态公正的类型划分，学界还没有统一而明晰的标准。由于概念界定的困难，一些学者基于各自研究领域的侧重点的差异性，对生态公正类型的划分研究往往存在内涵或外延交叉重复的弊端。为了便于研究，本书拟从"人—自然—社会"的内在逻辑关系来考察生态公正问题，将生态公正的类型分为种际生态公正、人际生态公正、域际生态公正和国际生态公正，从人与自然的公正问题，生活在同一个国家内部的人与人之间的生

---

[1] 曾建平：《环境公正：中国视角》，社会科学文献出版社，2013，第4页。

[2] 曾建平、顾萍：《环境公正：和谐社会的基本前提》，《伦理学研究》2007年第2期。

[3] 朱贻庭：《伦理学大辞典》，上海辞书出版社，2002，第161页。

态公正问题，一国内不同区域之间的生态公正问题，以及不同国家之间的生态公正问题，等等，展开生态公正问题的探讨和研究。

一、种际生态公正

基于人与自然关系来考察，生态公正的一项基本内容是种际生态公正，即人类与自然界其他物种之间生存发展权利的公平正义性。20 世纪的工业文明产生于财富急剧膨胀、物质文明日益发达的时代。但是，人类所取得的一切成就无不是向自然界索取的结果。没有大自然的供给，人类就无法建构起现代文明的大厦；没有大自然的欣欣向荣，人类就不可能期望实现永续发展。然而，人类对自然界的过度索取与悉心呵护的失衡，开发利用与回馈修复的割裂，使人类陷入了生存环境恶化、社会矛盾激化的困境之中。导致当代生态危机加深的根源不仅是自然生态系统的失衡，还有人类社会关系的失衡。

首先，种际生态公正在自然生态系统中的直观表现在于人类与生物多样性的和谐共生性。种际生态公正是指人类与大自然诸物种之间的生存空间公正。它强调人类与大自然之间应该保持一种适度、适当的开发与保护关系。在社会发展进程中，人类既不能为了利益而破坏大自然的持续生存，也不能因为保护自然环境而放弃了生存与发展需要。具体来说，种际生态公正就是要求人类要有意识地控制自己的行为，合理地控制自身利用自然和改造自然的程度，自觉维护自然生态系统的完整稳定，保护生物的多样性。当代全球性生态危机警示的不仅是自然自身的失衡，也是人与人之间关系的失衡。从这个意义上来说，生态危机只有与社会的公平正义有机联系起来，才有可能得到有效的解决。

其次，种际生态公正反映的是人与自然相互依存的辩证关系。数千年来，人类沉醉在傲慢的人类中心主义当中，认为人是万物的主宰和万物的尺度，将大自然视为人类无限索取、征服和支配的对象，而忘记了人类自身也是自然界的一部分。正如马克思指出，"人直接地是自然存在物。人作为自然存在物，而且作为有生命的自然存在物，一方面具有自然力、生命力，是能动的自然存在物，这些力量作为天赋和才能，作为欲望存在于人身上；另一方面，人作为自然的、肉体的、感性的、对象性的存在物，同动植物一样，是受动的、受制约的和受限制的存在物，就是说，他的欲望的对象是作为不依赖于他的对象而存在于他之外的。但是，这些对象是他的需要的对象，是表现和确证他的本质力量所不可缺少的、重要的对象"[1]，马克思社会有机体理论揭示了人类及其改造过的人化自然——人类社会都是自然界的有机组成部分。人的生活只有依靠自然界。脱离自然而生存的人是无法想象的，整个所谓世界历史不外是人通过人的劳动而诞生的过程，是自然界对人来说的生成过程。历史本身是自然史的一个现实部分，是自然生成为人这一过程的一个现实部分。[2] 这就是说，自然对人具有制约性、在先性和基础性。人与自然的关联表明，建立和谐社会首先要保持人与自然的和谐，人与自然具有怎样的和谐关系，人类社会就具有怎样的和谐度，"人同自然界的关系直接就是人和人之间的关系，而人和人之间的关系直接就是人同自然界的关系"[3]。生态污染、环境危机预示的不是自然自身的问题，恰恰是人自身的问题，是人类生存和发展的危机。

最后，种际生态公正彰显了人与自然具有同等重要的价值属性。人与自然在价值关系上，不是单向的一方满足另一方需求的从属关系。自然的存在是自在的、自为的和为人的、人为的存在。这就是说，自然不仅具有满足人类生存和发展的工具价值，也具有自身固有的内在价值。承认自然的双重价值并没有贬低人的尊严。人与自然的价值关系是内在的。自然是人的自然，自然的价值是属人的价值。但是，这不表明"征服自然""控制自然"等观念天然地具有合理性。相反，人类要转变"杀鸡取卵""竭泽而渔"式的征服自然的占有思维模式，在现代生态自然观的指引下，改变传统的自然资源"无主"观念，树立顺应自然、尊重自然和保护自然的生态权利意识，使人类对自然界的索取与保护有机结合；改变自然资源"无价"观念，树立以自然为友、善待自然就是善待人类自己的命运共同体意识，使人类在与自然进行双向价值交换进程中和谐共生；改变自然资源"无限"观念，树立享用自然首先要保证自然可享用性意识，使人类既成为自然的享用者，又成为自然

---

[1] 中共中央马克思恩格斯列宁斯大林著作编译局编译《马克思恩格斯全集》第 1 卷，人民出版社，2009，第 209 页。
[2] 中共中央马克思恩格斯列宁斯大林著作编译局编译《马克思恩格斯全集》第 42 卷，人民出版社，1972，第 119 页。
[3] 中共中央马克思恩格斯列宁斯大林著作编译局编译《马克思恩格斯全集》第 42 卷，人民出版社，1972，第 167 页。

的管理者和维护者。[1]

二、人际生态公正

人际生态公正专指人类社会人与人之间在享有生态权益方面的公平合理性问题。依据人类社会历史时空的差异性标准，人际生态公正又可分为代内生态公正和代际生态公正。

代内生态公正强调的是在同一个国家、区域和民族中，处于不同空间地域的同一代人都应平等公正地享有公平利用自然资源和生态环境满足自身生存发展需要的机会和权利。代内生态公正关注的是同一国家不同民族、地区、群体、性别等在生态权益和环境保护问题上权利与义务的公平性、对等性原则。在人类社会发展中，生态环境对人类的影响既是普遍的、相互作用的，又是有差异性的。不同时期生态环境对不同的人和地区产生不同的影响，人类获取环境资源的利益和对环境造成的破坏也是不尽相同的。

生态环境对人类社会的影响既具有普遍性，又具有差异性，对不同的人有不同的影响。人们获取自然生态资源利益的多少与对自然环境造成的破坏所应承担责任的大小也是不尽相同的。实现人与自然之间的和谐共存，构建和谐稳定和繁荣发展的社会，需要有效维护代内生态公正，即发达民族与落后民族、富裕地区与贫困地区、城市与乡村、男性与女性在生态权益、生态义务和生态责任三者之间的统一和平衡。漠视民族、地区、群体的大小、强弱及其发展程度等差异性，而笼统地强调对于生态保护与治理的"共同责任"是不现实的，也是不公平的。同样，以民族、地区、群体的大小、强弱及其发展程度的差异性为托词，推卸每个民族、地区、群体所应承担的有差别的环境责任也是不合理的。在维护代内生态公正中，只有遵循"共同但有差别"的生态公正原则，才能为人类赢得"共同的未来"。

代际生态公正突出强调的是人类自身在生产及种族的延续和繁衍生息中，要兼顾上下代际人类之间的生存与发展的公平性与可持续性，不能为了满足当代人的最大利益而肆无忌惮地过度利用和剥夺下代人应享有的自然资源，甚至破坏后代人赖以生存和发展的自然生态条件和物质基础。代际生态

---

[1] 曾建平：《环境公正：中国视角》，社会科学文献出版社，2013，第 6 页。

公正主张以空间同一性、时间差异性为维度的当代人与后代人之间在环境利益上行使公正。它的基本要求是，当代人在进行满足自己需要的发展、建构和谐社会时，又要维护支持继续发展的生态系统的负荷能力，以满足后代的需要和利益。也就是说，当代人与后代人享用自然、利用自然、开发自然的权利均等，当代人要尊重和保护子孙后代享用自然的平等权利。但是，在这种利益格局中，人们多数只能看到"当代""自我"，没有高境界地为后代着想。人口膨胀、资源短缺、环境污染、生态失衡已严重威胁后代人的生存发展权。随着经济社会的快速发展，人类自身的种族繁衍速度急剧递增。进入21世纪以来，世界人口数量已达到了新的高度。世界人口的急剧膨胀已使地球不堪重负。全球城市化进程的加速正在改变人类的物质和社会生活环境，加剧了全球的资源危机和环境恶化。在第二次世界大战后的半个多世纪中，世界能源的消耗量增加了 50%，而且随着后发展中国家工业化进程的加速，这一状况将会有增无减。大量事实说明，工业文明的发展造成对自然资源的过量开采，已严重威胁人类的可持续生存与发展。

实质上，代内公正和代际公正其实是一个问题的两个方面。一方面，只有在代际公正的关照下，才能真正有效地、恰当地解决代内公正问题。没有这样的眼光，和谐社会不过是短时间的平衡和矛盾的暂时消解，无法获得持久的动力和内在的支持。另一方面，代内公正问题的解决，既会化解代际公正问题，创造财富和生态环境等物质基础，又会为此创造经济、政治、社会、文化等多种制度条件。代内生态公正是代际生态公正的前提和基础。只有坚持代内生态公正，才可能实现人类社会可持续发展和永恒正义的代际公正。

三、域际生态公正

域际生态公正主要是指，在同一个国家和民族地区，由于历史渊源、地理环境、经济社会发展条件等的差异性，人们在享有开发、利用和分配自然资源的权利与承担自然生态责任和义务上所应遵循的公平正义性原则。在我国，近年来，由于经济社会发展的不平衡、不充分导致的区域性生态公正问题比较突出，主要表现在以下两个方面。

一方面，域际生态公正问题表现为不同区域之间在保护江河、湖泊、森林、草地等具有全局性特殊地位的生态涵养与环境保护区域，所应承担的责任和义务的不平衡性问题，如对长江流域、黄河流域等大江大河流经地区的环境保护责任和义务问题。此外，东、中、西部地区在加快经济社会发展中对自然资源的开发、利用所获得的资源收益分配的不平衡、不合理性问题。

众所周知，西部地区是我国主要大江大河的发源地和重要的能源资源、矿产资源的开采区域，其生态资源、大气环境、水土保持、生物多样性等自然环境状况的好坏直接影响着我国东部地区乃至中华民族的生存和发展质量。在工业化、城市化进程中，我国生态资源丰富的广大中西部地区为全面建成小康社会、实现全面建设社会主义现代化国家战略目标做出了巨大贡献。同时，中西部地区还承担着环境保护与生态治理的重要责任，如西部地区长期执行国家严格的环保政策，实行退耕还林、还湖、还草，禁伐森林、禁止过度放牧等限制发展、涵养水土、保护环境的生态治理措施，从一定程度上制约了中西部地区经济社会的快速发展。为了促进区域协调、可持续发展，保障生态保护地区人民群众平等公正享有的生存和发展的生态权益，改革开放以来，我国实施"西部大开发"战略，加大中央财政对中西部经济欠发达地区的财政转移支付和帮扶力度，从政策、资金、人才和产业扶持等方面不断改善生态环境保护区域经济社会发展。党的十八大以来，以习近平同志为核心的党中央全面贯彻落实"创新、协调、绿色、开放、共享"的新发展理念，提出了对长江、黄河等我国大江大河"共抓大保护、不搞大开发"的生态文明建设战略，不断完善区域生态补偿制度体系，对资源输出型地区进行生态补偿，经济欠发达地区在生存权、发展权和享受权等方面的生态权益不公正问题正逐步得到改善。

另一方面，域际生态公正问题还表现在经济社会发展中，城市和乡村之间在开发和利用自然资源促进经济发展获得的效益，与承担相应的环境保护责任和生态治理成本的不对称性和不平衡性带来的生态公正问题。在我国，由于特定发展阶段实行的城乡二元户籍制度和经济社会治理结构，带来城乡发展的不平衡、不充分性问题比较突出。在生态环境领域，不可避免地出现了城乡之间的生态不公正问题。

一是由于乡村自然资源在产权上的模糊性与乡村生态价值的特殊性矛盾，加上一些农村贫困地区的群众环境保护意识比较淡薄，对生态环境重要性的认识不足，为了获得更多的经济利益，农民往往采取"竭泽而渔""杀鸡取卵"的方式对自然资源进行掠夺性、破坏性开发利用，缺乏环境保护的积极性和主动性。许多处于生态保护区的乡村承担着保护野生动植物、自然景观地貌、涵养水土等生态功能。有些乡村地区还是我国重要的风景名胜保护区，具有特殊的生态价值、自然文化遗产价值；有些乡村地区还是一些大中城市居民饮用水源地，生态功能地位十分重要。这些价值需要动用全社会的力量来保护，但在生态补偿中这些乡村地区往往获得很少，甚至没有补偿，很难充分调动乡村百姓生态环境保护与治理的积极性、主动性，乡村自然资源面临着被破坏的危机。这是我国农村环境保护面临的现实困境。

二是由于环境保护和生态治理政策的不平衡性，导致城乡生态保护与治理的失衡。在早期工业化和城市化进程中，由于环境保护意识滞后，我国用于农村环境保护与生态治理的资金不足，农村环保设施落后，农村人居环境得不到有效改善，许多农村地区居民喝不上干净水，耕地遭到污染，农村生活垃圾露天堆放，得不到妥善处理，严重影响农民的生活质量，危害农民的身体健康和生命安全。

三是在城市化进程中，乡村地区作为城市地区农副产品的主要供应地，在发展农业、水产养殖、畜牧业过程中，为了提高农作物和养殖业产量而使用化肥、农药、除草剂等，这些化学残留物质对农村土壤、河流湖泊等水域造成的污染得不到及时的治理，对农村居民的生存和发展形成了严重威胁。从一定意义上来说，农村为城市经济社会的发展承担了环境污染的成本。如工业生产廉价地使用乡村的水、森林等资源，把污染物排放到这些地区却又没有补偿当地生态系统（或人们）付出的代价；高污染产业已经从大城市转移到中小城市、乡村；城市化中大量耕地被廉价地圈到开发商手中，失地农民没有生活保障；一些城市通过截污来改善城区水质，通过污染产业转移以提高城区空气质量，城市生活垃圾违法转移到农村；等等。这些现象折射出我国城乡地区的群众在生态资源的开发利用、承受环境污染侵害的程度，以及承担生态治理责任等方面存在很大差距，由此产生了域际生态公正问题。

四、国际生态公正

国际生态公正聚焦于国家之间或地区之间在开发利用自然资源的权利和承担生态保护与治理义务上的公正性。人类只有一个地球，地球是人类共有的家园，保护地球的生态平衡是全人类的共同责任和神圣义务。随着全球化的加速，生态危机已经超越了时空和国家之间的疆域界限，而成为人类社会共同面对的挑战。全球化态势下的生态公正问题，已经从生存空间和发展机遇上影响着各国社会公平正义的实现。

在当代，国际生态公正问题突出表现在两方面。

一方面，西方发达国家在工业化和现代化进程中对人类共同自然资源的"多吃多占"。据统计，美国人口不到世界人口总数的 1/20，却消耗了全球 25% 的商业资源，排放出全球 25% 的温室气体。发达国家只占世界人口总数的 1/4，消耗掉的能源却占世界总量的 3/4，木材的 85%，钢材的 72%，其人均消耗量是发展中国家的 9 至 12 倍。[1] 西方发达国家在早期工业化进程中首先消耗了大量地球资源，污染了生态环境，破坏了自然生态平衡，透支了人类生态存量资源。

另一方面，发达国家在享用着由环境代价所带来的先进文明成果的同时，却又百般推卸自己应负的环境保护和治理责任。作为自然资源消耗大国，美国至今拒绝在《京都议定书》上签字，这不仅表明了美国等一些西方国家在全球生态治理中的推诿与生态霸权，而且也表明了其在应对当代国际生态危机中的虚伪和自私：只想享用全球生态资源红利和权利，而不愿承担人类环境保护和生态治理责任。隐藏在国际生态殖民主义背后的一条价值逻辑便是"赢者通吃"，即享用环境权利是一种所谓"能力"的较量（即谁有能力，谁就有使用地球资源的权利，因此这种权利总是属于少数经济、文化、科技发达国家），而承担环境责任是全球人的责任（即谁没有摆脱环境污染的能力，谁就必须承受环境污染带来的灾害。显然，这些受害者往往是那些经济、文化、科技落后的大多数发展中国家和地区）。此外，随着全球化进程的加快，西方发达国家凭借在国际政治经济旧秩序中掌握的话语权和在资金、技术上拥有的绝对优势，通过产业转移和在国际贸易中推行"绿色壁垒"，将生态风险和环境污染源转嫁到广大发展中国家，进一步加剧了国家与地区间的生态不公正。

总之，生态公正的实质是基于人类社会差异性与同一性相统一的社会公正，它体现了权利和义务相统一的价值尺度，强调不同国家、地区和不同阶层、群体构成的有差异的共同体。从生态哲学的视角考察，生态公正根源在

---

[1] 曾建平：《环境公正：中国视角》，社会科学文献出版社，2013，第 7 页。

于人的三重属性，即人类具有类、群体和个体三种属性，与此对应，生态公正分别有种际生态公正、国际生态公正和人际生态公正等实现形式。不论是种际生态公正、人际生态公正、代际生态公正、代内生态公正，还是基于国家、民族、区域共同体基础上的国际生态公正，生态公正都强调人类和自然都是差异性与同一性相统一基础上的差别共同体。对种际、族际、域际、群际在整个地球生态系统中应遵循有差别的公正性，正是为了使人与自然拥有充满希望的未来。

第三节　生态公正与生态文明建设

生态公正是生态文明建设的重要理论支撑和价值诉求。生态文明建设着眼于人与自然关系的调整，缓和生态矛盾，化解生态危机，促进人与自然和谐发展、共存共荣。人与自然的关系背后往往体现的是人与人、人与社会的关系，因此人与自然的公平正义关系实质上折射的是人与人、人与社会的公平正义关系。尽管人类对自然界的过度索取与征服，会导致自然界的报复性惩罚，但由于自然不具有主体自觉的比较特性，自然生态及其他物种不可能自觉评测人与自然交往尺度的公平正义性，因此，生态公正实质上是人类对不同社会主体在分配和利用自然资源过程中的损益程度进行的一种价值评判尺度。在生态文明建设中，生态公正问题集中体现为：在自然环境面前，有的地区和群体占有利用自然资源获得的利益多而承担的生态保护与治理责任和成本少；反之，有的地区和群体并没有在自然资源的开发利用中较多获益，却要承担超出其能力的生态保护与治理责任和成本。可见，生态公正问题与生态文明建设相辅相成，密不可分。

一、生态公正在生态文明建设中的价值意蕴

生态文明是人类遵循人、自然、社会和谐发展这一客观规律而取得的物质与精神成果的总和，是以人与自然、人与人、人与社会和谐共生、良性循环、全面发展、持续繁荣为基本宗旨的文化伦理形态。生态公正既是生态文明的价值尺度，也是生态文明建设的着力点。在社会主义生态文明建设中，

能否保障公民的生态权益，实现生态公正直接关系到生态文明建设的成效。只有实现了人们在环境资源使用和维护上的公正，才能更好地促进人们珍惜和合理利用环境资源，实现人与自然的和谐共存，确保人类社会的永续发展。

第一，生态公正是构建生态文明的重要理论前提。生态文明的核心就是如何协调人与自然的关系。人与自然的关系一直是人类哲学思想史所关注的一个重要命题。中国传统哲学所强调的"天人合一""道法自然"等生态伦理思想，其实质是强调人是自然的一部分，人的一切活动都必须遵从天道，即自然规律。欧洲传统哲学比较早地区分了主体与客体的不同，通过主客二分的哲学思维方式，提出人类改造自然的理论前提。这些观点都不无道理，但有着根本性的缺憾，就是没有对人与自然的社会属性做出历史性评价，没有进一步分析人在面对自然时，如何协调和约束自身的行为。马克思主义辩证的生态观则提出通过实践劳动来协调人与自然的关系，人类实践具有合规律性与合目的性的辩证统一的特征，从而使人类能够在实践中实现人化的自然与自然的人化。主体既能动地作用于客体，同时又受到客体的影响和制约，在主客体辩证互动中实现主客体的内在统一。从根本上来说，要真正实现主客体的内在统一，就必须统筹协调人与自然、人与社会的辩证统一关系，因为人的社会属性和社会关系直接或间接地影响和作用于人与自然的关系。由于人的社会实践是在一定的社会制度伦理中形成的，社会关系的公平性问题当然会影响到人与自然的关系。生态公正着眼于人在面对自然时如何协调自身的行为，如何客观评定不同主体应对自然承担的责任，以及这种比较评价系统如何实现人与自然价值的中立和平衡。将生态公正思想纳入生态文明建设系统中，深化了人们对人与自然关系的认识，深化了人们对生态文明的制度伦理的认识，进而深化了人类在自然面前如何约束自我利益冲动的生态自觉。

第二，生态文明建设是实现生态公正的重要途径。生态文明是对工业文明的反思与扬弃。生态文明建设是一个复杂的系统工程，涉及人与自然、社会的和谐共存。公平正义是社会主义的本质属性，生态公正作为社会公正的重要组成部分，必然成为构建生态文明的制度伦理的基础。生态文明建设主要通过以下路径实现生态公正的价值诉求：一是构建绿色生活方式以缓解自然资源供给的紧张。当代人生活方式的进步是生态文明意识的重要体现。生活方式生动体现了人类对待自然和社会生活的态度，是人类生存哲学及其价值观的反映。在消费主义的支配下，人们常常不加节制地攫取稀缺性资源，以满足人类感官需求；肆意地破坏自然环境，不尊重自然，将自然当作人类取之不尽、用之不竭的生产生活资料来源。要真正解决人类不良生活方式给自然带来的破坏问题，人类需要确立以生态公正为核心的现代生态观，并将其渗透到生活的方方面面。二是加强生态治理，解决环境污染问题。我国环境污染的治理，必须贯彻生态公正的治理理念，防止政府生态治理失灵加剧社会不公正。只有建立生态公正的制度和法律制约机制，才能够有效地遏制环境污染的蔓延和生态危机的加深，缓和生态矛盾，建设美丽中国。三是促进人与自然的和谐共生。生态文明建设并不是要压制甚至剥夺人类正当的生产和生活需求，也不是要求人类退回到小国寡民、刀耕火种、茹毛饮血的原始状态，而是要在均衡人与自然的能量交换中，促进人与自然的可持续发展。这一历史性目标的实现，离不开生态公正机制的构建。只有在这种公平公正的机制和框架中，人类才能在认识自然、改造自然中做到有所为、有所不为。也就是说，生态公正原则的构建，将进一步激发人们认识自然的积极性和创造性，也将进一步激发人们保护自然的积极性和创造性，人们面对自然的责任意识和自律意识也会随之大大增强。

第三，实现生态公正是社会主义生态文明建设的价值目标。马克思主义认为，实现人的自由而全面发展是人类社会发展的终极目标。进入新时代，中国共产党继科学发展观之后提出的"创新、协调、绿色、开放、共享"的新发展理念，坚持以人为本、人与自然的和谐统一，是对马克思主义人的自由而全面发展思想的继承和发展。马克思主义指出，人是一切社会关系的总和，在社会交往中，人的付出与获得能否成正比，人能否在社会利益的冲突中获得满足，都取决于社会公平正义的实现。社会公正是人类文明的本质诉求。维护人的独立尊严，使每一个人在这个社会上得到公正的对待，是一个文明社会的基本标志，也是现代人内在的文化心理需求，更是个人追求独立尊严的重要体现。人类社会公正是多元的、具体的。经济公正的实现，有助于激发劳动者的创造动力；政治公正的实现，有助于保障人们以民主参与和监督为核心的政治权益；文化公正的实现，有助于证明个体存在发展的尊严；生态公正的实现，有助于实现人与自然的可持续发展。总之，只有将生态公正与经济、政治、文化公正一起纳入人的自由而全面发展的系统中，才能真正奠定人类自由而全面发展的生态基础，才能真正赋予公平正义新的时代内容。

生态公正的本质是人与自然交往过程中所体现的相互尊重、相互包容，它表达着人利用自然并在自然资源中获利时所承担的基本责任。从这个意义上来说，加强生态文明建设，实现并维护生态公正就是维护人的生命权、发展权和享受权。近年来，随着我国生态环境的日益恶化，环境污染事件日益增多，人们的环境权利意识普遍增强，对生态环境领域内的公正问题越来越关注。面对公众对平等公正享有优美的生态环境的需求和强烈愿望，中国共产党和政府坚持以人民为中心的发展思想，提出了社会主义生态文明建设的重大战略，并就如何加快生态治理、保护环境、构建中国特色的生态文明制度体系做出了新的部署。

二、生态文明建设中的生态公正问题

从本质上说，生态公正就是人类在开发利用、分配和保护自然资源方面享有公平的权利和承担对等的责任。主体对于自然的开发和补偿应是对等的，谁在资源共享上获益多，谁对自然资源保护责任也更大。在生态文明建设中提出生态公正问题，就是因为在人与自然的关系中还存在着明显的不公正现象。具体来说，表现在以下几个方面。

第一，不同利益群体对自然资源的利用与补偿的错位。随着工业文明进程的加速推进，人类改造自然的能力不断增强，所创造的物质产品也日趋丰富。但必须指出的是，人类由于过多陶醉于工业文明的辉煌之中，受到经济利益的驱动，自觉或不自觉给生态平衡带来了极大的破坏，导致了环境污染，加剧了生态矛盾，威胁社会稳定与发展。据调查，2009 年 8 月，陕西凤翔县抽检 731 名儿童发现 615 人血铅超标，其中 166 人中、重度铅中毒，原因为东岭冶炼公司污染，且未能按期组织卫生防护范围内村民搬迁。在工业化进程中，因自然生态环境遭到企业或个人破坏和污染给人民群众的身体健康和生命安全带来严重危害的事件频频发生，究其原因，就在于对待人与自然的关系中，一部分利益既得者无偿或廉价利用自然资源获得了超额的利润和利益，而环境污染的代价却由当地群众来承担。当地群众因生活贫困或先天性禀赋的差异性，抵御生态环境污染侵害的能力有限，这显然是不公平的。从根本上来说，自然资源和环境的利用是有成本代价的。

第二，发达国家和发展中国家在自然资源的分配、利用与承担生态责任上的不公正。总体而言，导致生态恶化的最主要因素，是人类对蓬勃兴起的工业文明给自然带来的后果缺乏清醒的认识，对人类无限扩张的欲望缺乏有效的节制，加剧了人与自然的矛盾与关系的紧张，结果导致自然对人类的报复。当然，面对这种人与自然关系的紧张，我们既无法完全实现中国传统文化中所谓"天人合一"的理想状态，也不可能完全放弃人类改造自然的进程。问题的关键在于，不同的发展主体由于在改造自然的水平和能力上存在差异性，因而在改造和利用自然中获益不同，其所承担的生态责任也应区别对待。据统计，发达国家人口只占世界人口总数的 1/4，但它们的资源和能源消耗竟占世界总量的 3/4，其中美国为世界之最，人均石油、煤炭、粮食消费分别是非洲人的 1 000 倍、500 倍和 8 倍。有人算了这样一笔账：如果在全球维持一个像美国这样的物质社会，将需要 5 个地球的资源。[1] 然而，在现实中，发达国家过多指责发展中国家对自然的破坏，过多要求发展中国家对自然环境的补偿，却没有对发达国家与发展中国家在人与自然关系上的获益做出过准确的比较，也没有将发达国家要大幅度提高对自然资源的补偿作为一个重要的措施，以此来改变人与自然关系日益紧张的状况。

第三，人们生态权益意识和生态公正理念还比较淡薄。在人类社会发展进程中，随着经济社会的发展，人们对经济和政治领域内的平等公正问题特别关注。特别是在市场经济无序竞争条件下，人们对经济和政治领域的不公平感同身受，如收入分配不公、官僚贪污、政治腐败等。这些显性的社会不公正现象为人们所熟知和关注，因而使得人们对经济、政治和社会公平有着更高的希望和诉求。相对而言，生态公正是伴随着环境污染、生态危机日益严重而出现的一个新问题。尽管环境问题已引起了普遍的关注，但人们大部分还停留在一般性的议论中，还没有对环境问题背后的深层次原因做出更加深入的分析。特别是对于发展中国家而言，人民群众更多聚焦于如何通过大力发展生产力，增加物质财富以改善和提高人民群众的生活状况和水平。在一些经济落后地区，政府还没有把保护生态环境、维护生态公正作为重要的社会发展指标纳入政绩考核，以为只要经济搞上去了，生态公正就可以做出

---

[1] 百度百科：《生态公平》，https://baike.baidu.com/item/生态公平/4163859?fr=aladdin，访问日期：2021 年 8 月 8 日。

一些牺牲。此外，由于生态公正在实践中评测指标具有复杂性，相比较而言，收入分配不公比较容易量化，普通百姓能够直接感受到，但由于生态环境领域的不公正问题具有专业性、抽象性和复杂性特征，而且涉及主体的多样性，人民群众难以把握生态公正的责任和义务。因此，生态公正的理念和意识为人们所理解和重视需要一个过程。

第四，不公正、不合理的国际政治经济旧秩序的存在。第二次世界大战后，以美国为首的西方发达资本主义国家从维护资本主义的垄断地位出发，主导了战后国际政治经济组织及其游戏规则的构建，形成了对广大发展中国家的进一步的剥削和压榨，而且借助全球化的浪潮将西方工业化进程中产生的环境污染、生态危机和生态风险转嫁到广大发展中国家，导致了生态领域的国际不公正。从资本的全球化维度看，资本的本性是追求利润和资本积累，这就决定了资本必然要不断扩张，从而形成了资本的全球化运动。资本的全球化运动采取的方式主要有两种：一是利用发达国家与欠发达国家发展的不平衡，通过与欠发达国家采取"联合发展"的方式，掠夺欠发达国家的自然资源，并转嫁生态危机；二是资本所控制的不公平国际政治经济秩序和资本的国际分工，对欠发达国家展开生态资源的剥削与掠夺，导致欠发达国家的自然资源急剧消耗和衰竭，体现为土壤肥力下降、森林被快速砍伐、矿物被快速开采等。正是在资本全球化的过程中，各个国家都陆续被卷进生态破坏的旋涡中，特别是全球化所导致的债务问题加快了生态破坏这一过程。此外，西方发达国家还通过不公正、不合理的国际政治经济秩序和国际分工加快掠夺、剥削发展中国家的生态资源。当前的全球化运动是由资本所支配的，因此国际政治经济秩序主要是由发达资本主义国家决定的，其目的在于服务资本追求利润的需要。资本全球化造就了全球经济的分工体系。在这一体系中，发达资本主义国家处于国际分工的高端，而发展中国家处于国际分工的低端。发展中国家为了谋求发展，不得不通过向发达国家出卖资源，换回发展所需的技术和资金。而资本所控制的国际政治经济秩序对原材料实施低价，而对有技术含量的工业品实施高价，以此剥削发展中国家的自然资源。不仅如此，发达国家为了获取更高的利润和转嫁生态危机，还把具有高污染的产业转移到发展中国家。因此，在国际生态危机中，"富国对过去的大多数排放负有责任，而发展中国家却最先也最严重地受到冲击"[1]。

---

[1]　尼古拉斯·斯特恩：《地球安全愿景》，武锡申译，社会科学文献出版社，2011，第5页。

三、生态公正在生态文明建设中的构建原则

风险共担原则。生态公正是针对人与自然和人与社会的关系而言的，生态公正涉及的是不同制度和不同发达程度的国家和民族。从大生态的意义上来说，人类社会是整个自然生态系统的一个组成部分。任何一个国家、地区和民族，都必须跳出自身狭隘的利益观，维护人类的整体利益，从人与自然和谐共生的整体长远利益出发，提出和实施世界性的生态公正规则，共同承担和应对全球性生态危机带来的生态风险。在生态文明建设中，风险共担原则表现为统一性、差别化与合作性。所谓"统一性原则"，就是建立生态公正的统一性规则。任何国家和地区不能违背生态公正的统一要求，应当坚持国际公约的主导性要求，努力按照《联合国气候变化框架公约》《京都议定书》《蒙特利尔议定书》《生物多样性公约》等基本法律文件，共同维护全球生态公正。中国作为一个发展中国家，旗帜鲜明地承担着维护国际生态公正的义务，制定并公布了《应对气候变化国家方案》，承诺单位国内生产总值能耗稳步下降，节能减排成效显著，体现了一个负责任大国的担当。所谓"差别化原则"，就是在生态公正问题上不能搞一刀切式的绝对公正。由于历史、文化、经济社会发展程度等因素的差异性，不同国家和地区在人与自然的关系中获益不同，他们所承担的责任也应有差别。对于发达国家而言，他们在工业文明进程中，通过利用自然资源取得了巨大的物质文明成果，同时也给地球带来了许多污染，理应在生态公正中承担比发展中国家更多的责任。所谓"合作性原则"，是指在全球化背景下，世界各国为了维护生态公正的生态治理原则，从人类社会的整体和长远利益出发，为实现人类社会可持续发展目标，国际社会携手共进、相互协调、通力合作，共同应对人类面临的生态危机，拯救人类地球家园。

权责对等原则。所谓"权责对等性原则"，就是指人类社会每个公民享有的生存和发展的生态权利和应该承担的环境保护义务应该是均衡、对等的关系。生态公正不同于其他领域的公正问题，因为人的自然属性决定了每个人不可能脱离自然界而孤立地存在，每个人在利用和保护自然的权利和义务上处于平等的地位。因此，在人类生态资源的利用和保护中，建立人人共享、共担责任的生态公正机制和原则，是生态公正的首要之义。生态公正的

主体，从横向来说，是指生活在地球上的所有人群。每个人都有平等公正地获得自然资源的开发利用权，享受优美干净的生态环境的生态权益。生态公正的权责对等原则强调，没有任何一个人在生态公正的制度架构中拥有特权，而凌驾于自然界和人类之上。从纵向来说，当代人不仅享受着大自然的恩赐，还有同等的珍视自然、保护自然的责任和义务。我们不仅要重视代内公正，还要重视自然资源利用的代际公正，即每一代人在生态权利和义务上的公平公正性。为此，我们需要强化法律的约束力和执行力，要从人类永续发展的角度来保障生态公正的历史和现实诉求。

生态补偿原则。在人类实践活动中，由于人的实践方式和效能的不同，对自然界产生的影响也不一样，从不同实践行为主体的差别和效能出发，来制定生态补偿机制，这是实现和维护生态公正的基础性原则。在产业层方面，针对不同产业发展对自然环境利用、保护及获益程度的差异性，应建立健全生态公正的产业补偿和地区补偿机制。为了维护自然生态平衡，根据"谁受益，谁补偿"原则，能耗高的产业需要向能耗低的产业补偿，加工型产品的利润向资源性产品进行适当补偿。在区域发展方面，对于经济相对落后但生态环境不能受影响的特定地区，国家应加大支付力度，补偿他们在维护生态平衡中产生的利益流失。从企业层面上来说，国家要严格按照"谁污染，谁治理"的原则，严格限制这些企业的排污量，促使他们真正在节能减排上发挥更大的作用。从个人层面来说，一些人使用对环境影响较大的消费品（如高排量的汽车、空调等），应承担起必要的补偿责任，也应为可能导致的生态恶化埋单。

污染者付费原则。污染者付费原则（Polluter Pays Principle）最早由国际经济合作与发展组织在 20 世纪 70 年代提出，其目的在于针对环境资源开发利用者把污染破坏生态环境带来的后果转嫁给社会公众的不合理行为进行有效的制约。该原则是确立在污染者使用资源环境权利基础上，对其负担环境污染责任的义务规范，体现了生态资源消费者环境权利约束与义务履行的辩证统一关系，符合生态公正的价值诉求，因此，很快为世界各国所采纳。我国自 1979 年开始，按照污染者付费原则向环境污染主体征收相应费用，并将经费用于环境污染的治理工作中。这一举措有利于对环境污染物的分配实现较为公正的裁决。落实污染者付费原则，关键在于转变生产、经营和消费主体的生产消费生态观，运用政策、法律手段引导人们转变生产方式和生活方式，增强人们的环保意识，最终推进生态文明建设，实现生态公正。当前，不少企业排污者普遍存在理念和认识上的误区，为了追求经济利益最大化，而置社会公共利益和生态利益于不顾，认为只要交纳部分的污染防治费用就"还清"了社会账、生态账，完全没有意识到自然生态的价值对于人类生存发展的重要性。因此，国家要不断提高污染者破坏环境的成本和代价，促使其真正意识到环境问题不是金钱能够简单等价交换的。在贯彻落实污染者付费原则过程中，不仅要通过污染者付费给予环境受损者一定的经济补偿，还要以付费的形式督促排污者对环境进行保护，积极参与生态治理，承担生态责任，促进其在发展理念上转型，降低污染对环境的破坏力度。在实现生态公正时，要坚持共同但有区别的责任原则，真正实现惩防并举，强制与教育相结合。

共同但有区别责任原则。共同但有区别责任原则源于国际环境法。该原则构成国际合作、构建和提升发展中国家履行国际环境法的能力，以共同应对全球环境问题的法律基础。这一条原则主要是针对因历史发展进程的差异性，导致的经济发展水平和社会发达程度不平衡的发达国家与发展中国家之间、富裕群体与贫困群体之间、发达城市与落后乡村之间在承担环境保护与治理义务等方面应遵循的一条公平性原则。自从哥本哈根世界气候大会召开以来，人类拥有同一个蓝色星球，也拥有同样的责任，国际社会应该携手呵护共同的生存环境成为广泛共识。然而，由于各国经济发展水平、历史责任和当前人均排放的情况千差万别，国际社会要达成共识，就要分析问题的缘由和实质——"历史上和目前全球温室气体排放的最大部分源自发达国家"。据科学测算，主要温室气体二氧化碳一旦排放到大气中，短则 50 年，最长约 200 年不会消失。也就是说，目前大气中残存的二氧化碳主要是由西方国家的工业化进程带来的。发展中国家不应该为发达国家过去排放造成的今日气候问题埋单。此外，发展中国家的人均碳排放量也远远低于发达国家。同时，我们还必须注意这样一个现实——西方发达国家为了转嫁本国的生态危机，将碳排放"外包"给了发展中国家。大量碳密集型生产制造出来的产品销往发达国家，因此在气候变化问题上，各国应坚持并遵循共同但有区别的责任原则。这是更公平、更实际、更易于为广大发展中国家所接受的原则。发展中国家不能陷入西方发达国家关于碳排放的减排陷阱，不能因为减排而延续贫困，不能因应对气候变化而制约发展。

第三章
生态公正的实践基础与理论资源

生态公正发轫于西方的环境正义运动，自改革开放以来逐步影响到我国，发展至今，无论在实践基础方面，还是在理论渊源和思想资源方面都具有了丰富积累。生态公正问题是伴随着人类社会实践活动的发展，人与自然矛盾以及人类社会矛盾发展到一定历史阶段的必然结果。当代中国作为一个发展中国家，由于历史和现实的原因，早期工业化起步比较晚，工业化发展程度不高，人民群众对工业化带来的生态环境污染与危害问题缺乏深入认识与了解，环境保护意识与生态权益意识还比较淡薄。改革开放以来，随着我国工业化和现代化进程的加速发展，经济快速增长对环境造成的污染与破坏使生态危机与生态矛盾日益凸显出来。近年来，环境污染对公民生态权益的侵害导致的生态维权群体性事件呈现出集中爆发态势，严重威胁到社会的和谐、稳定和可持续发展。中国共产党紧紧围绕"什么是高质量发展，如何实现高质量发展"这个重大而紧迫的时代命题，坚持以马克思主义社会发展理论为指导，对改革开放以来传统的发展理念和增长模式进行了深刻的反思，先后提出了科学发展观和"创新、协调、绿色、开放、共享"的新发展理念，并且将社会公平正义的价值延伸到生态环境领域，确立了建设社会主义生态文明的战略目标，将生态文明与物质文明、政治文明、精神文明和社会文明置于同等重要的地位，构成中国特色社会主义"五位一体"的总体布局，努力满足人民群众对良好生态环境的热切需求，保障公民公平公正地享有生态权益，实现人、自然和社会的和谐统一，为实现生态公正奠定了坚实的实践基础和思想理论基础。

第一节　生态公正的实践基础

一、中国共产党对生态文明建设的实践探索

生态文明是继原始文明、农耕文明、工业文明之后，人类文明发展的一种崭新形态。人类在认识自然、利用自然、改造自然的进程中，对自然资源的掠夺性开发利用严重破坏了人与自然的和谐统一关系，导致人与自然关系日益紧张，酿成了巨大的生态危机，严重威胁到人与自然的可持续发展。生态文明建设是人类为了谋求人与自然的和解，实现人与自然和谐共存、永续

发展，对传统工业文明反思、扬弃与超越的必然选择。中华人民共和国成立以来，中国共产党在领导社会主义革命、建设和改革开放的伟大实践中，对生态环境与经济社会发展的相互影响和相互制约关系，以及如何保护人民群众平等公正的生态权益和开发、利用有限的生态资源进行了初步探索。改革开放以来，中国共产党在领导中国特色社会主义建设的伟大进程中，一方面以经济建设为中心，加快发展经济，增加物质财富，不断改善和提高人民群众的生活状况和水平；另一方面，也十分重视经济社会发展中日益突出的生态环境问题，面对愈演愈烈的生态危机和生态矛盾，面对环境容量日益减少、生态环境约束日益趋紧、生态资源日益短缺的发展困境，在发展经济以保障民生与保护环境永续发展之间进行艰难抉择，以极大的政治勇气和远见卓识，及时转换发展理念和发展方式，运用社会主义制度在保障社会公正中的优势，开启了社会主义生态文明建设的理论与实践探索，为维护人民群众的生态权益，实现经济公正、政治公正、文化公正、社会公正和生态公正"五位一体"的整体公正奠定了基础。

（一）中国共产党生态文明建设实践探索的历程

中国共产党对生态文明建设的实践探索是与中国共产党领导中国特色社会主义的伟大实践相辅相成的，是伴随着我们党对自然规律、人类社会发展规律、社会主义建设规律和党的执政规律探索和认识的不断深入而逐步发展成熟的。

第一阶段（1949—1977）：社会主义革命和建设时期，以毛泽东为主要代表的中国共产党人对生态环境保护的初步探索。

中华人民共和国成立后，百业待举，百废待兴。为了修复因长期战乱造成的生态环境破坏问题，毛泽东向全党提出了植树造林、修复生态、消灭荒地荒山的任务。随后，全国人民掀起了轰轰烈烈的垦荒和植树造林运动。在经济建设方面，中国共产党还十分关注水利设施建设，兴建了一批规模较大的农田水利工程，对于我国农业生产的恢复、山水林田湖等生态自然条件的改善发挥了积极作用。在认识自然、改造自然的一系列生产实践中，以毛泽东为核心的中国共产党人对生态环境保护的探索，加强了我们党对自然环境保护问题的认识。

然而，由于中国共产党对社会主义建设规律认识不足，对社会主义建设的长期性、艰巨性和复杂性缺乏应有的思想准备，在发展理念和发展方式上犯了主观唯心主义错误，比如在农业生产中提出所谓"人有多大胆，地有多大产"。由于过分强调人类战胜自然、改造自然的主观能动性，忽视了自然界对人类的制约和影响作用，对自然规律缺乏深入的认识和应有的尊重与敬畏，全国各地都出现了乱砍滥伐等现象，使树木遭到毁灭性采伐，生态环境遭到严重破坏。在一系列环境污染事件的教训面前，中国共产党开始认真总结，重新审视人类实践活动对自然界的影响。1973 年，我国颁布了中华人民共和国成立以来第一个环境保护文件《关于保护和改善环境的若干规定（试行草案）》。这是我国首次对环境保护工作进行统一部署，标志着我国环境保护事业和生态文明建设的开端。

总之，在社会主义改造和建设初期，以毛泽东为代表的第一代中国共产党人对人与自然关系的认识为党探索生态文明建设奠定了哲学和认识论基础。然而，由于历史条件的局限性和党的主观冒进思想的影响，我们党对社会主义建设规律和自然规律的认识还不足，在领导社会主义建设中急于求成，在人与自然关系的认识上过分强调了人类改造自然的主观能动性，而忽视了人与自然的和谐辩证统一关系，未能将生态环境保护工作置于重要地位，结果造成自然环境的破坏，导致自然规律的惩罚，其教训为后世敲响了警钟。

第二阶段（1978—1991）：改革开放初期，以邓小平为主要代表的中国共产党人对生态环境保护认识的逐步深化。

改革开放以来，随着经济社会的快速发展，社会主义工业化、城市化进程的加速，我国环境污染问题也日益显露出来。中国共产党已经认识到生态环境对于社会主义建设的重要性，并且把加强环境保护作为我国应该长期坚持的一项基本国策。1983 年 12 月，在第二次全国环境保护会议上，环境保护被作为我国的一项基本国策确立下来。这在我国生态文明建设历程中具有重要的意义，标志着中国共产党的生态文明建设思想的初步形成。

从 1978 年，《中华人民共和国宪法》明确规定"国家保护环境和自然资源，防治污染和其他公害"，到 1990 年 12 月，国务院颁布《关于进一步加强环境保护工作的决定》开宗明义地提出"保护和改善生产环境与生态环境、防治污染和其他公害，是我国的一项基本国策"，再到《中华人民共和国环境保护法（试行）》的颁布实施，环境保护已经上升为国家法律意志，在我国经济社会发展中的重要地位不断提升，我国环境保护的制度化、法制化进程也不断提速。这标志着我国环境保护工作上升到具体的有法可依阶段，为实现环境和经济社会协调发展提供了制度支撑和法律保障，从而奠定了环境保护的根本法制基础。此后，我国陆续颁布了《中华人民共和国海洋环境保护法》《中华人民共和国水污染防治法》《中华人民共和国大气污染防治法》《国务院关于环境保护工作的决定》等一系列环境保护和治理的法律法规。1984年，国家环境保护局成立，标志着我国环境保护和维护公民生态权益开启了新篇章。这些环保制度的建立和环保法律的实施，标志着我国初步建立了环境保护法律体系，环境保护工作走上了有法可依的法治化轨道，我国生态环境保护工作迈上了新台阶。

第三阶段（1992—2001）：改革开放中期，以江泽民为主要代表的中国共产党人对生态文明建设的进一步探索。

一是确立了可持续发展战略。可持续发展战略是以江泽民为主要代表的中国共产党人全面总结我国改革开放实践经验与教训，借鉴国际经验提出的事关国家未来发展的重大战略思想。为了履行中国在联合国发展大会上的庄严承诺，同时破解我国经济社会发展的制约性难题，1992年8月，中国政府在"中国环境与发展十大对策"中明确提出了走可持续发展道路的主张。1994年3月，中国政府制定和发布了《中国21世纪议程——中国21世纪人口、环境与发展白皮书》，正式对外宣布了中国的可持续发展战略。由此，我们党对可持续发展战略的内涵与意义有了更加深刻和成熟的认识，可持续发展战略成为指导我们党和国家科学发展的指南。随后，在1996年召开的中央农村工作会议、第四次全国环境保护会议和中央经济工作会议上，江泽民先后提出了要将"严格控制人口、保护耕地和保护生态环境，实现农业可持续发展"作为农业和农村工作要解决的八个问题之一，指出"经济的发展，必须与人口、环境、资源统筹考虑，不仅要安排好当前的发展，还要为子孙后代着想，为未来的发展创造更好的条件，决不能走浪费资源、走先污染后治理的路子，更不能吃祖宗饭、断子孙路"[1]。这些科学论断揭示了在推动经济社会发展中，要更加重视将保护生态环境、合理利用资源、控制人口增长与实现可持续发展有机结合起来，实质上已经蕴含了代际生态公正的生态文明建设思想。

---

[1] 江泽民：《在第四次全国环保会议上的讲话》，《环境》1996年第9期。

二是深刻认识到统筹经济发展与人口、资源、环境的辩证统一关系。20世纪 90 年代以来，随着我国工业化进程的快速推进，生态环境破坏严重的问题开始凸显，如何正确处理经济社会发展与环境保护的关系问题成为摆在党和国家面前的一个重大战略课题。以江泽民为主要代表的中国共产党人充分认识到，要把控制人口、节约资源、保护环境放到更加重要的战略位置，使人口增长与社会生产力发展相适应，使经济建设与资源、环境相协调，实现经济发展与生态环境保护的良性循环。这标志着可持续发展观成为指导我国经济社会发展的重要战略思想，为正确统筹经济发展与环境保护奠定了思想理论基础，也为人与自然和谐发展的生态文明建设做了充分的理论准备。

第四阶段（2002—2012）：中共十六大以来，我国改革开放和经济社会发展进入深水区，以胡锦涛为主要代表的中国共产党人提出了科学发展观，对社会主义生态文明建设进行了深入探索和初步科学阐释。

中共十六大以来，在全面总结我国改革开放以来取得的重大成就和面临的重大挑战的基础上，以胡锦涛为代表的中央领导集体提出了科学发展观的战略思想，在经济社会发展中全面贯彻落实以人为本、全面协调可持续的发展观，把保护生态环境作为贯彻落实科学发展观的重要战略目标。针对经济社会发展进程中自然资源和能源的过度消耗和惊人浪费，提出了加快建设资源节约型、环境友好型社会，促进人与自然和谐发展的战略思想，并且将"两型社会"建设发展战略写入"十一五"规划纲要，确定为我国国民经济和社会发展中长期规划的一项战略目标。这标志着中国共产党生态环境保护思想实现了新的跨越，对发展目的、发展方向、发展道路的认识更加深刻和具体。在全面审视人类社会发展大势和人类文明演进规律基础上，中国共产党提出了建设社会主义生态文明的重大战略。2007 年 10 月，中共十七大首次提出"生态文明"的科学概念，把"建设生态文明"作为全面建设小康社会的新目标，提出了具体的战略规划：建设生态文明，基本形成节约能源资源和保护生态环境的产业结构、增长方式、消费模式；循环经济形成较大规模，可再生能源比重显著上升；主要污染物排放得到有效控制，生态环境质量明显改善；生态文明观念在全社会牢固树立。从此，生态文明建设成为中国特色社会主义建设的重要内容，并在中共十八大报告中首次被独立成篇地论述，将生态文明建设提高到前所未有的高度，把中国特色社会主义总体布局由"四位一体"拓展到"五位一体"，提出把生态文明建设放在突出地位，融入经济建设、政治建设、文化建设、社会建设各方面和全过程，努力建设美丽中国，实现中华民族永续发展。这标志着中国共产党的生态文明建设思想的形成和成熟。

第五阶段：中共十八大以来，随着改革开放向纵深发展，以习近平为主要代表的中国共产党人对社会主义生态文明建设的实践探索和理论总结不断丰富和发展。

中共十八大以来，面对我国社会主要矛盾的变化，以习近平为主要代表的中国共产党人，在带领中国人民走向社会主义生态文明新时代的过程中，不断推动生态文明理论创新、实践创新和制度创新，并取得了一系列重大成果。在理论上，一是在发展理念上提出了指导中国特色社会主义发展的"创新、协调、绿色、开放、共享"五大发展理念，丰富和发展了马克思主义社会发展理论。习近平提出了"两山论"、绿色发展、坚持人与自然和谐共生、社会主义生态文明观等科学理念。二是在全球生态治理中提出了"构建人类命运共同体"理念，将社会主义和谐社会建设思想拓展到国际社会，提出了完善国际治理的中国方案和中国智慧。在社会主义生态文明建设实践中形成的习近平生态文明思想，是习近平新时代中国特色社会主义思想的重要组成部分，是马克思主义生态文明思想的继承和发展。在实践上，全面节约资源有效推进，防治大气污染、水污染、土壤污染的专项行动深入实施，生态系统保护和修复重大工程进展顺利，核与辐射安全得到有效保障，生态文明建设成效显著，美丽中国建设迈出重要步伐。我国已经成为全球生态文明建设的重要参与者、贡献者、引领者。在制度上，我国颁布了《中共中央 国务院关于加快推进生态文明建设的意见》《生态文明体制改革总体方案》《中共中央 国务院关于全面加强生态环境保护 坚决打好污染防治攻坚战的意见》《全国人民代表大会常务委员会关于全面加强生态环境保护 依法推动打好污染防治攻坚战的决议》等一系列从制度层面进行顶层设计的文件，推动建立起了生态文明制度的"四梁八柱"。在习近平生态文明思想的指导下，我国生态文明建设取得了重大进展。从中共十八大到中共十九大，我国先后制定实施的涉及生态文明建设的改革方案达40多项。以习近平为代表的中国共产党人高瞻远瞩、审时度势，以马克思主义生态文明理论为指导，大力推进社会主义生态文明建设，建设美丽中国，进一步丰富和发展了中国共产党的生态文明建设理论。

（二）中国共产党对社会主义生态文明建设探索的基本经验和启示

纵观中华人民共和国成立七十多年来，中国共产党对社会主义生态文明建设的实践探索和理论创新历程，我们可以总结出如下基本经验和启示。

第一，在实践中不断深化对生态文明理论和生态公正问题的认识。人类的认识活动只有在实践中才能实现和完成，同时，人类的生产实践又离不开科学的思想理论的指导。人类只有在"实践—认识—再实践—再认识"的反复探索中才能逐渐抵达真理的彼岸，掌握自然规律、人类社会发展规律，从而更好地认识世界、改造世界。中国共产党领导的中国特色社会主义事业是一项前无古人的宏伟工程，只有不断探索，反复实践，才能逐步实现对自然规律、社会主义建设规律和中国共产党执政规律三大规律的认识，而不能一蹴而就。在探索中出现挫折、困难甚至是重大失误也是前进中的一个插曲，我们要辩证地分析，总结教训，及时纠错。

第二，在社会主义建设的伟大征程中，始终坚持人与自然辩证统一的马克思主义生态文明观，用于指导我们的发展实践，始终按自然规律和人类社会发展规律办事，做到顺应自然、尊重自然、敬畏自然和保护环境，方能实现人类社会的繁荣昌盛和永续发展。

第三，中国共产党的理论创新需要在实践中不断深化和发展。回顾中国共产党生态文明建设的历史演进，社会发展观的每一次发展和丰富，既与当时国内的生态环境现状、国际环境以及时代发展趋势密切相关，也与党对人与自然关系问题的认识水平密切相关。因此，在对待人与自然关系的问题上，我们不要幻想"为万世开太平"，能够一劳永逸地穷尽真理、解决问题，必须要在借鉴、吸收国内外生态文明建设历史经验教训的基础上，在中国特色社会主义现代化建设的实践中，进一步深化对生态环境与经济社会发展关系的系统研究，探索新的生态文明形态的形成将给人们的生产生活方式带来哪些变化，探索如何更加有效地促进社会发展规律与自然运行规律相得益彰，不断丰富和创新生态文明理论。

二、西方环境正义运动与生态公正

随着全球范围内的生态危机和生态矛盾的加深，公众环境权利意识不断增强，特别是进入 20 世纪 90 年代，全球环境保护实践中一个全新的课题——"环境不平等"（Environmental Unequal）问题日益凸显出来。早在 20 世纪 80 年代，面对着不同群体在生态权益和环境保护中权利与义务的不对等问题，一场维护自身生态权益的环境正义运动便率先在美国如火如荼地开展起来，随后席卷了全球，不但在西方发达国家，而且在欠发达国家和地区得到了广泛的响应。这场声势浩大的环境正义运动有力地推动了当代环境伦理和生态公正问题的深入研究，产生了广泛的影响，具有重要的理论意义和实践价值。

（一）西方环境正义运动的发展历程

1. 环境正义运动的发端——美国的环境正义运动

美国是环境正义运动的发源地。早在 20 世纪 70 年代，美国一些学术团体和公民权利团体就开始关注环境保护中存在的不公正的现象（这一现象常常被称为"环境种族主义"）。1982 年，瓦伦县爆发了当地居民举行游行、抗议并阻止政府将该地作为有毒垃圾掩埋场的群体性事件[1]，使得环境公正问题开始进入广大公众的视野之中。人们开始发现，尽管美国环境的总体状况日益改善，但是原有的污染、公害等环境问题并没有在广泛的范围内得到彻底的解决。瓦伦县事件表明，美国政府选择主要由有色人种和低收入人群构成的社区作为有毒垃圾的掩埋场，严重侵犯了这些群体平等公正享有的生态权益。这种将生态风险有意转嫁到有色人种和低收入阶层居住社区的不道德行为，实际上是美国种族歧视在生态环境权益领域的集中反映，导致了群际或族际生态不公正。

1987 年，美国联合基督教会种族正义委员会（United Church of Christ Commission for Racial Justice）发表了一篇题目为《有毒废弃物与种族》的研究报告，正式将长久隐藏于美国社会底层的环境正义问题推到了环境保护关注的前沿。这份统计评估报告对有毒垃圾掩埋点的选址和该选址周围社区的种族与社会经济状况的关系进行了深入的分析，再次证明了，长期以来，美国境内的少数民族居住区不成比例地被选为有毒废弃物的最终处理地点这一事实。该研究报告还表明，除了种族因素之外，家庭经济收入因素同样是影

---

[1] Roy W. Hartley，"Environmental Justice: An Environmental CivilRights Value Acceptable to All World Views," Environmental Ethics 17（Fall 1995）: 277-278.

响有毒垃圾掩埋点选址的一个重要变量。这份报告引起少数民族居住区居民以及许多环境学者、环保运动者的强烈关注。此后，各种研究结论一再印证了：种族、民族以及经济地位总是与社区的环境质量密切相关，有色人种、少数民族和低收入阶层遭受各种现代物质文明的废弃物——有毒废料、垃圾、核废料等毒害的概率要比白人和富人大得多，他们承受着不成比例的环境风险。研究中暴露出的事实使环境正义运动开始在美国各地兴起，并且日益成为美国环保运动的一个焦点。

1991 年 10 月，"第一次全国有色人种环境领导高峰会"（The First National People of Color Environmental Leadership Summit）在华盛顿召开，将美国环境正义运动推到了高潮。这次会议的目的是要突出有色人种环境保护组织的自主性，为美国少数族裔在环境权利中争取利益表达的机会，成为美国环境正义运动的一个重要转折点。在大会上，"环境正义"被列入社会的和环境的议程。经过紧张激烈的辩论，会议最终达成了一揽子协议，"环境正义"者们的立场得以确认。美国著名环境正义学者黛安娜·阿尔斯顿说，他们希望的是建立在"平等、充分尊重、充分利益和公正基础上"的关系，必须由"我们自己来解释生态和环境上的各种问题"[1]。此后，美国环境正义运动所形成的环境正义的主张在西方国家得到广泛传播和应用，成为反对环境保护中生态不公正现象的重要理论武器。

2. 环境正义运动的拓展——"穷人环保主义"[2]

随着发轫于美国的环境正义运动的迅速扩展，最初与美国社会的特定状况密切相关的环境正义概念被广泛传播，有关环境正义的议题引发了许多第三世界国家和地区人民进行的环境保护斗争，大大拓展了环境正义所传达的反对环境保护中不平等现象的内涵。广大发展中国家和地区环境正义的议题已经超越了废弃物处理或少数民族的范畴，引起了人们对于经济不公平以外的生态不公正问题的广泛关注与热议，产生了深远的影响。1994 年，印度生态主义者古哈发表了一篇题为《激进的美国环境保护主义和荒野保护——来自第三世界的评论》的著名文章，全面介绍了印度民众开展的环境正义运

---

[1] 侯文蕙：《20 世纪 90 年代的美国环境保护运动和环境保护主义》，《世界历史》2000 年第 6 期。

[2] 琼·马丁内斯·阿里埃：《环境正义（地区与全球）》，马丁译，南京大学出版社，2002，第 279 页。注：在这里，作者将"穷人环保主义"定义为"保护生活和取得自然资源的权利不受到政府或市场的威胁，反对因不平等交换、贫穷、人口增长而导致的环境恶化"。

动、环境斗争的情况。古哈尖锐指出，印度的环境运动与西方的环境运动（主流）存在着本质的差异。其一，在印度，忍受环境退化带来的各种问题的最严重的主要社会群体是穷人、无地的农民、妇女和部落。他们面临的是生存问题，根本无暇顾及生活质量的高低问题。其二，印度环境问题的解决涉及平等问题及经济和政治资源的重新分配。因此，印度环境保护运动的主要诉求是从国家和工业部门手里夺回对自然资源的使用权，使之重新回到真正生活在自然环境中，却正在日益被排挤在自然之外的农村社区居民。正如印度环境保护主义者所强调的，环境保护在其最低限度上至少要关心到大多数群体，而后者主要关心的是谁在使用自然资源和谁从中获利。

古哈的观点代表了生活在第三世界贫穷国家和地区的人民所进行的被称为"穷人环保主义"的环境保护运动。此外，拉丁美洲的亚马孙土著为反对跨国公司对拉丁美洲丰富自然资源的掠夺而进行的斗争，也是这一诉求的典型代表。自资本主义发展以来，西方跨国企业在亚马孙和东南亚热带雨林滥砍滥伐、开采矿产资源等造成的土壤流失、水污染、动植物死亡及其他生态破坏，严重损害了当地土著的健康，破坏了他们赖以生存的自然生态条件。因此，当地居民反对跨国公司生态殖民主义的斗争，就具有保护环境和维护环境正义的双重含义。

由此可见，全球环境保护实践中实际存在着"富裕的环保主义与生存的环保主义""提高生活质量的环保主义与生活的环保主义"的对立。[1] 当第三世界国家和地区的环境保护运动被纳入环境正义的视野时，环境正义运动就不仅涉及了更广泛的地理范围，而且它的议题也从仅仅关注对有毒废弃物的不平等处理，发展为关注对不发达国家和地区的掠夺、对全球土著的迫害、跨国企业对全球资源的攫取，以及性别不平等等种种现象，从而具有了国际意义。

（二）西方环境正义运动的基本主张

在为少数民族、低收入阶层等群体因所遭受的不公正待遇而进行的抗争中，环境正义运动组织逐步确立了环境正义的主张。1991 年 10 月，美国"第一次全国有色人种环境领导高峰会"通过的环境正义的十七项基本主张

---

[1] 琼·马丁内斯·阿里埃：《环境正义（地区与全球）》，马丁译，南京大学出版社，2002，第278 页。

比较全面地阐释了环境正义的基本信念。它具体包括：环境正义肯定地球母亲的神圣性、生态和谐以及所有物种之间的相互依赖性，肯定他们有免于遭受生态毁灭的权利；环境正义要求将公共政策建立在所有民族相互尊重和彼此公平的基础之上，避免任何形式的歧视或偏见；环境正义要求我们基于对人类与其他生物赖以生存的地球的可持续性的考虑，以伦理的、平衡的、负责的态度来使用土地及可再生资源；环境正义呼吁普遍保障人们免受核试验中测试、提取、制造和处理有毒或危险废弃物和有毒物而产生的威胁，免受核试验对于人们享有清洁的空气、土地、水及食物之基本权利的威胁；环境正义确认所有民族享有基本的政治、经济、文化与环境的自决权；环境正义要求停止生产所有的毒素、有害废弃物及辐射物质，并且要求这些物品的过去和当前的生产者必须承担起清理毒物以及防止其扩散的全部责任；环境正义要求在包括需求评估、计划、执行实施和评价在内的所有决策过程中享有平等参与权；环境正义强调所有的工人都享有在安全、健康的环境中工作，而不必被迫在不安全的生活环境与失业之间做出选择的权利，同时强调那些在家工作的人也有免于环境危害的权利；环境正义保护处于"环境不公正"境遇的受害者有得到所受损害的全部补偿、赔款以及接受优质的医疗服务的权利；环境正义认定政府的"环境不公正"行为违反国际法，违反联合国人权宣言，违反联合国种族屠杀会议（The United Nations Convention on Genocide）的精神；环境正义必须承认土著居民通过条约、协议、合同、盟约等与美国政府建立的一种特殊的法律关系和自然关系，并以此来保障他们的自主权及自决权；环境正义主张我们需要制定生态政策来净化和重建我们的城市与乡村，使其与大自然保持平衡，我们要尊重所有社区的文化完整性，并为其提供公平使用所有资源的途径；环境正义要求严格执行（实验和研究中的）知情同意原则，并停止对有色人种进行生殖、药物及疫苗的实验；环境正义反对跨国企业的破坏性行为；环境正义反对对于土地、人民、文化及其他生命形式实施军事占领、压迫及剥削；基于我们的经验，基于对我们多样性文化视景的珍重，环境正义呼吁对当代和未来人类实施旨在强调社会问题和环境问题的教育；环境正义要求我们每个人以消耗尽量少的地球资源和制造尽量少的废物为原则来做出各自的消费选择，要求我们为了我们这一代人及后代子孙，自觉地挑战并改变我们的生活方式，以确保自然界的和谐。[1]

---

[1]　王韬洋：《"环境正义运动"及其对当代环境伦理的影响》，《求索》2003 年第 5 期。

从这十七项环境正义的基本信条中不难看出，环境正义的命题涵盖了广泛的社会个人与群体，地区、国家乃至国际间的环境议题都是其关注对象。它不仅包含了从人与自然及人与人之间应该平等而和谐地对待，到各种消除政治经济不平等的要求与行动的广泛的环境议题，而且提出了环境正义在人类与自然关系问题上的基本主张，即在强调人们应该消除对环境造成破坏的行为的同时，肯定保障所有人的基本生存及生态自主权也是环境保护的一个重要向度。

（三）西方环境正义运动的当代价值与局限性

西方环境正义运动是一场以实现环境平等权为目的的基层群众环境维权运动，其直接起因是美国底层民众和少数民族遭遇环境风险的不公平分配这一严峻社会现实。环境正义运动所强调的环境利益在社会不同区域、不同族群、不同阶层之间的公平分配问题正是环境伦理一直以来缺乏关注的领域，即生态公正问题。当代环境伦理由于缺乏对现实的关注而陷入了某种发展的困境。而起源于草根的当代环境正义运动及其所提出的环境正义主张为当代环境伦理走出困境、正视现实关切、维护生态公正提供了重要的借鉴意义。

首先，与传统环境伦理思想仅仅着眼于种际正义、代际正义不同，环境正义运动更主要的是强调同时代内在环境利益分配时不同群体间的不正义行为现象及其校正。环境正义运动还启示我们，当代环境伦理作为一种基于当下的研究，应该对现实社会有足够充分的认识和把握；必须认识到，在现实生活中，并不存在相对于所有人的一般的环境问题，只存在不同地区和人群在不同的政治、经济和文化条件下生活和生存所面对的具体不同的环境问题。而当代环境伦理要重塑现实情怀，就必须突破被抽象的"人类"概念遮蔽的视线，认识到现实中不同主体之间的差异性，使环境伦理不至于在高呼保护环境的同时，却无视由于环境不公正所造成的某些人群的生活和生存危机。

其次，与传统环境伦理思想强调集中讨论全人类共同面临的全球环境问题不同，环境正义运动更关注不同经济和文化背景下的群体所面临的环境问题的解决。环境正义运动还启示我们，当代环境伦理还应该认识到，在现实生活中，并不存在绝对客观的、统一的对自然（环境）的抽象理解。正如人们对自然的理解在不同的历史阶段会有所差异一样，人们对自然的理解也存在着空间和文化上的差异。对于处于弱势的国家、地区和群体来说，自然（环境）首先意味着生活和生存。因此，当代环境伦理必须认识到自身的理论建构不仅要有对共同道德理想的勾画，还必须顾及道德实践的现实可能，使其真正具有理论和现实的生命力。

最后，与传统环境伦理思想将环境保护实践聚焦于自然不同，环境正义运动将与人们的生活和生存密切相关的环境作为当前最需要保护的重点。由于地理的、历史的、文化的各种因素的影响，在现实生活中存在着不同的人与自然相处的模式。要想走出这个误区，当代环境伦理必须摒弃西方中心主义的视角，在保护生物多样性的同时兼顾人类文化的多样性、人类利益主体的多样性和环境诉求的差异性，在保护生态自然的同时顾及当地人的生存和生活。而对于中国而言，在大力推进社会主义生态文明建设进程中，将不同利益主体以及他们对生态权益的不同诉求纳入生态公正问题的研究视野之中，时刻保持对于环境问题的敏感、慎思和客观公正，无疑具有重要的现实意义。

西方环境正义运动尽管兴起于草根阶层，对促进西方环保运动的蓬勃发展，引起政府和学界对底层民众基本生态权益的关注具有重要启蒙意义和推动作用，但是由于它并不触及资本主义制度固有的矛盾，在资本主义生产资料私有制的制度根源没有被消除的前提下，资本的逻辑决定了资本主义生态危机不可能得到彻底解决，底层民众的生态权益也不可能得到有效的维护与保障，资本主义社会的生态不公正现象依然广泛存在。而且，西方环境正义运动只着眼于资本主义国家底层民众的环境人权，对于西方发达国家向广大发展中国家转移环境污染、转嫁生态风险和生态矛盾的生态殖民主义导致国际生态不公的问题并没有给予太多的关注和声援。

三、当代中国的环境维权活动与生态公正

中华人民共和国建立后，特别是改革开放以来，随着经济社会的快速发展，尤其是工业化和城市化的快速推进，我国环境污染问题日益凸显，生态危机引发的生态矛盾加剧了社会矛盾。我国公民看待环境问题不再仅仅局限于环境污染与保护，而是从生态权益的视角深层次思考，提出解决代内与代际之间生态环境的可持续发展问题的方法，开始全面关注生态公正的重要

性，从代内之间的权利与义务分配视角来理解和对待环境问题，由生态危机引发的公民为维护生态权益而进行的维权抗争活动不断出现，有力地推动了环境维权活动的发生和发展。在新时期新形势下，如何在当代中国生态权益的语境下从理论和实践层面回应公民的环境维权活动无疑具有现实的必要性和紧迫性。

（一）当代中国公民环境维权活动产生的背景

当代中国日益严峻的生态危机和人民群众日益觉醒的环境权利意识，促进了当代中国公民环境维权活动的蓬勃发展，为当代中国生态公正问题的理论探讨与实践研究提供了鲜活的素材。当代中国公民环境维权活动生成背景既离不开国际环境正义运动的影响，又具有与我国国情相对应的动因和特点。

第一，当代中国环境污染问题引发的生态矛盾与社会危机的严峻形势，是当代中国公民环境维权活动产生的现实条件。早在 20 世纪 70 年代初，中国科学院金鉴明、侯学煜两位学者就撰文分析了西方资本主义国家在工业化道路上带来的严重环境污染问题及其对我国的警示作用，指出"产业革命以后，煤、烟尘、二氧化硫逐渐造成大气污染。矿冶、制碱、制酸逐渐造成水质污染。到本世纪（20 世纪）20—40 年代，又增加了石油产品和有机化学工业所带来的污染。本世纪（20 世纪）50 年代到现在除了石油和石油产品造成的污染大量增加外，出现了农药等有机合成物质和放射性物质的污染。除大气污染、水质污染外，噪声、振动、垃圾、恶臭、地面沉降等其他公害也纷纷出现"[1]。由此，两位学界前辈比较有前瞻性地意识到，"我国是社会主义国家，又是一个发展中的国家，经济发展也会带来新的环境保护问题"[2]。他们建议开展全国污染源和污染状况的调查，为制定环境保护的对策和措施方面提供依据。令人遗憾的是，随着我国工业化和城市化的快速发展，西方为完成工业化和城市化，在迈向现代化进程中遭遇的严重环境污染问题在我国并没有引起足够的重视，以至于西方国家在工业化进程中"先污染，后治理"的老路在中国大地上重演。20 世纪 70 年代，从东北的松花江到黄河、长江、珠江，我国几大河流都出现污染问题，有些江段污染还比较

---

[1] 金鉴明、侯学煜：《环境保护和植物生态学》，《植物学杂志》1974 年第 1 期。

[2] 金鉴明、侯学煜：《环境保护和植物生态学》，《植物学杂志》1974 年第 1 期。

严重。可见，中国环境污染问题导致的生态不公正问题并非只产生于改革开放以后，而是由来已久，只是在特定的历史阶段表现得不是那么严重，其影响也没有引起足够的重视。21 世纪以来，环境污染的严重性和其带来的生态不公正性才日益成为社会共识与公众关注的焦点。

改革开放以来，随着我国工业化、城市化的发展步入快车道，人口、资源和环境的矛盾日益凸显，在短短的二三十年间，我国环境污染程度已经达到甚至超过了西方发达工业化国家经历上百年才达到的环境污染程度。以 2010 年环境保护部、国家统计局、农业部发布的《第一次全国污染源普查公报》为例，公报显示，仅 2007 年一年主要污染物（工业源、农业源、生活源）全国排放总量中，"各类源废水排放总量 2 092.81 亿吨，废气排放总量 637 203.69 亿立方米。主要污染物排放总量：化学需氧量 3 028.96 万吨，氨氮 172.91 万吨，石油类 78.21 万吨，重金属 0.09 万吨，总磷 42.32 万吨，总氮 472.89 万吨；二氧化硫 2 320.00 万吨，烟尘 1 166.64 万吨，氮氧化物 1 797.70 万吨"[1]。根据我国环境保护部统计数据，2004 年环境污染造成的经济损失占 GDP 比重达 3.05%。世界银行估计，2007 年中国仅大气污染和水污染造成的损失就大约占到 GDP 总量的 5.8%，并且中国在 2007 年已经成为世界上最大的碳排放国家。2013 年，全国仅突发环境事件就达 712 次，其中重大环境事件 3 次，较大环境事件 12 次，一般环境事件 697 次。[2] 面对严重的环境问题，除了加快技术革新、调整政府经济发展战略等对策外，同代人之间如何公正享有环境权利和分担环境义务也越来越受到社会关注，催生环境公正运动的发生和发展。

第二，中国共产党和政府对环境问题的重视和生态文明实践探索的不断深入，为环境维权活动的发展提供了理论依据和价值遵循。随着环境问题的产生和恶化，生态文明建设逐渐进入党和政府的视野，并作为国家发展战略被提上日程，并在理论和实践上不断获得发展和推动。改革开放以来，经济建设成为党和国家一切工作的中心，我国步入快速工业化和城市化的高速增长时期。从改革开放初期的乡镇企业，到后来的沿海、沿江以及全国性的大

---

[1] 环境保护部、国家统计局、农业部：《第一次全国污染源普查公报》，http://www.zhb.gov.cn/gkml/hbb/b}}/201002/t20100210_185698.htma，访问日期：2021 年 8 月 8 日。

[2] 中国环保网：《我国存在发生大气严重污染事件的隐忧》，http://www.China environment.com/view/ViewNews.aspx?t=News_1&k=20090423171856560，访问日期：2021 年 8 月 8 日。

开发，它们在带来经济快速发展的同时，也不可避免地加剧环境污染，推动了生态公正问题的理论研究与实践发展。中共十六大以来，针对环境资源短缺、人与自然关系的紧张，党和政府及时调整并转变发展理念，提出了以人为本，全面、协调、可持续的科学发展观。从人与自然的关系看，主张人与自然的和谐相处，反思社会主义改造和建设初期过分强调人的主观能动性而忽略自然环境的承载能力，粗暴发展工农业生产的方式；从人与人代际之间看，主张当下经济社会发展不吃祖宗饭，不断子孙路；从人与人同代之间看，倡导治理环境污染、共建美好明天人人有责。总体来说，对环境问题的认识越来越深刻，越来越全面。

党的十八大以来，面对日益严重的环境问题，中国共产党不断丰富和发展生态文明理论，提出了超越功利主义的社会主义生态观，即超越只强调经济利益最大化，而忽视生态利益最大化的狭隘环境观。生态文明建设已经成为"五位一体"总体布局中最基础性的一环，绿色发展理念已经成为党和政府决策的指导性理念，"牢固树立保护生态环境就是保护生产力、改善生态环境就是发展生产力的理念，更加自觉地推动绿色发展、循环发展、低碳发展，决不以牺牲环境为代价去换取一时的经济增长"[1]。在 GDP 考核指标和评价体系方面，中国共产党把体现生态文明建设状况的指标引入经济社会发展评价体系，发挥生态文明建设导向作用。逐步实现生态治理法治化，加强法治建设，建立环境责任终生追究制。同时加强环保意识教育，呼吁全民参与，共建美丽中国。这一时期理论是对过去环境理论的升华，为环境问题化解和环境维权活动的深入开展做了比较充分的理论准备。

第三，我国环境保护法律制度体系日益完善，为公民开展环境维权活动提供了法律制度保障。宪法作为我国根本大法，是我国公民基本权利的最重要保障。中华人民共和国成立以来先后修订的四部宪法都对公民的民主自由权利给予明确规定。2018 年修订颁布的《中华人民共和国宪法》第三十五条规定，中华人民共和国公民有言论、出版、集会、结社、游行、示威的自由。这些权利保障为公民争取保护环境健康权在内的各项利益、参与包括环境维权活动提供了根本保障。随着我国政府环境保护力度的不断加强，在保障公民环境权利的专门性法律法规方面，改革开放以来我国先后制定、颁布

---

[1] 习近平：《坚持节约资源和保护环境基本国策 努力走向社会主义生态文明新时代》，新华网 2013 年 5 月 24 日。

和修订了《中华人民共和国环境保护法》，对公民环境权利进行了明确规定，为公民维护环境权利，实现生态公正提供了法律依据和保障。2015 年 4 月，为贯彻落实 2014 年修订的《中华人民共和国环境保护法》第五章的规定，推动公众参与环境保护工作有序展开，环境保护部组织出台了《环境保护公众参与办法》，对公众参与的原则、范围、形式、监督和保障给予了明确规定。2020 年 5 月 28 日，第十三届全国人民代表大会第三次会议通过的《中华人民共和国民法典》中关于自然资源、生态治理与环境保护的许多重要民事法律条款为新时代助推社会主义生态文明建设，维护公民平等享有的生态权益，保障生态公正，促进公民自由而全面发展提供了法治基础，具有重大现实意义。其中，第一百一十条规定："自然人享有生命权、身体权、健康权、姓名权、肖像权、名誉权、荣誉权、隐私权、婚姻自主权等权利。"第一千二百二十九条规定："因污染环境、破坏生态造成他人损害的，侵权人应当承担侵权责任。"至此，从宪法、法律法规，到国务院部门规章制度，都进一步完善了公民环境参与权保障体系，为我国公民开展环境维权活动提供了扎实的法律基础，有力地推动了当代中国环境维权活动的有序开展。

（二）当代中国公民环境维权活动的发展历程

尽管我国对生态公正问题的关注和研究起步较晚，但随着党和政府对社会主义生态文明建设的日益重视和加强，我国公民环境保护意识的逐步提升，当代中国以实现生态公正为目标的公民环境维权运动蓬勃兴起，经历了从无到有、由低级阶段向高级阶段不断推进的过程。从理论基础、表现形式、组织程度、维权质量、标志性事件等方面来看，大致经历了三个阶段。

第一阶段：从中华人民共和国成立到改革开放前夕。这是我国公民环境维权活动的萌芽期。20 世纪 60、70 年代，西方工业化国家的环境问题已经相当严重，以雷切尔·卡逊为代表的环保主义者开启了西方轰轰烈烈的环境正义运动。尽管这个时期我国工业化的进程还较缓慢，环境污染问题不是很严重，但是由于社会制度和经济社会发展水平的差异，尤其是工业化和城市化水平滞后，我国公民环境维权活动还处于潜伏状态。这一时期，随着我国工业化发展，环境问题已经在一定范围内存在，如何应对环境问题在理论和实践上还受极左思想影响，我国公民无法正确认识环境问题的复杂根源和机理，在应对环境污染问题的方式方法上主要靠继续开展环境保护大会战的运动式维权活动。通过简单的经济补偿来解决具体造成的环境损害，污染企业在政府干预下给遭受损害的农民一定的经济补偿成为体现生态公正的常用模式。

第二阶段：改革开放以来到党的十八大前夕。这是我国公民环境维权活动的成长期。伴随人与自然和谐相处、可持续发展、生态文明等理论不断发展，国家不仅从机构设置和职权划分上增强了环境监管部门的级别和权力，还从制度上逐步完善了环境保护和治理的法律体系，出台了一系列环境保护的法律法规，为公民参与环境保护活动和环境维权活动提供了制度和法律保障。随着环境理论研究的深入，环境立法和管理机构的不断完善，公民环境权利意识不断提高，致使环境维权抗争事件不断增多，并逐渐向有组织的生态政治参与转化，为生态公正的实现提供了可能。据国家环境保护总部统计，2006年因环境问题引发的群体性事件以年均29%的速度递增。2005年，全国发生环境污染纠纷5.1万起。自松花江水污染事件发生以来，全国发生各类突发环境事件76起，平均每两天就发生一起。[1] 这一时期，公众参与呈现出一些新特征：数量大，强制性倾向严重，组织性增强，公正性诉求明显。例如2007年，发生在福建省厦门市的PX项目事件[2]，公民与政府在平等的博弈与民主协商中避免了一场一触即发的、可能影响社会和谐稳定的大规模群体性环境维权事件的爆发。这表明我国公民已经具备了较高的环境权益参与意识和环境维权水平，标志着我国环境维权活动进入了新的发展阶段。

第三阶段：党的十八大以来。这一时期，我国公民环境维权活动进入理论和实践上的快速发展时期。环境问题压力不断加大，社会关注度越来越高，据报道，仅2014年全国300多个地级以上城市中80%未达到国家空气质量二级标准。长三角、珠三角，特别是京津冀地区，大面积雾霾频繁发生，引起社会各界和新闻媒体的高度关注。[3] 为解决环境问题，党和政府积极探索解决之道，传统环境理论不断被超越和完善。这一时期，尽管以争取平等公正的生态权益为目标的环境群体性事件日益增多，但是政府在应对公民环

---

[1] 陈国裕、李玉梅：《环保工作要实现历史性转变》，《学习时报》2006年4月22日。
[2] 百度百科：厦门PX项目事件，https://baike.baidu.com/item/厦门PX项目事件/5814508?fr=alad，访问日期：2021年8月8日。
[3] 陈吉宁：《环保部就全面加强环境保护答记者问》，http://www.gov.cn/zhuanti/2015qglhzb/zb12.htm，访问日期：2021年8月8日。

境维权活动方面更加趋于理性和宽容。过去，公民参加环境维权活动往往被定性为影响社会稳定的群体性事件而遭到政府的严厉禁止。新的环境保护法的修订，为公民和社会团体有序参与环境维权活动，解决生态权益问题提供了法治保障，标志着我国环境维权活动进入法制化发展新阶段。总体来说，这一时期我国公民的环境维权活动呈现规模大、抗争性激烈、参与群体多元化等特点，并从体制外的街头无序抗争逐渐向体制内依法维权行为转变。

纵观中华人民共和国成立以来我国公民环境维权活动产生、发展的历程，贯穿其中的一条较为清晰的逻辑脉络是："工业化、城市化等经济社会发展→产生环境问题→政府主导环境保护→环境问题日益严重→公众参与加强→环境公正运动产生。"[1]

（三）当代中国公民环境维权活动的重要价值

当代中国以保护自然环境、维护公民生态权益为宗旨的公民环境维权活动，是在我国经济社会快速发展导致环境污染日益严重、生态危机日益加深、可持续发展面临严峻挑战的时代背景下产生和发展的。它标志着当代中国公民环境保护意识和环境权利意识的日益觉醒和提高，对于我们党和政府推进生态文明建设，实现生态公正具有重要的理论意义和实践价值。

第一，当代中国的环境维权活动有利于助推我国生态治理和生态公正问题的解决。公民有序的环境维权活动可以倒逼和促进政府加快完善环境政策和法规的结构和内容，推动政策制定者和政府官员改进决策过程，促使政府更加重视公民的基本生态权益的保护，加快推进社会公正视阈内的生态公正问题的解决。

第二，面对当代中国环境维权活动的蓬勃发展趋势，党和政府要转变传统计划经济时代管制型社会治理理念和高压维稳思维，提高应对新形势下发生在生态环境领域的新情况、新矛盾、新问题的水平，将生态治理纳入国家治理体系和治理能力现代化的进程中。近年来，一些环境问题产生的一个重要原因在于，一些地方政府囿于传统的环境保护思维，过于依赖严格管制而缺乏让公民参与环境保护的渠道。加强对当代中国环境维权活动的研究和实践将为超越传统的环境问题应对策略提供新指引。

第三，当代中国的环境维权活动启示我们，要加快构建解决我国环境公

---

[1] 陈兴发：《中国的环境公正运动》，《学术界》2015 年第 9 期。

正问题的民主协商合作机制，探索政府和公民携手合作、良性互动的环境维权对话模式，推动环境维权事业的健康发展。尽管不同国家的结构和发展阶段不同，但是，西方环境公正的国家共振理论对指导中国的环境维权活动具有一定的启示和借鉴意义。

第四，随着当代中国环境维权活动的深入开展，公民生态公正的实现要求我们全面深化社会改革，健全和完善法律法规和政治制度体系。西方环境公正运动发生的重要原因在于环境权利与责任分担中的不公正浓度高，尤其是对处于社会草根阶层的有色人种不公正。当下中国这一问题也不同程度存在，需要全面深化社会改革，消灭贫穷和财富分布不均，超越功利主义、自由主义和国家（地区）主义的治理理论，来逐步消解生态不公正问题。

中共十八大以来，随着中国特色社会主义进入新时代，生态文明建设成为"五位一体"总体布局的重要组成部分，我国在环境保护和生态治理方面的立法工作上取得了重大成果。2012 年我国修订了《中华人民共和国农业法》《中华人民共和国清洁生产促进法》《中华人民共和国民事诉讼法》；2013 年修订了《中华人民共和国草原法》《中华人民共和国渔业法》《中华人民共和国煤炭法》《中华人民共和国固体废物污染环境防治法》；2015 年修订了《中华人民共和国城乡规划法》《中华人民共和国畜牧法》《中华人民共和国固体废物污染环境防治法》《中华人民共和国电力法》《中华人民共和国文物保护法》；2016 年制定了《中华人民共和国深海海底区域资源勘探开发法》，修订了《中华人民共和国气象法》《中华人民共和国水法》《中华人民共和国防洪法》《中华人民共和国环境影响评价法》《中华人民共和国节约能源法》；2017 年公布了《中华人民共和国民法总则》，修订了《中华人民共和国海洋环境保护法》《中华人民共和国水污染防治法》《中华人民共和国民事诉讼法》《中华人民共和国行政诉讼法》；2018 年修订了《中华人民共和国环境保护税法》《中华人民共和国大气污染防治法》《中华人民共和国野生动物保护法》等十五部法律；2020 年通过了《中华人民共和国民法典》，第二次修订了《中华人民共和国固体废物污染环境防治法》；等等。

其中，《中华人民共和国民事诉讼法》规定检察院以及法律规定的机关和有关组织可以向法院提起环境民事公益诉讼，《中华人民共和国行政诉讼法》规定检察院可以依法向法院提起环境行政公益诉讼，这是环境保护法治化进程向纵深发展的一个显著标志。这些法律法规为公民依法维护个人生态权益、表达自己的利益诉求及参与环境保护提供了坚实的法律基础和畅通的法律渠道，有力促进了生态权益公平和美丽中国建设。

第二节　生态公正的理论渊源

在资本主义上升时期，随着资本主义工商业的迅猛发展，人类生产实践活动对大自然的干预和破坏日益加深，人与自然的紧张和对立关系也日益显现出来。马克思和恩格斯以深邃的理论洞察力，揭示了人类与自然界相互依存的辩证统一关系，发出了尊重自然规律、保护自然生态的世纪警示，创立了生态文明思想，构成了唯物辩证法中熠熠生辉的华彩篇章。尽管马克思和恩格斯在其经典著作中没有直接提出关于生态公正的理论表述，但是只要我们运用历史与逻辑相结合的方法论，遵循马克思主义生态文明思想形成发展的脉络，从整体性视野进行深入考察，就不难发现在马克思、恩格斯经典著作中同样蕴含着深刻的生态公正思想。它与社会公正思想共同构成了马克思公正思想的重要组成部分。系统梳理并深入挖掘马克思、恩格斯经典著作中蕴含的生态公正思想，对于实现马克思主义生态文明思想的中国化、指导我国社会主义生态文明建设、实现美丽中国生态梦具有重要的理论意义和实践价值。

一、马克思与恩格斯生态公正思想形成的时代背景

在马克思和恩格斯生活的时代，资本主义正处于上升时期，工业化大生产和资本主义工商业的迅猛发展，使环境污染和生态危机日益加重，人与自然的紧张和对立关系也日益显现出来。生态矛盾与阶级矛盾相互交织形成了资本主义的沉重生态危机和社会危机。马克思、恩格斯辩证的生态自然观揭示了人类与自然界相互依存、休戚与共的辩证统一关系。马克思和恩格斯的经典著作中蕴含着深刻的生态公正思想。这种思想的形成和发展具有深刻的时代背景。

第一，资本主义制度固有的内在矛盾直接导致了周期性的经济危机。每次经济危机都会导致生产相对过剩。资本家为了维持超额剩余价值和垄断利

润，宁可将大量的工农业产品销毁，如将牛奶倾倒进河里，将大量纺织机砸掉，将棉纱等工业品销毁，也不愿意用来支援缺衣少食、饥肠辘辘的工人。这种周期性的经济危机既是对生产力的极大破坏，造成了自然资源和社会资源的极大浪费，是反生产力和反自然的，又是对广大被剥削、被压迫、生活陷入赤贫的劳动人民的极大不公正。其结果是导致贫富两极分化和阶级矛盾的激化，引起了无产阶级为争取生存和发展权利而进行的反抗斗争。资本主义生产资料私有制与社会化大生产之间不可调和的矛盾，决定了资本主义经济危机是资本主义社会劳动阶级挥之不去的梦魇。人与人、人与自然及人与社会关系的不和谐，必然要蔓延到自然生态领域，产生生态不公正问题。马克思和恩格斯虽然在其经典著作中没有关于生态公正的直接阐述，但是他们在《关于林木盗窃法的辩论》《乌培河谷来信》《共产党宣言》《英国工人阶级现状》等经典著作中对工人阶级在极其恶劣的自然环境和生产条件下生态权益遭受巨大侵害，生存发展权遭受剥夺给予了深切的同情与关怀。

第二，资本的逻辑决定了资产阶级在发展工商业时常常将攫取超额利润放在首位，令资本家唯利是图的贪婪本性暴露无遗。为了扩大再生产，资本家对自然资源展开了疯狂的、掠夺性的开采和破坏，根本不考虑资本主义生产与自然资源和环境的可承受能力和可持续性，也不考虑子孙后代应有的生存发展权利。在资本主义社会，工人的普遍贫困不仅是物质和精神方面的，还表现在生态上。资本家剥夺了工人阶级平等公正地享有优美的自然环境和自然资源的生态权益，这些权益对工人阶级实现自由而全面发展具有十分重要的意义，由此造成了贫富阶级之间代内的生态不公正和代际的生态不公正。马克思、恩格斯在《1844 年经济学哲学手稿》《自然辩证法》等经典著作中对这些深刻的生态公正思想都进行了深入的阐述。

第三，马克思和恩格斯揭示了资本主义的发展必然带来经济、政治、文化和生态的全球化，预见了"历史向世界历史转变"的必然趋势和发展逻辑。在资本主义生产关系向全球化扩展进程中，资产阶级为了满足资本无限扩展本能，更加疯狂地对外发动战争，进行殖民掠夺，将广大发展中国家当作资本主义经济发展所需求的廉价的原材料生产地和资本主义商品的倾销市场，将资本主义早期工业生产造成的环境污染和生态危机通过对外殖民扩张转嫁给广大发展中国家，引发了国际生态危机。在马克思、恩格斯看来，尽管资本主义生产力的发展客观上加速了全球化进程，促进了世界历史的转型，加快了人类文明发展的步伐，但与此同时，资本主义全球化的过程也是资本主义生态危机全球化扩散的过程，它造成了超越国家、民族和种族的国际生态不公正。这是马克思、恩格斯生态公正思想产生的又一个重要时代背景和历史条件。

二、马克思与恩格斯生态公正思想的丰富内涵

马克思、恩格斯经典著作始终贯穿着两条主线：一是以人与人、人与社会关系为考察对象和理论逻辑起点，揭示人类思维活动规律和人类社会发展规律，创立关于阶级斗争、无产阶级专政、暴力革命、消灭私有制等以实现人类社会平等公正为旨归的阶级斗争学说和政党与国家建设理论；二是以人与自然关系为考察对象和理论逻辑起点，深刻阐释人与自然相互依存、相互促进、和谐统一的辩证的生态自然观，揭示了自然界发展规律，构建了内涵丰富的马克思主义生态文明思想。马克思主义经典著作中蕴含的生态公正思想是马克思主义公正理论和生态文明思想的重要组成部分。

第一，马克思与恩格斯批判了资本主义制度对工人阶级生态权益的侵害，提出了人类应平等地分享自然资源、获得良好的生存和发展权利的生态公正思想。

人是自然界的产物。自然界是人类赖以生存和发展的物质基础。生态环境在人的自由而全面发展中具有基础性作用。人的生存和发展的各个方面都要受到所处的生存环境状况的影响和制约。自然环境的好坏直接影响和决定着人的生存和生活质量，进而影响和决定着人的综合素质和生存能力的提高。早在青年时期，马克思和恩格斯就对劳动人民平等公正地享有生存和发展的生态权益表现出极大的关切。马克思在担任《莱茵报》主编时，十分关心国家立法和司法不公对公民自由民主权利和生态权益的侵害，并对统治当局对贵族特权的袒护进行了猛烈的抨击。在《关于林木盗窃法的辩论》一文中，马克思通过深入剖析莱茵省议会审理的一起普通林木盗窃案，从资产阶级国家法律正义的视角，揭露了贵族阶级凭借控制的国家立法和司法机构，剥夺普通劳动者平等享有自然资源的使用权利的虚伪本质。马克思指出，国家应该把森林条例违反者看作一个人，一个和他心血相通的活的肢体，看作一个应该保卫祖国的战士，一个法庭应倾听其发言的证人，一个执着社会义

务的集体中的一员，一个神圣的家主，而最主要的是应该把他看作国家的一个公民。[1] 资本主义社会的司法不公也是导致人民生态权益不公的一个重要因素。恩格斯在《乌培河谷来信》中曾这样描写道：这条狭窄的河流，时而徐徐向前蠕动，时而泛起它那红色的波浪，急速的奔过烟雾弥漫的工厂建筑和棉纱遍布的漂白工厂。然而它那鲜红的颜色并不是来自某个流血的战场……而只是流自许多使用鲜红色染料的染坊。[2] 这段描述向后人形象地展示了资本主义私有制下严重的环境污染和工人生存环境的恶劣。《关于林木盗窃法的辩论》和《乌培河谷来信》彰显了马克思、恩格斯强烈的人民情怀和生态公正意识，抨击了资本逻辑下，劳动人民被剥夺了平等公正地享有自然资源的开发利用权利的社会现实。马克思、恩格斯对人和自然生态权益的关注与维护，实质上是其社会公正理论在自然生态领域的延伸、丰富和发展。

马克思、恩格斯指出，"历史的每一阶段都遇到一定的物质结果，一定的生产力总和，人对自然以及个人之间历史地形成的关系，都遇到前一代传给后一代的大量生产力、资金和环境，尽管一方面这些生产力、资金和环境为新的一代所改变，但另一方面，它们也预先规定新的一代本身的生活条件，使它得到一定的发展和具有特殊的性质"[3]。这个论断深刻揭示了，一定时代和历史条件下的社会生产力、资本、环境及人与自然的关系必将对当代和后代的人类生存和发展环境产生深远的影响，因此，人类必须实现并维护好生态环境的代内公正和代际公正。在资本主义社会，资本的逻辑决定了资本主义生产的目的并不是建立在满足人们基本生活需要的基础上的，相反，它是建立在追求经济的无限量增长和追逐利润的基础上的。正是资本主义这种经济扩张对自然生态系统和工人阶级造成了最大的损害。西方生态学马克思主义的代表人物福斯特深刻地指出，资本主义经济把追求利润增长作为首要目的，所以要不惜任何代价追求经济增长，包括剥削和牺牲世界上绝大多数人的利益。这种迅猛增长通常意味着迅速消耗能源和材料，同时向环

---

[1] 中共中央马克思恩格斯列宁斯大林著作编译局编译《马克思恩格斯全集》第1卷，人民出版社，1956，第149页。

[2] 中共中央马克思恩格斯列宁斯大林著作编译局编译《马克思恩格斯全集》第2卷，人民出版社，1956，第493页。

[3] 中共中央马克思恩格斯列宁斯大林著作编译局编译《马克思恩格斯文集》第1卷，人民出版社，2009，第544-545页。

境倾倒越来越多的废物导致环境急剧恶化。[1] 资本家为了使资本增殖以获得超额利润，罔顾自然的承载力和工人阶级在恶劣的自然生存条件下的身心健康，不惜铤而走险，孤注一掷。恩格斯深刻揭露了资本家唯利是图的贪婪本性：西班牙的种植场主曾在古巴焚烧山坡上的森林，以为木灰作为肥料足够最能赢利的咖啡树利用一个世代之久，至于后来热带的倾盆大雨竟冲毁毫无保护的沃土而只留下赤裸裸的岩石，这同他们又有什么相干呢？在今天的生产方式中，面对自然界和社会，人们注意的主要只是最初的最明显的成果，可是后来人们又感到惊讶的是：取得上述成果的行为所产生的较远的后果，竟完全是另外一回事，在大多数情况下甚至是完全相反的；需求和供给之间的和谐，竟变成二者的两极对立，每十年一次的工业周期的过程就显示了这种对立。[2] 只有在共产主义社会，生产资料归全体社会成员共同所有，从而根本消除了导致人的异化和自然的异化的制度根源，人的自由而全面发展才有了公平公正的自然生态资源的保障。正如恩格斯指出的，生产资料由社会占有，不仅会消除生产的现存的人为障碍，而且还会消除生产力和产品的有形的浪费和破坏，这种浪费和破坏在目前是生产的无法摆脱的伴侣，并且在危机时期达到顶点。此外，这种占有还由于消除了现在的统治阶级及其政治代表的穷奢极欲的挥霍而为全社会节省出大量的生产资料和产品。[3] 因而，应当"结束牺牲一些人的利益来满足另一些人的需要的状况；彻底消灭阶级和阶级对立；通过消除旧的分工，通过产业教育、变换工种、所有人共同享受大家创造出来的福利，通过城乡融合，使社会全体成员的才能得到全面发展"[4]，使所有人共享自然生态给人类带来的福利。

第二，马克思与恩格斯全面系统地阐释了人与自然和谐统一、共存共荣的辩证关系，揭示了自然界对于人类社会永续生存和发展的重大价值，提出了人类应尊重自然、善待自然的生态公正思想。

马克思主义辩证的生态自然观高度肯定了自然界在人类社会永续生存和

[1]　约翰·贝拉米·福斯特：《生态危机与资本主义》，耿建新、宋兴无译，上海译文出版社，2006，第3页。

[2]　中共中央马克思恩格斯列宁斯大林著作编译局编译《马克思恩格斯文集》第9卷，人民出版社，2009，第562-563页。

[3]　中共中央马克思恩格斯列宁斯大林著作编译局编译《马克思恩格斯文集》第3卷，人民出版社，2009，第563页。

[4]　中共中央马克思恩格斯列宁斯大林著作编译局编译《马克思恩格斯文集》第1卷，人民出版社，2009，第246页。

发展过程中的价值。人类和自然之间是双向互动、相互改造的关系。人类在能动地改造自然的同时，也在被自然所改造，从而产生"人化的自然"和"自然的人化"过程。"自然"在马克思辩证唯物主义的理论阐释和话语体系中具有十分重要的分量。马克思、恩格斯从人与自然的辩证统一中，特别是从人对自然能动的实践关系中赋予"自然"以新的内涵，从而把他们的唯物史观彻底地贯彻到自然观之中，实现了人类历史上自然观划时代的变革。在马克思主义经典著作中，"自然"的内涵应该是包涵了"自在自然""人化自然"和"历史自然"内在统一性的哲学概念。就人与自然的共存共生、和谐统一关系来看，人和自然是平等的，人的生态权益和自然生态权益都具有存在的合法性。人与自然的和谐共生共荣是马克思主义生态自然观的核心内容。高度肯定自然生态价值对于人类生存发展的基础性地位和意义是马克思主义生态公正思想的理论逻辑起点。马克思、恩格斯首先确证了人与自然之间是辩证统一的，是正义的、平等的关系，人类没有凌驾于自然之上的特权。正如马克思所说，人直接地是自然存在物。人作为自然存在物，而且作为有生命的自然存在物，一方面具有自然力、生命力，是能动的自然存在物，这些力量作为天赋和才能，作为欲望存在于人身上；另一方面，人作为自然的、肉体的、感性的、对象性的存在物，同动植物一样，是受动的、受制约的和受限制的存在物，就是说，他的欲望的对象是作为不依赖于他的对象而存在于他之外的。[1] 因此，人与自然作为物质循环过程的参与方都需要保护与发展。

《1844 年经济学哲学手稿》作为马克思早期十分重要的著作，所揭示的人与自然辩证统一的生态自然观及劳动异化、自然异化理论蕴含着十分丰富的生态公正思想。其一，马克思生态公正思想蕴含着对自然生态价值的充分肯定，即在考察人与自然的关系中，自然不仅仅是人类实现自身价值的客体，自然本身也是价值主体。马克思指出，社会是人同自然界的完成了的本质的统一，是自然界的真正复活，是人的实现了的自然主义和自然界的实现了的人道主义。[2] 这是马克思在处理社会与自然关系上所凸显出的最为真切

---

[1] 中共中央马克思恩格斯列宁斯大林著作编译局编译《马克思恩格斯文集》第 1 卷，人民出版社，2009，第 209 页。

[2] 中共中央马克思恩格斯列宁斯大林著作编译局编译《马克思恩格斯文集》第 1 卷，人民出版社，2009，第 187 页。

的一种基于终极性的思考，是社会公正与生态公正有机统一的最精练的概括。其二，在人与自然关系异化方面，马克思认为人的异化、劳动的异化对自然界带来的危害必然导致自然的异化。异化劳动从人那里夺去了他的生产的对象，也就从人那里夺去了他的类生活，即他的现实的类对象性，把人对动物所具有的优点变成缺点，因为从人那里夺走了他的无机的身体即自然界。[1] 这是马克思生态公正思想的又一集中体现。马克思对人类自然科学的反自然界的本质有着清醒的认识，主张自然科学往后将包括关于人的科学，正像关于人的科学包括自然科学一样，自然界的社会的现实和人的自然科学或关于人的自然科学，是同一个说法[2]，反对把未来社会的对异化的消除建立在自然科学通过工业为人的解放做准备这一条件上，认为这是一种典型的人类中心主义，是反生态文明的，即反对生态公正的。马克思心目中的理想的自然界是一种超越异化的人本化的自然界，自然科学将失去它的抽象物质的方向或者不如说是唯心主义的方向，并且将成为人的科学的基础，正像它现在已经——尽管以异化的形式——成了真正人的生活的基础一样。[3] 可见，马克思心目中的自然界是一种建构性的自然界，是寄托着马克思未来社会理想和价值的一种基石性的哲学概念，带有本体论意义的思考。

第三，马克思与恩格斯剖析了资本主义社会工人遭遇经济、政治、文化和生态的多重贫困与不公正的社会制度根源。

1848年发表的《共产党宣言》不仅是一部集中阐述马克思主义无产阶级斗争学说的力作，同时也是一部蕴含丰富生态公正思想的力作。在这篇光辉文献中，马克思对资本主义制度在发展社会生产力、推动人类文明进步方面所做出的巨大贡献给予了热情的歌颂，对资产阶级在人类历史上所起的积极作用给予了客观的评价，指出资产阶级在历史上曾经起过非常革命的作用。[4] 在解放和发展生产力方面，资产阶级在它已经取得了统治的地方把一

[1] 中共中央马克思恩格斯列宁斯大林著作编译局编译《马克思恩格斯全集》第3卷，人民出版社，2002，第274页。

[2] 中共中央马克思恩格斯列宁斯大林著作编译局编译《马克思恩格斯全集》第3卷，人民出版社，2002，第308页。

[3] 中共中央马克思恩格斯列宁斯大林著作编译局编译《马克思恩格斯全集》第3卷，人民出版社，2002，第307页。

[4] 中共中央马克思恩格斯列宁斯大林著作编译局编译《马克思恩格斯文集》第2卷，人民出版社，2009，第33页。

切封建的、宗法的和田园诗般的关系都破坏了。[1] 因而，资产阶级在它的不到一百年的阶级统治中所创造的生产力，比过去一切世代创造的全部生产力还要多，还要大。[2] 资本主义的生产方式和生产关系也随着资产阶级对外殖民扩张与殖民掠夺而产生了全球性的影响。

　　然而，资本主义制度的固有矛盾使得资产阶级在战胜封建地主阶级，实现了社会变革的同时，也日益走向它的反面。伴随着资本主义生产关系的全球化趋势，资产阶级为扩大生产、垄断全球市场进而攫取超额利润，展开了全球性殖民扩张和掠夺，加剧了西方发达资本主义国家与广大发展中国家之间的生态失衡，引发了全球性生态危机，为全球范围内形成的国际生态不公正埋下了隐患。由于生产力发展水平的极度不平衡，不同社会阶级、不同国家、不同民族和不同地域的人民之间享有的生态权益也是不平等、不平衡的。具体说来，这种群际的、区域的、民族的和国际的生态不公正表现为：资产阶级使农村屈服于城市的统治。它创立了巨大的城市，使城市人口比农村人口大大增加起来，因而使很大一部分居民脱离了农村生活的愚昧状态。正像它使农村从属于城市一样，它使未开化和半开化的国家从属于文明的国家，使农民的民族从属于资产阶级的民族，使东方从属于西方。[3] 这种不平等状况恰恰是国际生态殖民主义形成的历史根源，它像枷锁一样牢牢地套在了一切被剥削和压榨的阶级、国家、民族和地域人民的头上，使得资本主义越发展，资产阶级的生态殖民掠夺就越疯狂，由此导致族际的、域际的和群际的生态不公正问题愈演愈烈。

　　资本主义私有制对生态环境的破坏，不仅带来了全球性生态危机，导致国际生态不公正，在国内，还表现在资本对工人的压榨导致劳动的异化，加剧了人与自然关系的对立与紧张。劳动的异化带来自然的异化，形成了种际生态不公正。在《1844 年经济学哲学手稿》和《资本论》这两部经典著作中，马克思深刻揭示了资本主义制度下，工人阶级永远无法摆脱的命运和梦魇：劳动的异化、自然的异化最终导致人的异化。由于资本主义制度下催生

---

[1] 中共中央马克思恩格斯列宁斯大林著作编译局编译《马克思恩格斯文集》第 2 卷，人民出版社，2009，第 33-34 页。

[2] 中共中央马克思恩格斯列宁斯大林著作编译局编译《马克思恩格斯文集》第 2 卷，人民出版社，2009，第 36 页。

[3] 中共中央马克思恩格斯列宁斯大林著作编译局编译《马克思恩格斯文集》第 2 卷，人民出版社，2009，第 36 页。

的人与自然关系的异化，工人通过劳动非但不能获得优美的自然生态带来的身心愉悦，自然资源作为与工人劳动相结合创造剩余价值的必要条件，反而成为资本家榨取工人剩余价值，获得超额利润的工具，这导致了工人对自然的排斥与破坏。

《英国工人阶级状况》是恩格斯在深入工厂一线调查了解英国工人阶级生存状况的基础上完成的一篇调查报告，对于我们了解和研究近代资本主义国家工人阶级悲惨的生存环境及其尖锐的阶级矛盾具有珍贵的史料价值。恩格斯用充满人文关怀的语言描述了工人阶级在资本的压榨下所遭遇的社会不公和生态权益不公："伦敦的空气永远不会像乡村地区那样清新，那样富含氧气。……大城市的居民虽然患急性病的，特别是各种炎症的，比生活在清新空气里的农村居民少得多，但是患慢性病的却多得多。……因此，大城市工人区的垃圾和死水洼对公共卫生造成最恶劣的后果，因为正是这些东西散发出制造疾病的毒气；至于被污染的河流，也散发出同样的气体。"[1] 在此，恩格斯不仅用大量翔实的资料反映了资本主义日益严重的生态危机，还揭露了资本主义制度下工人在极其恶劣的自然环境和社会环境下工作和生活的悲惨遭遇，批判了资本主义生产资料私有制是导致资本主义社会代际生态不公正的制度根源。

第四，马克思与恩格斯提出了消除资本主义生态危机，化解人与自然对抗性矛盾，在人与自然和人与社会的良性互动中实现社会公正与生态公正和谐统一的理想方案和伟大构想。

资本主义制度固有的基本矛盾与资本逐利的本质决定了资本主义社会以及人类面临的生态危机及其导致的生态不公、社会不公等一系列社会问题的最终解决不能寄希望于资本主义制度的自我改良。只有超越资本主义社会，建立起基于生产资料公有制基础上的自由人的联合体，对生产进行有意识的社会调节，才能根除生态危机和社会危机，重构新型的人与自然的和谐关系以及新型的人与社会的和谐关系。对于这个事关人类未来发展方向、前途和命运的重大问题，马克思、恩格斯在其经典著作中提出了许多伟大的构想。

其一，马克思、恩格斯提出来不断推动社会变革，建设高度发达的社会生产力，消灭私有制，实现共产主义社会。马克思、恩格斯认为，同人类历

---

[1] 中共中央马克思恩格斯列宁斯大林著作编译局编译《马克思恩格斯文集》第 1 卷，人民出版社，2009，第 409 页。

史有其自身的发展规律一样，自然历史也有其内在的发展规律。人类只有遵循自然界发展规律、人类社会发展规律和人类解放规律，在自然解放、社会解放和人类解放的整体性解放逻辑进程中，通过持续不断的社会变革，促进社会生产力的高度发达，消灭私有制，消除自然界和人类社会不平等、不公正的一切根源，最终实现共产主义，才可能达到人与自然共存共荣、人类文明与生态文明比翼齐飞的理想状态。在《德意志意识形态》中，马克思、恩格斯强调未来新社会的创建要以在人化自然基础上的生产力的巨大增长和高度发展为前提，提出了无产阶级必须通过夺取政权、消灭私有制、消除资本主义社会危机和生态危机，重构在实践基础上的人与自然之间的内在统一关系，建设人与自然和谐、人与社会和谐以及人与人和谐的新社会，并完成在实践中改造无产阶级自身的历史任务，为通向共产主义社会开辟道路。在《1844 年经济学哲学手稿》中，马克思、恩格斯满怀豪情地构想共产主义人类社会美妙的理想蓝图，那就是："共产主义是私有财产即人的自我异化的积极扬弃，因而是通过人并且为了人而对人的本质的真正占有。"当人类彻底摆脱了生产资料私有制的桎梏，消灭了导致人与自然异化的根源，生态和社会的不公正自然就不复存在了。因此，它是人向自身、向社会的即合乎人性的人的复归，这种复归是完全的，自觉的和在以往发展的全部财富的范围内生成的。这种共产主义，作为完成了的自然主义，等于人道主义，而作为完成了的人道主义，等于自然主义，它是人和自然界之间、人和人之间的矛盾的真正解决，是存在和本质、对象化和自我确证、自由和必然、个体和类之间的斗争的真正解决。它是历史之谜的解答，而且知道自己就是这种解答。[1] 因此，要在"自然主义—人道主义—共产主义"三位一体中推进社会整体进步和全面发展。

其二，马克思、恩格斯提出要消除导致劳动异化、自然异化以及人的异化的社会制度根源，实现"三大解放"（人的解放、自然解放、社会解放）和"两大和解"（人与自然的和解以及人类自身的和解），从而实现社会公正与生态公正的有机统一。面对日益恶化的全球性生态危机，如何实现人与自然的和谐共生，从而最终实现生态公正呢？由于社会制度是导致三大异化的根源，马克思、恩格斯提出了通过完成"两大变革"的历史任务，实现"两

---

[1] 中共中央马克思恩格斯列宁斯大林著作编译局编译《马克思恩格斯文集》第 1 卷，人民出版社，2009，第 185-186 页。

大和解"的路径选择，强调"我们这个世纪面临的大变革，即人类同自然的和解以及人类本身的和解"[1]。在对人类社会发展规律的探索中，马克思、恩格斯发现，一切社会变迁和政治变革的终极原因都存在于物质生产中，存在于包含地理环境的经济关系中，所以导致人与人、人与自然、人与社会之间不公正的真正原因都根植于人的物质利益，根植于人与自然的矛盾。因此，要调节人与自然的关系，解决人与自然的对立，仅仅有认识是不够的，还需要对我们的直到目前为止的生产方式，以及同这种生产方式一起对我们的现今的整个社会制度实行完全的变革。[2] 在未来的社会主义、共产主义中，社会化的人，联系起来的生产者，将合理地调节他们和自然之间的物质交换，把它置于他们的共同控制之下，而不让它成为盲目的力量来统治自己，靠消耗最小的力量，在最无愧于和最适合于他们人类本性的条件下来进行这种物质交换。那时"人终于成为自己的社会结合的主人，从而也就成为自然界的主人，成为自身的主人——自由的人"[3]。只要人类为生存而进行的斗争停止了，人与自然的关系就自然和解了。到那时，人类生态公正得以实现的美好前景将呈现如马克思、恩格斯描绘的那样：在共产主义社会里，任何人都没有特殊的活动范围，而是都可以在任何部门内发展，社会调节着整个生产，因而使我有可能随自己的兴趣今天干这事，明天干那事，上午打猎，下午捕鱼，傍晚从事畜牧，晚饭后从事批判，这样就不会使我老是一个猎人、渔夫、牧人或批判者。[4] 人、自然、社会的最终解放，使人的自由而全面发展成为可能。

其三，马克思、恩格斯提出了缓和人与自然生态矛盾，改善人类社会生产方式和生产关系，防止社会不公正导致生态不公正的一些具体构想和实现路径。在《共产主义原理》中，恩格斯针对未来新社会出现的生态环境问题提出了加强生态文明建设，保障公民生态权益，维护生态公正的一些重大举措，如："开垦一切荒地，改良已垦土地的土壤"；"把城市和农村生活方式

[1] 中共中央马克思恩格斯列宁斯大林著作编译局编译《马克思恩格斯全集》第31卷，人民出版社，1979，第603页。

[2] 中共中央马克思恩格斯列宁斯大林著作编译局编译《马克思恩格斯选集》第4卷，人民出版社，1995，第385页。

[3] 中共中央马克思恩格斯列宁斯大林著作编译局编译《马克思恩格斯文集》第3卷，人民出版社，2009，第566页。

[4] 中共中央马克思恩格斯列宁斯大林著作编译局编译《马克思恩格斯文集》第1卷，人民出版社，2009，第537页。

的优点结合起来，避免二者的片面性和缺点"，"拆毁一切不合卫生条件的、建筑得很坏的住宅和市区"；通过改造传统农业，使农业进入崭新的繁荣时期，"所有人共同享受大家创造出来的福利，通过城乡的融合，使社会全体成员的才能得到全面发展"[1]。恩格斯的这些观点为建设未来绿色新社区描绘出了一幅美好的图景。

在《共产党宣言》中，马克思、恩格斯为消除工农差别、城乡差别带来的区域生态不公正提出了方案：按照共同的计划增加国家工厂和生产工具，开垦荒地和改良土壤，实行普遍劳动义务制，成立产业军，特别是在农业方面，把农业和工业结合起来，促使城乡对立逐步消灭，等等。[2]此外，马克思在《法兰西内战》中提出了"取缔国家寄生虫""杜绝巨量国民产品浪费"和"厉行节约"等实现劳动解放的途径。[3]在《论土地国有化》中提出了通过土地国有化保障土地肥力、促进经济社会可持续发展的设想。在马克思看来，土地国有化将彻底改变劳动和资本的关系，并最终完全消灭工业和农业中的资本主义的生产。只有到那时，阶级差别和各种特权才会随着它们赖以存在的经济基础一同消失。靠他人的劳动而生活将成为往事。与社会相对立的政府或国家将不复存在！农业、矿业、工业，总之，一切生产部门将用最合理的方式逐渐组织起来。生产资料的全国性的集中将成为自由平等的生产者的各联合体所构成的社会的全国性的基础，这些生产者将按照共同的合理的计划进行社会劳动，这就是19世纪的伟大经济运动所追求的人道目标。[4]这些设想和解决方案无疑都指向一点，那就是自然解放不能脱离社会解放和人的解放而孤立实现。同样，生态公正也不能脱离社会公正而自发完成。

三、马克思与恩格斯生态公正思想的当代价值

生态公正是社会公正的重要前提和基础，也是社会主义生态文明建设的

---

[1] 中共中央马克思恩格斯列宁斯大林著作编译局编译《马克思恩格斯文集》第1卷，人民出版社，2009，第686页。

[2] 中共中央马克思恩格斯列宁斯大林著作编译局编译《马克思恩格斯文集》第2卷，人民出版社，2009，第53页。

[3] 中共中央马克思恩格斯列宁斯大林著作编译局编译《马克思恩格斯文集》第3卷，人民出版社，2009，第198页。

[4] 中共中央马克思恩格斯列宁斯大林著作编译局编译《马克思恩格斯文集》第3卷，人民出版社，2009，第233页。

价值目标和现实诉求。习近平总书记指出："实现社会公平正义是中国共产党人的一贯主张，是发展中国特色社会主义的重大任务。"[1] 在生态危机日益严峻、生态矛盾日益突出的新形势下，人民群众对美好生态环境的需求越来越迫切，"良好生态环境是最公平的公共产品，是最普惠的民生福祉"[2]。在社会主义新时代，深入挖掘、系统梳理马克思、恩格斯经典著作中蕴含的生态公正思想，对于大力推进社会主义生态文明建设进程，加快生态治理，保障公民生态权益，实现生态公正，建设美丽中国具有重要的理论价值和实践价值。

第一，有利于深入认识全球化态势下的国际生态殖民主义的本质及其危害，维护我国人民的生态权益和国家生态安全。近年来，西方发达资本主义国家借助全球化和在国际政治经济旧秩序中牢牢掌控的话语权，一方面，将本国生态环境的污染源转移到广大发展中国家和地区，借此转嫁国内生态风险和生态矛盾，以维护本国公民良好的生存环境和生态权益；另一方面，打着对外投资、援助第三世界国家发展的幌子，通过资本输出、技术垄断、绿色壁垒等手段，以更加隐蔽和欺骗的方式间接甚至是赤裸裸地对广大发展中国家实行生态殖民掠夺，加剧了国际生态不公正问题，严重威胁到其他国家和人民的生态权益和生态安全，也为全球生态治理设置了障碍。改革开放以来，西方发达资本主义国家利用我国经济社会发展对资金、技术、原材料等的迫切需求，以及人们环保意识的淡薄、环境安全意识的不足，将大量"洋垃圾"出口至我国，将许多工艺落后、高污染、高消耗、低效益的产业纷纷转移到我国，加剧了我国的生态环境污染和生态治理负担。随着我国经济越来越深刻地融入国际经济浪潮，面对全球化态势下的国际生态殖民主义的生态剥削和掠夺，我们应时刻保持警醒和警惕，增强鉴别能力和防范意识。

第二，有助于深化对马克思主义公正思想的内涵及其重大意义的研究。在高度发达的社会生产力和经济基础之上消灭一切不公正的社会现象，追求人类的彻底解放，实现人类社会真正意义上的公平与正义，这是马克思主义首要的价值目标，也是显示马克思主义理论强大生命力的根本原因所在。马克思主义公正思想是一个内在地包含了经济公正、政治公正、文化公正、社会公正和生

［1］《习近平与出席十二届全国人大一次会议的江苏代表一起审议政府工作报告》，新华网，http://www.js.xinhuanet.com/2013-03/09/c_114960099.htm，访问日期：2021 年 8 月 8 日。

［2］ 中共中央宣传部编《习近平总书记系列重要讲话读本》，人民出版社，2014，第 123 页。

态公正"五位一体"的博大精深的思想体系。在生态危机愈演愈烈，人类基本
生存权利面临威胁的形势下，每个公民平等公正地享有自然生态权益就显得愈
发重要。当前，随着我国工业化进程的加速推进，人口、资源和环境所承受的
压力和矛盾日益突出，中国特色社会主义已经面临着可持续发展的严峻挑战。
在当代中国面临严峻的生态危机，生态矛盾与社会矛盾交织叠加、日益尖锐的
时代背景下，由社会不公正衍生的生态不公正问题显得尤为突出，必须给予理
论回应和深入研究，并且在生态文明建设实践中给予解决。

第三，有助于指导当代中国社会主义生态文明建设的实践。我国遵循公
平正义的价值取向，重视并关注人与自然、人与人以及人与社会关系中的生
态公正问题，维护自然界和人类社会中每个生存个体的生态权益诉求，实现
自然生态价值、社会价值和人类价值的和谐统一。西方工业文明发展带来的
全球性教训、经验和趋势为中国的发展敲响了警钟——以牺牲十几亿人口赖
以生存和发展的自然生态环境为代价而片面追求 GDP 增速和总量无限扩张
的传统经济发展理念、发展模式，以及由此所产生的巨大资源浪费和对环境
的破坏性影响，对于人口众多、渴求富强的中国来说，是不可承受的。中国
特色社会主义的发展需要一条超越资本主义国家传统工业文明的全新发展道
路，真正实现物质和精神的共同富裕，实现经济、政治、文化的协调发展以
及人与自然的和谐相处，最终实现社会的全面进步和人的自由而全面的发
展。因此，当代中国在加快社会主义生态文明建设进程中，必须深入全面贯
彻落实五大发展理念，确立促进人与自然和谐共进的生存方式，明确现代人
应承担的生态环境责任，树立科学的绿色生产方式和消费方式，为开创美丽
中国生态梦的新时代而努力。

第四，有利于从理论上澄清并批驳西方资产阶级学者对马克思主义生态
文明思想的各种非议与诘难，捍卫马克思主义辩证唯物主义的真理性。系统
研究和总结马克思、恩格斯经典著作中蕴含的生态公正思想，为我们辩证地
评价西方生态马克思主义和生态社会主义等流派的思想提供了理论依据。西
方生态马克思主义作为马克思主义在资本主义社会传播、发展和演变的一个
重要哲学流派，在一定程度上继承并丰富了马克思主义的生态文明思想，对
资本主义私有制导致的社会危机给予了深刻的揭露和批判。西方生态社会主
义流派则从社会正义的视角对资本主义制度导致的生态正义问题进行了批
判。生态社会主义抓住社会正义问题并将其作为分析生态环境问题的重要依

据，揭示出生态环境问题的本质是社会正义问题，而资本主义制度的非正义性是产生全球生态危机的根源。生态社会主义的社会正义价值观，虽然在一定程度上继承了马克思主义的公平正义理论，对认识生态环境问题的成因以及有效解决生态危机具有积极意义，但是其内在的理论缺陷，注定其与科学社会主义还相距甚远。[1]很显然，西方生态马克思主义和生态社会主义对于资本主义生态危机的批判，无论其思想理论来源，还是逻辑方法都只不过是对马克思主义生态文明思想的丰富和发展，指责马克思、恩格斯只有关于资本主义经济危机的理论，而没有关于资本主义生态危机理论的诘难是站不住脚的。由于在马克思、恩格斯所处的时代，资本主义还处于上升期，资本主义工业化生产对生态环境的影响和破坏还没有向纵深发展并集中显现出来，在生态领域产生的不公正问题还不十分明显，还没有引起那个时代人们的关注。因此，尽管马克思、恩格斯经典著作中没有出现单独论述生态文明和生态公正的著作，马克思、恩格斯一生也没有使用过"生态公正"的概念，没有单独就生态公正问题进行系统的理论阐释，但是，这并不能成为指责和批判马克思、恩格斯只有"红色"的阶级斗争理论而缺乏"绿色"的生态文明思想研究的依据。实际上，正如我国马克思主义生态文明思想研究学者方世南教授指出的，马克思恩格斯创立的马克思主义是一个完整而严密的有机整体，他们关于人与自然关系的精辟论述与当代的生态文明概念具有内在的关联性和一致性，马克思恩格斯对于生态文明思想的论述不仅早于现代国内外的一些生态文明专家，而且其阐述的生态文明思想也体现了思想内容的超前性、深刻性和完整性。[2]生态公正思想是内在地蕴含于马克思主义生态文明思想中的一个重要组成部分，在当代闪烁着独特的理性光芒。

公平正义作为社会主义的首要价值，不仅体现在人民依法享有经济权益、政治权益、文化权益和社会权益，还应体现在每个人都平等享有生态权益。随着中国特色社会主义进入新时代，我们党和政府应该遵循马克思主义公平正义原则，在加强生态治理、加快生态文明建设进程中，更加重视生态领域的公平正义，努力实现并维护好每个公民基于生态权益的生存权、发展权和享受权，为建设富强民主文明和谐美丽的现代化强国而奋斗。

---

[1]　方世南：《社会主义观：生态社会主义的核心价值观》，《阅江学刊》2014年第4期。
[2]　方世南：《马克思恩格斯的生态文明思想：基于〈马克思恩格斯文集〉的研究》，人民出版社，2017，第6页。

第三节　生态公正的思想资源

一、中国共产党的生态文明建设思想

中国共产党在长期的社会主义生态文明建设实践中深刻地认识到了人与自然和谐统一的辩证关系，在领导中国特色社会主义伟大事业中，注重经济发展与环境保护的统筹协调发展，加强生态治理，维护人民群众的生态权益和生态公正，确保整体推进经济社会发展、进步与自然生态的持续改善向好，在物质文明、政治文明、精神文明、社会文明与生态文明"五位一体"总体布局中为实现中华民族伟大复兴，建设富强民主文明和谐美丽的社会主义现代化强国积累了丰富的生态文明建设思想。中国共产党的生态文明建设思想成为研究当代中国生态公正问题的重要思想资源之一。

（一）中国共产党生态文明建设思想的丰富内涵

马克思主义生态文明思想是中国共产党生态文明思想的理论源泉。中华人民共和国成立以来，中国共产党在长期的社会主义建设实践中形成的生态文明建设思想继承并丰富、发展了马克思主义生态文明思想。从可持续发展战略到科学发展观、五大发展理念，从全面建设小康社会到建设社会主义和谐社会，从建设资源节约型、环境友好型社会到构建人类命运共同体，中国共产党生态文明建设思想内涵丰富，是对社会主义生态文明建设实践不懈探索与创新的理论总结，并有力地指导了中国特色社会主义实践。

第一，正确处理好改革发展过程中的几对辩证关系，主要集中于对人与自然辩证关系的认识。自然环境是人类社会赖以生存和发展的基本条件。经济社会的发展必须尊重和遵循客观自然规律。中华人民共和国成立以来，中国共产党在社会主义现代化建设的实践中对人与自然关系的认识不断深化和成熟，提出了一系列关于统筹人与自然关系的生态理论和观点。从早期党和国家领导人倡导的保护环境、植树造林，到实施人口计划生育政策，再到以人为本、全面协调可持续的科学发展观，再到构建社会主义和谐社会、美丽中国建设、五大发展理念，等等，贯彻其中的一条主线是人与自然和谐共生的辩证的生态观。

第二，不断推动发展理念的丰富和深化，主要经历了从以经济建设为中心的执政理论，到坚持以人为本、全面协调可持续发展理念的科学发展观，再到"创新、协调、绿色、开放、共享"新发展理念的提出，充分彰显了中国共产党人对人类社会发展规律、社会主义建设规律和共产党执政规律认识的不断深化，对马克思主义生态文明思想所揭示的通过"两大和解"和"三大解放"构想实现人类社会由必然王国向自由王国飞跃的美好前景的不懈追求。尤其是党的十八大以来，习近平总书记从事关中华民族福祉和永续发展的战略高度，深刻阐述了"绿水青山就是金山银山"的生态文明思想，丰富和发展了马克思主义生态文明理论，对全面推进社会主义生态文明建设具有重要的理论指导意义。

第三，加快促进发展战略和发展目标的调整。发展战略主要包括可持续发展战略、绿色发展战略、全面建成小康社会战略、乡村振兴战略，等等，都内在地蕴含了生态文明思想和实现人与自然和谐共生的生态公正观。发展目标主要包括构建社会主义和谐社会、建设美丽中国以及构建人类命运共同体，等等。

（二）中国共产党生态文明建设思想的当代价值

中国共产党生态文明建设思想的当代价值：

第一，中国共产党生态文明建设思想丰富和发展了马克思主义社会发展理论和生态文明思想，有力地指导并推动了社会主义生态文明建设和生态公正问题的解决。可持续发展战略、科学发展观、构建社会主义和谐社会理论、五大发展理念和"两型社会"建设理念等丰富和发展了马克思主义社会发展理论；人与自然和谐共生的生态文明观丰富和发展了马克思主义生态文明思想；构建人类命运共同体思想丰富和发展了马克思主义人类文明发展理论；等等。

第二，在实践中形成和完善的中国特色社会主义"五位一体"总体布局，体现了"人—自然—社会"整体、均衡、辩证统一发展的生态公正理念。中国特色社会主义事业总体布局随着中国社会主义现代化进程的发展而逐步深化、拓展和完善。1982 年，邓小平提出"建设有中国特色的社会主义"这一概念。1986 年，中共十二届六中全会通过的《中共中央关于社会主义精神文明建设指导方针的决议》明确提出我国社会主义现代化建设的总体布局是：以经济建设为中心，坚定不移地进行经济体制改革，坚定不移地进行政治体制改革，坚定不移地加强精神文明建设，并且使这几个方面互相配合，互相促进；1987年，中共十三大把社会主义初级阶段的基本路线概括为以"一个中心、两个基本点"为核心内容；1997年，中共十五大报告从经济、政治、文化三个方面阐述了党的基本纲领；2004年，党的十六届四中全会第一次明确提出"构建社会主义和谐社会"的社会建设战略目标，中国特色社会主义的发展目标逐步拓展为包括社会主义物质文明、政治文明、精神文明和社会文明在内的"四位一体"总布局；2012年，党的十八大报告首次独立成篇论述生态文明建设，提出把生态文明建设放在突出地位，并明确宣布"建设中国特色社会主义，总布局是五位一体"。自此，随着改革开放实践的不断深入，我们党对自然规律、党的执政规律以及中国特色社会主义建设规律的认识不断拓展和深化，为经济公正、政治公正、文化公正、社会公正和生态公正"五位一体"的中国特色社会主义整体公正理论奠定了基础。

第三，中国共产党生态文明建设思想根源于我们党对国内经济社会发展的深刻认识，有力地指导了中国特色社会主义事业的永续发展。中华人民共和国成立后，特别是改革开放以来，资源短缺、环境污染日益成为制约我国经济进一步发展的障碍，依靠传统的高投入、低产出、粗放型经营方式来发展经济的做法难以为继。近年来，由于环境污染导致公民生态权益受到损害等生态公正问题引发的环境维权群体性事件在逐年递增，环境污染成为影响公共安全和社会稳定的因素之一。面对当代中国资源日益匮乏、环境污染日益严重、人与自然关系日益紧张的形势，大力推进生态文明建设成为维护我国经济社会稳定与可持续发展的必然要求。我们党及时提出了加快社会主义生态文明建设的重大理论和发展战略，并将之提升到与经济建设、政治建设、文化建设、社会建设并列的战略高度，体现出党对建设生态文明高度重视、一以贯之。这必将成为未来维护我国经济社会持续稳定发展，实现国家长治久安的重要保障。

第四，中国共产党的生态文明建设思想借鉴人类优秀的文明成果，顺应了人类文明的历史发展潮流。中国共产党生态文明建设思想根源于我们党对世界文明发展大势的准确把握。生态文明是继原始文明、农耕文明、工业文明之后，人类文明发展的一种崭新形态。人类在认识自然、利用自然、改造自然的进程中，由于对自然资源的掠夺性开发和利用，严重破坏了人与自然的和谐统一关系，导致人与自然关系日益紧张，酿成深刻的生态危机，严重威胁到人与自然的可持续发展。生态文明是人类为了谋求人与自然的和解，实现人与自然和谐共存永续发展，对传统工业文明反思、扬弃与超越的必然选择。进入 21 世纪以来，全球气候变暖、极端天气频发、石油天然气等重要资源供应紧张，进一步促使世界各国反思经济发展模式，重视生态环境保护。人类文明的发展开始由工业文明时代逐步迈进生态文明时代，这是人类文明发展不可逆转的趋势和潮流。此外，中国作为世界最大的发展中国家和负责任的大国，近年来一直以积极的态度参与气候谈判，同世界各国共同应对气候变化挑战。面对资源紧张、环境污染的日益加剧，我们党适时提出了建设生态文明的战略任务。这既是对我国经济社会发展问题的正确回答，也是对世界文明发展潮流的有力回应。

二、西方生态马克思主义的生态公正思想

（一）西方生态马克思主义的产生

生态马克思主义是西方马克思主义的一个重要流派，伴随着资本主义经济危机和生态危机的日益加深而产生，在当代世界产生着越来越大的影响，尤其在东欧剧变后，它成了西方马克思主义的主流之一，代表了西方马克思主义发展的一种新兴趋向。生态马克思主义的主要代表人物有本·阿格尔、威廉·莱斯、詹姆斯·奥康纳、约翰·贝拉米·福斯特、安德烈·高兹以及戴维·佩珀等。

生态马克思主义的思想体系中隐藏着许多鲜为人知的深刻的理论观点。生态马克思主义者尽管在具体的理论分析上不同，却有着共同的主题和研究目的。他们认为，随着当代资本主义社会根本矛盾的发展，导致了自然环境的不断恶化，不可逆转的生态危机可能带来灾难性的生态后果。这些新现象已经超越了马克思主义关于资本主义经济危机理论所能阐释的范畴，即生态危机理论的提出成为一种迫切而现实的需要。只有符合生态发展规律、人与自然和谐、社会公正的未来理想社会即生态社会主义社会，才能彻底避免生态灾难，解决生态危机。未来的共产主义社会，不仅体现为社会内部的平等、自由，更体现在人类社会与自然作为一个整体的和谐共生关系。人类自

由和人与自然的和谐相处是生态马克思主义者的理论目标和现实理想。

（二）西方生态马克思主义生态公正思想的内涵

生态马克思主义者用生态殖民主义概念来描述当代发达资本主义国家将生态危机转嫁给发展中国家以及对发展中国家进行生态掠夺的罪恶行径，从生态角度对资本主义社会和生态殖民主义展开制度维度上的批判。

第一，生态马克思主义者深刻批判了全球化进程中的生态殖民主义及其对国际生态公正的影响。生态殖民主义，指的是第二次世界大战以后，发达国家为了保护本国资源和环境而对发展中国家进行资源掠夺与破坏的一种新殖民主义形态。生态马克思主义者深刻揭示了生态殖民主义出现的深层原因，认为全球性的生态危机是资本主义生态殖民扩张的必然产物。全球化趋势加快了生态危机的转移和扩散，生态殖民主义在新的国际形势下愈演愈烈。作为新殖民主义形式的生态殖民主义的出现，原因在于资本主义为了维持经济的增长和资本的继续增殖，必须极力在自身之外寻找新的经济增长点，掠夺保障资本主义制度发展的生态资源，缓解资本主义国家面临的生产相对过剩和国内需求相对不足的矛盾。在佩珀看来，资本主义之所以要在空间上扩张并进入到社会、经济与文化生活的各个方面，是因为资本主义要以此来抵消它在运转过程中的内在矛盾，即社会化大生产与资本主义生产资料私有制之间的矛盾导致的周期性资本主义经济危机。资本主义之所以喜欢剥削新的土地和资源，是因为它们可以为利润的增长和生产力的迅速提高提供很大的支持。奥康纳认为，在 20 世纪 70 年代，世界资本主义进入了一个缓慢发展以及面临局部危机的时代，它不得不到别的地方寻找资源，重新建构额外的发展动力，同时对自身进行重组：通过国际性劳动分工领域，发达国家把本应承担的经济危机的代价转移到南部国家、被压迫的少数民族以及北部国家中的穷人那里。资本的积累得以继续主要是通过在总体上对南部国家和世界范围内的穷人欠下一笔生态债来完成的。[1]

第二，生态马克思主义者揭露了西方发达资本主义国家转嫁生态危机，转移国内生态矛盾，保护本国生态环境的非正义行径。佩珀认为，从全球的角度说，自由放任的资本主义正在产生诸如全球变暖、生物多样性减少、水

---

[1] 詹姆斯·奥康纳：《自然的理由：生态学马克思主义研究》，唐正东、臧佩洪译，南京大学出版社，2003，第 205 页。

资源短缺和造成严重污染的大量废弃物增加等不利后果。[1] 奥康纳认为，资本主义的不平衡和联合发展产生了严重的生态破坏后果。他从资源衰竭的角度考察了不平衡发展所产生的严重的生态后果。具体体现在土壤肥力的破坏和土壤的流失、森林的砍伐、对矿物燃料的快速开采、旱灾和干旱化、传统的土地耕作无法正常进行、农作物品种的改良无法进行，等等。[2] 联合的发展在这个基础上又增加了污染、有毒废弃物增加以及其他问题。由于资本主义制度本身已无法解决这些生态环境问题，它企图通过对广大发展中国家实施生态掠夺来缓和生态矛盾。发达资本主义国家利用自己占优势地位的经济、政治、科技等力量，通过让收益内在化和成本外在化，即借助全球化的趋势来推行其生态霸权，最后的结果往往是由第三世界的人民和子孙后代为资本主义的经济繁荣所带来的昂贵成本买单。福斯特则批判了内含于资本主义制度之中的另一种殖民主义形态——生态帝国主义，认为它的发展始终伴随着人们对把地球作为人类的居所这种情感的破坏。

第三，生态马克思主义者抨击了生态殖民主义导致的国际生态不公正给广大发展中国家带来的危害。生态马克思主义者对生态殖民主义的危害进行了深入剖析和抨击。福斯特认为，生态帝国主义只在几个世纪的发展进程中就制造出全球性的环境危机，并将地球生态置于危险可怕的境地。[3] 发达国家打着保护环境的旗号来实施生态殖民主义，从中获得了巨大利益，发展中国家则为此承受了巨大的代价和压力。生态殖民主义导致全球性生态环境不断恶化。它是造成发展中国家生态环境恶化的最主要根源。它给发展中国家带来了多方面的危害：发展中国家成为发达国家的原料仓库、垃圾处理厂以及转移严重污染工业的场所；发展中国家的自然资源被过度开发；生产者的安全和健康受到严重威胁；发展中国家贫富差距更加大；等等。奥康纳认为，最糟糕的人类和生态灾难通常发生在南部国家以及北部的那些"内陆殖民地"。生态恶化的人类牺牲品往往是那些乡村的穷人——那些只有很少土地以及根本没有土地的人，生态环境问题对他们来说是一件生死攸关的事

---

[1]　戴维·佩珀：《生态社会主义：从深生态学到社会正义》，刘颖译，山东大学出版社，2005，第2页。

[2]　詹姆斯·奥康纳：《自然的理由：生态学马克思主义研究》，唐正东、臧佩洪译，南京大学出版社，2003，第312页。

[3]　约翰·贝拉米·福斯特：《生态危机与资本主义》，耿建新、宋兴无译，上海译文出版社，2006，第56页。

情——以及城市中的失业者和就业不充分的人，再加上北部的那些受压迫的少数民族和穷人。[1] 资本主义的污染密集型产业严重威胁生产过程中生产者的安全和健康。严重污染的密集型产业，由于产生的污染更加严重，其无害化处理的技术要求更高，对环境的威胁更大。危险废物的转移也非常可怕。其中，电子废物是世界上增长最快的垃圾。这些垃圾中包含铅、汞、银、镉等有毒物质，会对环境造成严重污染。越境转移废物是一种肮脏行为，每年究竟有多少废物被转移到发展中国家，很难获得精确统计。[2]

第四，生态马克思主义者揭露了当代西方国家主导下的国际金融机构对发展中国家经济援助的虚伪性和剥削性。福斯特在《生态危机与资本主义》一书中严厉批判了世界银行首席经济学家劳伦斯·萨默斯在 1991 年 12 月 12 日给他的同事所递交的一份题为"让他们吃下污染"的备忘录。萨默斯列举了世界银行应该鼓励更多的污染企业迁往欠发达国家的三个理由：（1）衡量污染对健康损害的成本取决于从过去日益增长的发病率和死亡率所获的收益；（2）污染成本可能是非线性的，因为最初的污染增量可能只有很低的成本；（3）出于审美和健康的原因提出环境清洁的要求可能有很高的收入弹性。福斯特重新梳理了萨默斯的这三个理由，认为他不过是为世界资本的积累创造合适的条件。萨默斯将有毒废料倾倒在第三世界国家的主张，不过是号召将美国国内正在施行而在整个资本主义世界还未落实的政策和做法推广到全球范围而已。[3] 他所表现出的这种对待世界欠发达国家和环境的十分轻蔑的态度以及对世界欠发达国家公开表现出来的掠夺态度，反映出资产阶级经济学的本质特征。生态马克思主义者认为，长期以来，包括世界银行、开发银行、世界货币基金组织等在内的国际金融机构的经济援助给第三世界国家的人民及其后代带来了几大后果：一是第三世界国家的"原始"共产主义生产方式演变为资本主义生产方式，生产关系由原来的互惠型变成了竞争型，这无疑扩大了国际资本主义的力量；二是发展中国家从这些金融机构的援助项目中得到的大部分"好处"被国内少数精英所得，而无产阶级不得不承担那些不断增长的都市化、工业化及其所带来的环境污染等不利后果，这

---

[1] 詹姆斯·奥康纳：《自然的理由：生态学马克思主义研究》，唐正东、臧佩洪译，南京大学出版社，2003，第 205 页。

[2] 苏孝宝、乔震：《警惕生态殖民主义》，《中学地理教学参考》2002 年第 2 期。

[3] 约翰·贝拉米·福斯特：《生态危机与资本主义》，耿建新、宋兴无译，上海译文出版社，2006，第 156 页。

加剧了发展中国家已存在的阶级的"生态不平衡";三是这些援助项目多数是为了短期经济目的,而且是高污染的,这些代价被转嫁到下一代身上;四是发展中国家的本土文化的多样性被消费主义价值观念和美国文化垃圾所取代。[1] 福斯特对发达国家向不发达国家实施生态殖民主义的行径进行了深刻的揭露和批判。"发达国家每年都在向第三世界运送数百万吨的废料。如1987年,产自费城的富含二氧化苯的工业废渣倒在了几内亚和海地。1988年,4 000吨来自意大利的含聚氧联二苯的化学废料在尼日利亚被发现。""这样的生态帝国主义只在几个世纪的发展进程中就制造出全球性的环境危机,并将地球生态置于危险可怕的境地。"[2]

第五,生态马克思主义者提出了解决全球性生态危机,实现国际生态公正的路径选择。一是进行社会变革和生态革命是构建人与自然和谐之路。对于生态革命,福斯特强调现有的生态运动应与社会正义联系起来,也即保护环境应与反对社会的不公正联系起来,因为生态与社会公正是不可分割的,生态发展也是环境公正的问题,为创建更加绿色的世界而进行的斗争也必然与消除社会不公的斗争联系在一起。[3] 二是维护全球生态公正需要破除不合理的国际政治经济旧秩序。人类的未来取决于我们的社会运动和环境运动的性质,最终取决于我们重塑历史,彻底改革我们的社会生产关系以及生态环境关系的意愿。[4] 福斯特认为人类与地球从根本上建立一种可持续性关系并非遥不可及,出路在于用新的生产关系,也就是社会主义的生产关系替代资本主义的生产关系,走生态社会主义的道路。在他看来,社会主义作为一种积极的替代资本主义的社会制度,能够在协调人与自然的和谐中发挥关键作用。在社会主义制度的框架内,我们能优先考虑生态可持续发展的要求和满足人们的真正需要,而不会把谋求资本的增殖放在首位,沿着社会主义方向改造社会生产关系,这种社会的支配力量不是追逐利润而是满足人民的真正

---

[1] 王云霞、杨小华:《福斯特的资本主义生态批判及其启示》,《安徽大学学报(哲学社会科学版)》2010年第1期。

[2] 约翰·贝拉米·福斯特:《生态危机与资本主义》,耿建兴、宋兴无译,上海译文出版社,2006,第56-57页。

[3] 约翰·贝拉米·福斯特:《生态危机与资本主义》,耿建兴、宋兴无译,上海译文出版社,2006,第75页。

[4] J. B. Foster, *The Vulnerable Planet*: A Short Ecanomic History of the Environment (New York: Monthly Review Press, 1999), p. 14.

需要和社会生态可持续发展的要求。[1]

（三）西方生态马克思主义生态公正思想的当代价值

生态马克思主义作为西方绿色环境运动中的一个重要流派，对当代国际生态不公正根源的追寻和解决路径的探讨，以及对环境公正与社会主义关系的思考，为我们探讨当代中国生态公正问题，加快生态文明建设提供了有益的借鉴和启示。

第一，生态马克思主义者对西方生态殖民主义的批评，有助于我国认清西方生态殖民主义的本质，增强公民的生态风险意识。在当代全球化背景下，与传统殖民主义通过炮舰等武力手段对其他国家和民族开展赤裸裸的殖民剥削和掠夺不同，西方生态殖民主义和生态帝国主义主要凭借其雄厚的经济实力、技术优势和牢牢掌握的国际游戏规则及其话语权，通过资本和技术的全球化对广大发展中国家进行生态殖民掠夺，对广大发展中国家的生态安全构成严峻挑战和重大威胁。当下生态帝国主义已演绎为"软控制"阶段，是资本积累集约化程度高企的产物，是中心国家与外围国家直接在生态层面而间接在经济层面进行拉锯式竞争的产物。[2]中国作为最大的发展中国家和环境大国，在努力解决本国环境问题的同时，主动适应世界发展趋势，认真履行国际环境公约，积极开展环境外交和国际环境合作，扩大了国际影响，在国际环境发展领域发挥了建设性作用，为全球环境保护事业做出了应有贡献，树立了良好的国际形象。但是，在全面深化改革，加强全球生态治理合作过程中，我国绝不承诺与我国发展水平不相适应的义务，坚决反对任何国家以保护环境为由干涉我国内政，自觉维护国家生态主权和生态安全。

第二，生态马克思主义者关于生态殖民主义的许多合理的、有价值的思想理论观点和解决之道，对我国推进生态文明建设，促进和谐社会发展，从而解决生态危机，实现生态公正提供了有益的启示和借鉴。一是生态马克思主义者从资本主义制度视角深入剖析了导致资本主义社会生态不公正的制度根源，提出了实现生态公正的制度创新和变革路径。这启示我们应该从制度层面去反思和分析我国生态不公正的深层次原因，在生态文明建设中不断完

---

[1] 约翰·贝拉米·福斯特：《生态危机与资本主义》，耿建兴、宋兴无译，上海译文出版社，2006，第96页。

[2] 刘顺：《资本全球化与国家生态安全》，《现代经济探讨》2017年第2期。

善并创新社会主义的体制机制。二是生态马克思主义者将资本主义社会解决生态公正问题的希望寄托在生态社会主义上的主张启示我们建设生态文明，推进生态公正，促进社会和谐是我们社会主义制度的本质要求。我们要充分发挥社会主义制度优势，加快推进生态文明建设。三是生态马克思主义者关于生态公正与社会公正的辩证关系认识启示我们要深刻认识生态公正的重要性并把它纳入社会公正的视野中综合解决。

在全球化态势下，环境污染与生态危机早已超越一国界限而具有了全球性。世界各国应该携起手来，加强国际生态合作治理，共同应对全球性生态危机。加入世界贸易组织以来，中国越来越深刻地融入国际社会。当代中国生态文明建设不可避免地要受到国际环境的影响和制约。一方面，我们要与西方生态殖民主义开展斗争，在国际层面要与广大发展中国家携手捍卫自身的生态权益，既要与发达国家进行有理有利有节的斗争协商，共同应对全球气候危机，也要推动发达国家以各种形式的环境与发展援助偿还生态欠债，推动建立公正合理的国际政治经济环境新秩序。另一方面，我国的生态治理也离不开国际社会的支持与合作。我国要提高生态治理水平，实现生态公正，就必须参与全球生态合作治理，在"与狼共舞"中学会成长，增强竞争力。

诚然，西方生态马克思主义者对资本主义制度和资本的批判，以及对当今国际社会存在的生态殖民主义本质、危害及其根源的剖析，同其他资产阶级哲学流派比较而言有其积极的进步意义，对马克思主义生态文明思想的进一步阐发做出了一定的贡献。但同时我们也应当看到，西方生态马克思主义者提出的解决全球性生态危机的一些思路和方法，仍然建立在不触动整个资本主义制度和资产阶级利益的基础上，通过牺牲发展中国家的发展机遇和发展条件来实现。这实际上在生态权益的公正性方面又制造了发达国家与发展中国家之间生存发展权利的新的不公正。

三、中国传统文化中的生态公正思想

中华文明历史悠久，博大精深，源远流长。中国传统文化中蕴含着极为丰富的生态伦理思想，是研究当代中国生态公正问题的重要思想资源。正如习近平总书记指出的，中华文明积淀了丰富的生态智慧。中华传统文明的滋

养，为当代中国开启了尊重自然、面向未来的智慧之门。[1] 中华民族在几千年认识自然、改造自然的生产实践中凝聚形成的丰富而独特的生态公正思想，为我们正确认识和处理人与自然的关系问题提供了宝贵的思想财富，对当代中国推进社会主义生态文明建设、实现生态公正具有重要的启发和借鉴作用。

（一）中国传统文化中生态公正思想的主要理论流派

1. "天人合一"：和谐共生的整体自然观

"天人合一"是儒家生态伦理思想的核心观点之一。"天"在儒家生态伦理哲学思想体系中是一个博大精深、内涵丰富的概念，具有独特的价值，其核心在于人类赖以生存的物质基础——自然界。因此，"天"成为儒家考察人与自然关系的一个重要尺度。"天人合一"的生态思想蕴含了朴素的辩证唯物主义方法论，强调了人类应顺应自然，因地制宜，与自然协调一致、和谐共处的生态公正思想。孟子把天与人性相联系，他说："尽其心者，知其性也，知其性，则知天矣。"[2] 认为天性与人性是一致的，从人性中即可知晓天性。汉代的董仲舒将天人关系概括为："以类合之，天人一也。"[3] 即以类来划分，天和人为一类。天与人是同类，根据同类相感的原理，天与人可以产生双向的精神感应。至宋代，"天人合一"思想已成为社会主流文化思潮，几乎为各派的思想家所接受。北宋程颢、程颐认为："天人本无二，不必言合。"[4] 意思是，天、人本来就是均由天地所生，由气构成，气的本性即人与万物之本性，肯定了人是自然界的一部分。他还认为，性和天是相通的，道德原则与自然规律相一致，故"天人合一"成为人类追求的最高理想境界。北宋程朱理学关于人与自然辩证关系的观点，具有朴素的辩证唯物主义思想的成分，对当代中国认识和解决生态公正问题提供了有益的启示。

从历代思想家关于天人关系的阐述可以看出，剔除其将天作为人格化的所谓"神"的意蕴，天人合一思想强调人作为自然界的一部分同自然界是不可分割的整体，两者之间相互联系和相互依赖；主张人必须要遵循自然规

---

[1] 中共中央宣传部编《习近平总书记系列重要讲话读本》，人民出版社，2016，第232页。
[2] 孟子：《孟子·四书五经》，中国友谊出版公司，1993，第70页。
[3] 董仲舒：《春秋繁露》（儒家经典），团结出版社，1997，第1180页。
[4] 朱熹：《二程遗书》卷6，上海古籍出版社，2000，第80页。

律，人的行为需要与自然协调一致，充分彰显了中国古代思想家在对人与自然关系问题的认识上已经达到了一定的高度，体现了古代哲人深邃的生态智慧。

2. "道法自然"：万物公平的生态公正观

以老子和庄子为代表的道家思想也强调人与自然的统一。老庄哲学独创了一个"道"的哲学概念，作为观照人与自然关系的立论支点。"道法自然"是老子生态伦理思想的指导性原则，他说："故道大，天大，地大，人亦大。域中有四大，而人居其一焉。人法地，地法天，天法道，道法自然。"[1] "道"最重要的是作为天地万物发生的根源和基础的本体意义。以"道"为基础，天、地、人构成一个统一的整体。庄子进一步认为，天与人均由气构成，人为自然之一部分，故天与人是统一的，"天地与我并生，而万物与我为一"[2]。

道家从"道"普遍流行的角度论证万物的平等性，认为万物与人类一样都是为道所化生，因而它们与人类具有相同的价值尊严，双方并无贵贱高下之分，即所谓"以道观之，物无贵贱"[3]，主张不能只尊重人类的生命，而忽视万物的生命，要承认万物具有存在的价值。

3. "俭而有度"：维护生态平衡的绿色消费观

在中国古代传统文化中，诸子百家对人类的消费方式也有许多深刻的认识，形成了提倡节俭而反对奢侈浪费的生态伦理思想。墨子是我国古代较早系统阐述消费"节用"观的思想家。他从人类消费方式的视角认识人与自然的关系，阐释人类应该善待自然，维护生态平衡，主张尊重民力，珍惜民财，开发和利用自然资源应坚持适度原则。尤为难能可贵的是，针对封建社会新兴地主阶级生活穷奢极欲，导致社会物资和自然资源消耗无度的社会问题，墨子"俭而有度"的节用观直接指向统治阶级上层，体现了朴素的民主意识和民本思想。在两千多年前，墨子以朴素的唯物主义眼光认识到了资源的有限性和人类消费欲望的无限性之间不可调和的矛盾，揭示了由于经济基础的不公平性，不同阶级在自然资源的消费利用上的不公正性问题。这对于当代中国推进生态文明建设，实现生态公正的价值诉求具有重要的启示和借

[1]　陈鼓应：《老子今注今译》，商务印书馆，2016，第 169 页。
[2]　陈鼓应：《老子今注今译》，商务印书馆，2016，第 75 页。
[3]　张耿光：《庄子全译》，贵州人民出版社，1991，第 33 页。

鉴意义。墨家的固本节用观，提倡简单的生活方式，节制人类的欲望，避免对自然造成过度负担，为建设资源节约型和环境友好型社会提供了诸多启示。

总之，中国古代思想家强调人与自然和谐统一的整体哲学思维，推崇万物与人具有平等性的道德理念，为我国传统生态公正思想的产生奠定了坚实的理论基础。从这些宝贵的传统生态文化资源中汲取合理的成分，进行现代转化，必将为推动当代中国生态文明建设及生态公正问题的研究与解决提供有益的借鉴和启示。

（二）中国传统文化中生态公正思想的主要内容

在农业文明时代，中国古人深谙自然之道，懂得人与自然是一个浑然一体、休戚与共的命运共同体。中国古代思想家立足现实社会，对人类生活与自然环境之间的依赖关系给予了较为深切的关注。他们针对当时所存在的环境问题，提出了正确处理人与自然关系的生态伦理观，形成了诸多颇有现实价值的生态公正思想。

第一，顺应天时，遵循自然发展规律，禁止滥砍滥伐及过度捕猎。古人充分认识到自然界的林木、鸟兽等动植物对于人类生产发展的重要生态价值，反对滥砍滥伐，对采伐林木提出了严格的时间规定。管子说："山林虽广，草木虽美，禁发必有时。"[1] 禁止砍伐林木的时间主要是春夏两季林木发芽、生长的阶段。管子说："当春三月……毋伐木，毋夭英，毋拊竿，所以息百长也。"[2] 荀子更明确地指出："草木荣华滋硕之时，则斧斤不入山林，不夭其生，不绝其长也。"[3] 在春夏两季林木生长阶段严禁入山伐木，只有这样，才能保证林木的顺利成长。

古人对捕猎动物也有一定的时间限制。《逸周书·文传解》中说："川泽非时不入网罟，以成鱼鳖之长。"荀子说："污池、渊沼、川泽，谨其时禁，故鱼鳖优多而百姓有余用也。"[4] 禁止捕猎动物的时间主要是在动物怀孕与产卵期间。管子说："当春三月……毋杀畜生，毋拊卵。"[5] 这些无不体现了

---

[1] 赵守正：《管子译注》，广西人民出版社，1987，第 261 页。
[2] 赵守正：《管子译注》，广西人民出版社，1987，第 1017 页。
[3] 安小兰：《荀子译注》，中华书局，2007，第 92 页。
[4] 安小兰：《荀子译注》，中华书局，2007，第 92 页。
[5] 赵守正：《管子译注》，广西人民出版社，1987，第 1017 页。

古代儒道思想家尊重生命、仁爱万物的道德理念。儒家主张"仁者爱人"，以仁爱思想对待自然，通过家庭和社会把伦理道德原则扩展到自然万物，把人们关爱生态环境的情怀上升到道德要求的最高层次。

第二，基于人道，尊重生物繁衍生息的基本权利，反对杀鸡取卵、竭泽而渔式的对自然生态的掠夺性开发和利用。古人对采伐对象有着严格的限制。《国语·鲁语》指出："山不槎蘖，泽不伐夭。"《大戴礼记·卫将军文子》说："方长不折。"这些都是说，对于正在生长的幼苗予以保护，禁止加以砍伐。古人还提出不捕幼兽、不杀胎、不毁卵、不覆巢的要求。《礼记·王制》有"不麑，不卵，不杀胎，不夭夭，不覆巢"的记载。杀胎、斩幼会导致走兽物种灭绝，毁卵、覆巢则会灭绝飞禽物种，破坏生态平衡。

在捕猎动物的方式上，古人提出不能采取灭绝动物物种的工具。孔子主张："钓而不纲，弋不射宿。"也就是不用大网捕鱼，不射归巢之鸟。这既尊重了生物的规律——不竭泽而渔，又包含了仁爱之心——保护老幼，以便给动物留下一条生路，不能斩尽杀绝。这说明，古人已认识到只有使动物维持一定的数量，它们才能不断地得以繁衍生息，如此，人们才能够永续地利用这些动物资源。

第三，建章立制，严格保护生态环境，促进自然生态休养生息，实现人与自然共存共荣。古人把生态资源的管理和保护纳入国家治理，成为政治体制的一个重要组成部分。"王者之法：等赋，政事，财万物，所以养万民也。田野什一，关市几而不征，山林泽梁，以时禁发而不税。相地而衰政，理道之远近而致贡，通流财物粟米，无有滞留，使相归移也。"[1] 为了实现对自然资源的有效管理，政府设立专职的管理部门。早在周代时我国已建立了生态资源的管理部门。中央政府中设有冢宰和大司徒，制定森林管理的政策和法令即为他们的职责之一，其下设有虞、衡等官吏，具体负责森林的日常管理。

为了对生态资源实行有效的保护，古人主张制定相应的保护法规。西周时已有了较为严厉的生态保护法令，如《伐崇令》有这样的规定："勿伐树木，勿动六畜，有不如令者，死无赦。"[2] 即要求军队在作战中不准砍伐树木，禁止伤害六畜，如有违反者将处以死刑。管仲主张用立法的形式来保护

---

[1] 安小兰：《荀子译注》，中华书局，2007，第86页。
[2] 安小兰：《荀子译注》，中华书局，2007，第378页。

生物资源，他说："修火宪，敬山泽林数积草夫财之所出，以时禁发焉，使民于宫室之用，薪蒸之所积，虞师之事也。"[1]认为要制定预防火灾的法令，切实地把山林草木管理起来，对其进行封禁与开发必须要有时间上的规定。他还认为，对于国家制定的法令每个人都应该严格执行，凡违法者要予以严惩。

（三）中国传统文化中生态公正思想的当代价值

改革开放以来，我国经济社会步入了快速发展的轨道，取得了举世瞩目的成就。但长期以来传统粗放型发展模式也造成了资源的极大浪费和环境的日益恶化。为了实现经济社会的可持续发展，我们党大力推进生态文明建设，缓和生态矛盾，努力实现人与自然和谐统一，维护社会公平正义。面对日益严峻的生态困境，传统文化中的生态公正思想给我们提供了十分有益的启迪。

首先，要顺应自然规律，树立人与自然和谐共处的生态命运共同体理念。如果我们一味地向自然索取，仅把自然看作满足人类欲望的工具，而不能以平等的态度来对待自然，生态危机便不可避免。传统"天人合一"的生态思想强调自然界是一个有机的整体，人与万物都有其存在的合理性。人与万物只有相互制约、相互依存，才能共同发展。对于这种万物和谐的生态观，西方的一些生态学者予以高度赞扬："在对自然的控制方面，我们欧洲人远远跑在中国人的前头，但生命作为自然意识的一部分，它在中国找到了最高的表现。然而，无论作为自然的统治者还是自然的臣民，我们毕竟是自然的一部分，这种基本的综合是不变的，中国人是完全意识到这种综合的，而我们都没有，在这种意义上他们比我们站得更高远些。"[2]我们只有意识到人是自然界的一个有机组成部分，人与自然构成一个统一的整体，人与自然的关系是一种平等的关系，由对自然的征服变为尊重自然，由对自然的索取转为爱护自然，与自然和谐相处，才能为人类永续发展找到一条康庄大道。只有如此，人类文明才具有绿色的希望。"我们只有更加重视生态环境这一生产力的要素，更加尊重自然生态的发展规律，保护和利用好生态环

---

[1] 赵守正：《管子译注》，广西人民出版社，1987，第73页。
[2] 柳卸林：《世界名人论中国文化》，湖北人民出版社，1991，第308-309页。

境，才能更好地发展生产力，在高层次上实现人与自然的和谐。"[1]

其次，要固本节用，崇尚节俭，反对奢靡浪费，牢固树立绿色生态消费观。长期以来，为了经济的快速增长，我们过度开垦土地，过度开采矿藏和地下水源，无限制地乱伐森林，过度捕猎动物，使环境资源遭到了极大的破坏，水土流失、土地沙化、生物多样性减少情况严重。人们在享受现代生活的同时面临着疾病和死亡的威胁。中国传统生态公正思想倡导一种对物质享受的节制，崇尚勤俭节约，反对奢靡浪费，值得我们借鉴。

最后，要采取多种措施来保护生态资源，特别是要建立健全的环境保护法律制度。中国历朝历代对生态资源的保护，都采取了一些有效的措施，均有生态保护的相关律令，这些做法值得我们借鉴。建设生态文明社会，是全体国民的事情。国家要利用各种媒体，大力宣传环境保护知识，普及生态知识，增强公众自觉保护生态环境的意识。正如习近平总书记指出的，只有实行最严格的制度、最严密的法治，才能为生态文明建设提供可靠保障。最重要的是要完善经济社会发展考核评价体系，把资源消耗、环境损害、生态效益等体现生态文明建设状况的指标纳入经济社会发展评价体系，使之成为推进生态文明建设的重要导向和约束。要建立责任追究制度，对那些不顾生态环境盲目决策、造成严重后果的人，必须追究其责任，而且应该终身追究。[2]

诚然，以"天人合一""道法自然"等为代表的儒家和道家生态思想产生于农耕文明时代，其中包涵了中国传统哲学中根深蒂固的封建伦理道德意识和某种模糊的、神秘的主观唯心主义色彩。这些因素需要我们在理论研究与生态文明实践中加以辨别和扬弃。我们要进行辩证的分析，批判地继承和吸纳，以丰富我国生态文明建设的思想资源，从传统生态文化中汲取解决当代中国生态公正问题的伦理智慧。

---

[1]　中共中央宣传部编《习近平总书记系列重要讲话读本》，人民出版社，2014，第 125 页。
[2]　习近平：《习近平谈治国理政》，外文出版社，2014，第 210 页。

第四章
当代中国推进生态公正的历程与挑战

公平正义是中国特色社会主义建设的价值遵循和实践目标。中华人民共和国成立以来，我们党为了提高人民生活水平，改善人民生存发展条件，进行了艰苦卓绝的利用自然和改造自然的社会主义建设，同时开启了保障人民生态权益、探索实现社会主义生态公正的生态文明建设进程。改革开放以来，随着党对人类社会发展规律、社会主义建设规律和共产党执政规律的认识和把握不断深入，我们党坚持经济、政治、文化、社会和生态"五位一体"的整体公正理念，不断推进中国特色社会主义的整体文明建设。中共十八大以来，我们党对生态环境和人民生态权益的保护日益重视，在科学把握人与自然和谐共生的发展规律基础上，形成了生态文明的科学理念、原则和目标，在持续推动我国社会主义生态文明建设进程中，为实现和维护生态公正的价值目标打下了坚实基础。在生态文明建设进程中，人们在思想意识、经济基础、社会地位、生活方式、生产条件、资源禀赋等方面的差异性导致了一些影响人民生态权益的不公正问题，我国保障人民群众生态权益、实现和维护生态公正仍然面临着诸多挑战。在新时代，在习近平生态文明思想的指引下，我国生态文明建设不断取得新的成就，为解决生态公正问题，建设美丽中国奠定了基础。

第一节　当代中国推进生态公正的基本历程与成就

一、社会主义建设初期，党推进生态公正的探索阶段

中华人民共和国成立初期，我国一穷二白，百废待兴。受长期战乱的影响，社会生产力和资源环境遭受严重破坏，人民群众生活水平亟待提高。摆在党和政府面前的首要任务是加快恢复和发展经济，让人民群众过上好日子。以毛泽东为主要代表的中国共产党人在旧中国留下来的千疮百孔的"烂摊子"上，发展生产，恢复国民经济。同时，党和政府相继提出并采取了一系列有益于环境保护的重要措施，开展了对生态建设的奋力探索。

（一）坚持农、林、牧业并举，促进人与自然的良性循环

中华人民共和国成立后，毛泽东高度重视农业发展，提出了农、林、牧

业并举的发展理念。在社会主义改造时期，为了尽快从落后的农业国转变成为发达的工业化国家，我们党确立了优先发展重工业的方针，使得工业发展高潮兴起，农业发展受到很大影响。毛泽东多次强调农业发展的重要性，提出了农业是国民经济的基础，而粮食是基础中的基础等著名论断。1962 年，在中共八届十中全会上，毛泽东提出贯彻执行以农业为基础、以工业为主导的发展国民经济的总方针[1]，并强调当时的首要任务是把发展农业放在首要地位，正确地处理工业和农业的关系，坚决地把工业部门的工作转移到以农业为基础的轨道上来[2]。为推动农业事业的长足发展，毛泽东对农业机械化给予了高度关注。在长期调研并深入思考的基础上，毛泽东总结概括出农作物八项增产措施，即著名的"八字宪法"：土（深耕，改良土壤）、肥（增加肥料和合理施肥）、水（兴修水利和合理用水）、种（培育和推广良种）、密（合理密植）、保（防治病虫害）、管（田间管理）、工（工具改革）。"土、肥、水、种、密、保、管、工"[3] 的"八字宪法"与机械化相结合的方针为我国农业发展提出了明确的方向。

在林业方面，国家高度重视林业发展。1949 年制定的《中国人民政治协商会议共同纲领》明确提出了保护森林、有计划大力发展林业的基本政策。1955 年，在扩大的中共七届六中全会上，毛泽东强调了绿化祖国的重要性，他指出，南北各地在多少年以内，我们能够看到绿化就好。这件事情对农业，对工业，对各方面都有利。[4] 1955 年 12 月，毛泽东起草的《征询对农业十七条的意见》再次强调，在十二年内，基本上消灭荒地荒山，在一切宅旁、村旁、路旁、水旁，以及荒地上荒山上，即在一切可能的地方，均要按规格种起树来，实行绿化。[5] 1956 年 4 月编制的《关于全国十二年绿化规划初步意见》提出从 1956 年到 1967 年，对全国一切道路、河岸、城市和村庄进行绿化，并发出了广泛开展群众性植树造林运动的号召。[6] 1963 年，我国第一部相对完整的森林资源保护法规——《森林保护条例》发布施行，有力保护了森林资源，促进了林业发展。在中国共产党的领导和全国人民的

---

[1]　中共中央文献研究室编《建国以来重要文献选编》第 15 册，中央文献出版社，1997，第 654 页。
[2]　中共中央文献研究室编《建国以来重要文献选编》第 15 册，中央文献出版社，1997，第 654 页。
[3]　中共中央文献研究室编《建国以来重要文献选编》第 13 册，中央文献出版社，1996，第 174 页。
[4]　中共中央文献研究室编《毛泽东文集》第 6 卷，人民出版社，1999，第 475 页。
[5]　中共中央文献研究室编《毛泽东文集》第 6 卷，人民出版社，1999，第 475 页。
[6]　刘琨：《绿化祖国实行大地园林化》，《中国绿色时报》1993 年 12 月 24 日。

支持下，我国的绿化率持续上升。

（二）重视治理水土，保护自然环境，改善农村生产生活环境

水利建设对于农村和农业生产发展具有重要作用。在中华人民共和国成立初期，我国水利基础薄弱，旱涝灾害频发，造成了巨大的人员伤亡和严重的财产损失。国家高度重视水利事业发展，从全局出发，坚持治水与改土的辩证统一，提出了兴修水利、保持水土的口号，从流域治理、改良土壤入手，狠抓水土保持工作。各级政府总结历史上治理黄河、淮河的经验与教训，领导和发动人民群众开展了轰轰烈烈的大江大河治理工程。经过多年不懈努力，我国的治水工程取得重大成就，人民群众的生存和发展条件得以改善，为推进农村生态公正奠定了自然生态基础。

（三）倡导勤俭节约，强调资源综合利用，倡导社会生产和消费的合理性

勤俭节约是中华民族的传统美德。1956 年，社会主义改造基本完成后，国民经济发生了根本转变，但也出现了物资供应紧张的局面。1957 年 2 月，《中共中央关于印发一九五七年开展增产节约运动的指示的通知》对如何开展增产节约运动进行了具体部署。在党中央的号召和领导下，全国各条战线、各个领域的增产节约运动轰轰烈烈地开展，并持续多年，尤其是与技术革新运动结合后，提高了生产效率，对国民经济的发展和人民生活的改善起到了重要作用。资源的综合利用是保证国民经济持续发展的重要举措。在中华人民共和国成立初期，我们党在大力倡导勤俭节约的同时，注重经济效益与生态效益的统一，提高资源利用效率，优化资源配置。1973 年，我国第一次全国环境保护会议召开，将"综合利用、化害为利"写入我国第一个环境保护文件《关于保护和改善环境的若干规定》的 32 字环境保护方针中。1977年，国务院发布了《关于治理工业"三废"开展综合利用的几项规定》，标志着我国以"三废"治理和综合利用为特征的生态文明建设探索进入新阶段。

二、改革开放以来，党推进生态公正的发展阶段

1978 年 12 月，中共十一届三中全会的胜利召开，揭开了我国波澜壮阔

的改革开放的序幕，同时开启了我国工业化、城市化和现代化的新进程。进入 20 世纪 90 年代，随着经济全球化进程的加速，在经济高速增长中，我国人口、资源、环境压力日益凸显。在中国特色社会主义市场经济快速发展的背景下，我国确立了可持续发展战略，适时提出了科学发展观，生态公正建设迈向了更深入的发展时期。

（一）以法治建设推动生态公正

1972 年 6 月，联合国人类环境会议召开。会议通过专门的决议，呼吁各国政府和人民为改善人类环境而努力。随后，西方发达国家纷纷制定环境保护基本法，明确规定环境保护的相关内容。随着我国经济建设的快速发展，人口、资源、环境之间的矛盾也日益凸显。我国逐渐认识到生态法治建设的重要性和迫切性。1978 年 3 月，环境保护被写入新修订的《中华人民共和国宪法》："国家保护环境和自然资源，防治污染和其他公害。"这不仅为我国的环境保护和生态文明建设奠定了法治基础，而且为保障人民生态权益、推进生态公正奠定了宪法基础。1979 年 9 月，中华人民共和国第一部综合性的环境保护基本法《中华人民共和国环境保护法（试行）》颁布实施，结束了我国生态文明建设领域无法可依的历史，标志着环境保护步入依法管理的轨道，也推动了单行环境法律法规的创制。以此为起点，《中华人民共和国森林法（试行）》（1979 年）、《中华人民共和国海洋环境保护法》（1982 年）、《中华人民共和国水污染防治法》（1984 年）、《中华人民共和国草原法》（1985 年）、《中华人民共和国土地管理法》（1986 年）、《中华人民共和国大气污染防治法》（1987 年）、《中华人民共和国水法》（1988 年）等多部生态环境领域的法律相继颁布实施。1989 年，第七届全国人大常委会第十一次会议通过了新修订的《中华人民共和国环境保护法》，确立了环境保护与经济社会发展相协调的原则，为我国推进生态文明建设提供了法治保障。这一时期，生态环境保护相关机构先后建立并不断发展。1982 年，环境保护局成立，归属当时的城乡建设环境保护部。1984 年 12 月，相对独立的国家环境保护局成立，仍归城乡建设环境保护部领导。1988 年 7 月，国家环境保护局脱离归属部委，标志着我国环境管理机构作为国家一个独立的部门开始运行。

（二）以可持续发展战略保障生态公正

20 世纪 90 年代，随着我国工业化进程加速，一部分地区粗放型增长模式引发了耕地缩减、环境污染、生态破坏等一系列生态环境问题，一些江河湖泊甚至出现了"50 年代淘米洗菜、60 年代浇地灌溉、70 年代水质变坏、80 年代鱼虾绝代、90 年代人畜受害"的严重状况。经济发展与人口、资源、环境之间的矛盾是世界各国发展时都会面临的问题。作为一个负责任的社会主义大国，我国积极履行在里约会议上对国际社会的庄重承诺，于 1994 年 3 月 25 日通过了世界上第一个国家级可持续发展战略——《中国 21 世纪议程》。继中共十五大确立可持续发展的战略地位之后，中共十六大将可持续发展作为全面建设小康社会的目标之一。在这个过程中，我们党对可持续发展的含义进行了创造性的阐释：坚持实施可持续发展战略，正确处理经济发展同人口、资源、环境的关系，改善生态环境和美化生活环境，改善公共设施和社会福利设施，努力开创生产发展、生活富裕和生态良好的文明发展道路。这一阐述超越了单纯从代际公平角度定义可持续发展的局限，引入了文明的考量。实施可持续发展战略以来，我国取得了重大成就。2003 年的《政府工作报告》做出了这样的总结：5 年全国环境保护和生态建设投入 5 800 亿元，是 1950 年到 1997 年投入总和的 1.7 倍。在贯彻和落实可持续发展战略的基础上，生态文明呼之欲出。

（三）以科学发展观维护人民生态权益公正

进入 21 世纪，随着我国加入世界贸易组织，我国经济迅猛发展，资源能源消耗也迅速增长，主要污染物排放总量增加。面对日趋严峻的资源环境问题，我国政府科学决策，从新阶段经济社会发展的实际出发，在中共十六届三中全会上明确提出"树立和落实全面发展、协调发展和可持续发展的科学发展观"，强调不能简单地把经济发展等同于数量的增长，要着力提高经济增长的质量和效益，实现经济发展与人口、资源、环境相协调。2005 年 10 月，中共十六届五中全会做出了用科学发展观统领经济社会发展全局的重大部署，把贯彻落实科学发展观提到了实现全面建设小康社会宏伟目标的高度。2006 年，《中华人民共和国国民经济和社会发展第十一个五年规划纲要》以科学发展观为指导，明确了多个与环境保护和生态建设相关的约束性指标，将耕地保有量、单位 GDP 能耗下降比例和主要污染物排放总量作为各省、自治区、直辖市目标责任考核的指标，明确建立健全责任追究制度和环境监管体制，将环境保护和生态建设放到了前所未有的重要位置。在党中央的综合决策下，"十一五"期间，我国环境基础设施建设驶入"快车道"，主要污染物减排预定任务超额完成，以生态环境保护优化经济社会发展的作用逐步显现。由此，从中央到地方总量控制、定量考核、严格问责的生态环境行政执法监督体系逐渐形成。在这一阶段，我国先后修订并相继出台了一系列污染防治和环境保护的法律法规，生态补偿、排污权交易、绿色信贷等环境经济政策试点启动。历时多年策划、起草，我国第一部应对气候变化的全面政策性文件《中国应对气候变化国家方案》正式出台，彰显了中国作为一个负责任的发展中国家应对全球气候变化挑战的大国担当。

三、进入新时代以来，党推进生态公正的深化阶段

中共十八大以来，面对我国社会主要矛盾的变化，我们党在带领中国人民走向社会主义生态文明新时代的过程中，不断推动生态文明理论创新、实践创新和制度创新，并取得了一系列重大成果。在理论上，我们党提出了绿色化、绿色发展、坚持人与自然和谐共生、社会主义生态文明观等科学理念，最终形成了习近平生态文明思想。在实践上，我国全面节约资源有效推进，防治大气污染、水污染、土壤污染的专项行动深入实施，生态系统保护和修复重大工程进展顺利，核与辐射安全得到有效保障，生态文明建设成效显著，美丽中国建设迈出重要步伐，我国已经成为全球生态文明建设的重要参与者、贡献者、引领者。在制度上，我国颁布了《中共中央国务院关于加快推进生态文明建设的意见》《生态文明体制改革总体方案》《中共中央国务院关于全面加强生态环境保护 坚决打好污染防治攻坚战的意见》《全国人民代表大会常务委员会关于全面加强生态环境保护 依法推动打好污染防治攻坚战的决议》等一系列顶层设计文件，推动建立起生态文明制度的"四梁八柱"。在习近平生态文明思想的指导下，我国生态文明建设取得了重大进展，推进并实现社会主义生态公正价值目标的经济、政治、文化、社会基础更加牢固。

（一）坚持生态环境与民生福祉的有机统一

第一，良好的生态环境是人民生存和健康发展的前提和基础。中共十八大以来，以习近平同志为核心的党中央十分关心环境污染和破坏对人民身体

健康和生命安全带来的危害。在 2016 年召开的全国卫生与健康大会上，习近平总书记深入阐释了良好的生态环境与人民健康的辩证关系。他指出，良好的生态环境是人类生存与健康的基础。经过三十多年快速发展，我国经济建设取得了历史性成就，同时也积累了不少生态环境问题，其中不少环境问题影响甚至严重影响群众健康。老百姓长期呼吸污浊的空气、吃带有污染物的农产品、喝不干净的水，怎么会有健康的体魄？绿水青山不仅是金山银山，也是人民群众健康的重要保障。[1] 人民群众生活质量的提高，生命健康的保障都与良好的自然环境密不可分。因此，党和政府要以对人民健康高度负责任的态度，下大力气切实解决影响人民群众健康的突出环境问题。这是生态民生的最突出表现之一。2016 年 5 月，在省部级主要领导干部学习贯彻中共十八届五中全会精神专题研讨班上，习近平总书记再次全面深入阐述了生态环境与人类生命健康的密切关系。他指出，各级领导干部对保护生态环境务必坚定信念，坚决摒弃损害甚至破坏生态环境的发展模式和做法，决不能再以牺牲生态环境为代价换取一时一地的经济增长。要坚定推进绿色发展，推动自然资本大量增殖，让良好生态环境成为人民生活的增长点、成为展现我国良好形象的发力点，让老百姓呼吸上新鲜的空气、喝上干净的水、吃上放心的食物、生活在宜居的环境中、切实感受到经济发展带来的实实在在的环境效益，让中华大地天更蓝、山更绿、水更清、环境更优美，走向生态文明新时代。[2] 在日常生活中，人民群众的衣、食、住、行都离不开良好的自然环境的供给。没有美丽中国建设，就没有健康中国的存在。健康中国和美丽中国建设是相辅相成、相互促进的辩证统一关系。随着自然生态环境质量的不断改善，人民生活质量和身体素质也会得到提升。只有下大力气建设美丽中国，才能为健康中国创造优美的自然环境，为人民群众提供高质量的健康生活。

第二，良好生态环境是最公平的公共产品，是最普惠的民生福祉。保障人民平等享有生态权益，维护生态公正是社会主义生态文明建设的根本目标和价值诉求。2013 年 4 月，习近平总书记在海南省视察时十分关心当地的生

---

[1] 中共中央文献研究室编《习近平关于社会主义生态文明建设论述摘编》，中央文献出版社，2017，第 90 页。

[2] 中共中央文献研究室编《习近平关于社会主义生态文明建设论述摘编》，中央文献出版社，2017，第 33 页。

态环境保护与生态文明建设，在考察工作结束时的讲话中指出，良好生态环境是最公平的公共产品，是最普惠的民生福祉。对人的生存来说，金山银山固然重要，但绿水青山是人民幸福生活的重要内容，是金钱不能代替的。[1] 生态权益是公民生存发展的最基本权益，也是最重要的人权之一。在生态文明建设中，维护生态公正，保障人民群众公平享有良好的生态环境，是保障人民平等享有健康权的前提和基础。随着生活水平的提高，人民群众对清新空气、清澈水质、清洁环境等生态产品的需求越来越迫切，生态环境越来越珍贵。我们必须顺应人民群众对良好生态环境的期待，推动形成绿色低碳循环发展的新方式，并从中创造新的增长点。[2] 公平正义是社会主义的本质要求，是内在地包含了经济公正、政治公正、文化公正、社会公正和生态公正的"五位一体"整体公正价值体系。其中，生态公正是保障生态民生的最基本价值遵循。因此，党和政府的经济工作要适应经济发展新常态，必须坚持以人民为中心的新发展理念，满足人民群众不断增长的对环境质量和健康指数的需求。

第三，建设人与自然和谐共生的生态现代化。进入新时代，随着党的第一个百年奋斗目标——全面小康社会的建成，我国开启了实现全面建设社会主义现代化强国的第二个百年战略目标的新征程。其中，生态现代化是全面建设社会主义现代化强国战略的应有之义。人作为有生命的存在，不论人类文明发展到什么程度，都不可能游离于大自然而独立存在，必须保持其肉体和精神与自然进行持续的物质交换活动。正如习近平总书记指出："人与自然是生命共同体。"[3] 这意味着人类作为复合生态系统的成员，与生态系统中各生态要素休戚相关、命运与共，人只有在与自然的良性互动中，人民群众的优美生态环境需要的美好期盼才能顺利转化为现实。人与自然和谐共生，是人与自然双向互动的理想追求。人通过实践活动改造自然实现自身价值，但是人的实践活动无不受到自然规律的制约，因为"人作为自然的、肉体的、感性的、对象性的存在物，同动植物一样，是受动的、受制约的和受

---

[1] 中共中央文献研究室编《习近平关于社会主义生态文明建设论述摘编》，中央文献出版社，2017，第4页。

[2] 中共中央文献研究室编《习近平关于社会主义生态文明建设论述摘编》，中央文献出版社，2017，第243-244页。

[3] 习近平：《习近平谈治国理政》第3卷，外文出版社，2020，第360页。

限制的存在物"[1]。自然规律构成人的主观能动发挥的上限或界限，要求人在改造和利用自然时既要有尊重自然的意识、顺应自然规律的自觉和保护自然的行动，又要符合人的目的，方能发挥自然资源所蕴含的生态价值。优美的自然生态环境是全面建设社会主义现代化强国的生态基础，也是人民群众过上美好生活的基本保障。没有生态的现代化，就没有全面的现代化。近年来，我国生态环境污染问题时有发生，威胁着人民群众的生命健康，也是全面建成社会主义现代化强国所面临的主要挑战。我们必须下定决心，不断增强高质量发展的绿色底蕴，否则，实现全面现代化就会成为无源之水、无本之木。因此，在全面建设社会主义现代化强国进程中，我们不仅要贯彻落实新发展理念，实现经济高质量发展，提高人民群众的经济收入和生活水平，还要加强环境保护与治理，解决长期以来影响和威胁人民健康的环境污染问题，推进生态文明建设，实现人与自然和谐共生的生态现代化，筑牢全面建设社会主义现代化强国的绿色生态底色。

第四，生态健康与人民健康是辩证统一、相互制约的关系。马克思主义辩证的生态自然观认为，生态环境与民生健康不仅具有外在的关联性，还具有内在的相互依存性。生态健康是民生健康的基础和内在要求，民生健康则是生态健康的集中体现。一方面，良好的生态环境既是人类生存发展的自然基础，也是制约民生建设的前提和关键。优质的环境能够为提高人民群众生活质量进而增进人民健康提供一种自然的保障。另一方面，民生健康是生态文明建设的价值体现。生态环境问题的实质是民生问题。只有解决好民生问题才能有效缓解生态环境问题。生态建设的目的是改善当前脆弱的生态环境，保障人民群众基本的生存需求；民生建设的目的则是提高人民群众的生活水平、提升人民群众的生活质量。习近平生态文明思想坚持以人民为中心的生态文明建设理念，始终将新时代人民对优美的自然环境的民生需求作为社会主义生态文明建设的基本价值遵循。

（二）以生态文明建设推进生态公正的持续向好

第一，高效的生态治理是保障生态民生的重要途径。中共十八大以来，习近平总书记对环境问题高度关注，强调要加强生态环境治理力度，不断改

---

[1] 中共中央马克思恩格斯列宁斯大林著作编译局编译《马克思恩格斯文集》第 1 卷，人民出版社，2009，第 209 页。

善城乡人居环境，保障人民生命健康与安全。随着工业化进程的加速，我国部分地区的环境污染较为严重，雾霾等灾害性天气威胁着人民群众的身体健康，给人们正常的生产生活带来困扰。近年来，随着人们环境意识的日益增强，人民群众对环境问题高度关注，生态环境在群众生活幸福指数中的地位不断凸显。良好的生态环境是人和社会可持续发展的根本基础。环境保护和治理要以解决损害群众身体健康的突出环境问题为重点，坚持预防为主、综合治理，强化水、大气、土壤等污染防治，着力推进重点流域和区域水污染防治，着力推进重点行业和重点区域大气污染治理；集中力量优先解决好细颗粒物（PM2.5）、饮用水、土壤、重金属、化学品等损害群众身体健康的突出环境问题。习近平总书记指出，在加强生态治理，推进生态文明建设进程中，必须对破坏生态环境、大量消耗资源、严重影响人民群众身体健康的企业，要坚决关闭淘汰。[1] 在新时代，构建新发展格局，实现经济社会高质量发展，就必须在"五位一体"整体建设中全面贯彻落实新发展理念，坚定走绿色发展道路。

第二，以对人民生命健康负责任的政治态度，加快生态治理与环境保护，坚决打赢环境污染治理攻坚战和蓝天保卫战。人民健康不仅是重大的民生问题，更是重大的政治问题。2013年4月，习近平总书记在主持中央政治局常委会会议，研究当前经济形势和经济工作时发表重要讲话："经过三十多年快速发展积累下来的环境问题进入了高强度频发阶段。这既是重大经济问题，也是重大社会和政治问题。"[2] 发展全民卫生与健康事业不仅要改进医疗技术和医疗服务，还要与影响人民群众身体健康和生命安全的环境污染与破坏问题做斗争，加快生态治理与环境保护，坚决打赢蓝天保卫战。进入新时代，我国社会主要矛盾发生了深刻变化，已经转变成人民日益增长的美好生活需要和不平衡不充分的发展之间的矛盾。经过改革开放四十多年的快速发展，我国工业化、城镇化和人口老龄化的速度不断加快，由此带来的人口、资源和生态环境三期叠加矛盾日益突出，我国面临着多重疾病威胁并存、多种健康影响因素交织的复杂局面的挑战。人民身体健康和生命安全是

---

[1] 中共中央文献研究室编《习近平关于社会主义生态文明建设论述摘编》，中央文献出版社，2017，第85页。

[2] 中共中央文献研究室编《习近平关于社会主义生态文明建设论述摘编》，中央文献出版社，2017，第4页。

最大的民生问题。没有全民的健康，就没有国家的现代化。生态治理现代化与国家公共卫生应急管理体系现代化是国家治理体系和治理能力现代化的重要组成部分，也是关系亿万人民健康福祉的民生工程。

第三，实行严格的生态环境保护制度，从保护农村土壤、水源等农业生产源头上严把农用物资和农副产品质量关，确保广大人民群众"舌尖上的安全"。民以食为天。人民群众的健康和生命安全无不与衣食住行等日常生活和环境质量密切相关。土地是农产品生长的载体和母体，只有土地干净，才能生产出优质的农产品。衣食住行是人民群众基本的生活需求，也是人民健康的基本物质保障。随着城乡居民生活水平的不断提高，人民群众对食品安全和环保问题越来越重视和关注。当前，老百姓对农产品供给的最大关切是吃得安全、吃得放心。下大力气解决"舌尖上的安全"问题，是党和政府提高人民生活质量，保障人民健康的职责和使命。加强食品安全监管，关系全国 14 亿多人"舌尖上的安全"，关系广大人民群众身体健康和生命安全。关于如何重视从源头上解决食品安全问题，2016 年 8 月，习近平总书记在主持中央农村工作会议时指出："要把住生产环境安全关，治地治水，净化农产品产地环境，切断污染物进入农田的链条，对受污染严重的耕地、水等，要划定食用农产品生产禁止区域，进行集中修复，控肥、控药、控添加剂，严格管制乱用、滥用农业投入品。"[1] 近年来，在实施乡村振兴战略、建设美丽乡村实践中，党和政府十分重视保护乡村环境，加强乡村生态治理，不断提高农村耕地、土壤、水源等自然资源质量，严把农用物资和农副产品质量关，加快发展绿色、安全、环保、高效的生态农业，不断满足人民群众日益增长的高质量绿色生态农副产品需求。

第四，不断完善生态文明制度体系建设，织牢生态公正的制度基础。中共十八大以来，以习近平同志为核心的党中央从整体着眼，从全局出发，坚持问题导向、目标导向、结果导向，大力推进生态文明体制改革，完善生态文明制度体系，并及时地将生态文明制度体系优势向生态环境治理效能转化，着力提升生态治理体系和治理能力现代化水平。以中共十八大第一次提出加强生态文明制度建设为起点，2013 年 11 月，中共十八届三中全会提出必须建立系统完整的生态文明制度体系。2014 年 10 月，中共十八届四中全会首次以中央全会的形式专题研究部署全面推进依法治国这一基本方略，要

---

[1]　中共中央文献研究室编《十八大以来重要文献选编》（上），中央文献出版社，2016，第 674 页。

求用最严格的法律制度保护生态环境。2015 年 1 月 1 日，修订后的《中华人民共和国环境保护法》开始试行，为我国生态文明建设提供了强有力的法律后盾，彰显了中国共产党向环境污染宣战的信心与决心。之后，《中华人民共和国大气污染防治法》《中华人民共和国水污染防治法》等先后修订，新出台的《中华人民共和国环境保护税法》《中华人民共和国土壤污染防治法》等开始实施。2014 年以来，《中共中央国务院关于加快推进生态文明建设的意见》《生态文明体制改革总体方案》《党政领导干部生态环境损害责任追究办法（试行）》《生态文明建设目标评价考核办法》等数十项涉及生态文明建设和生态环境保护的改革方案先后出台，形成了严防源头、严管过程、严惩后果的我国生态文明制度体系的"四梁八柱"。"制度的生命力在于执行"[1]。2020 年 10 月，中共十九届五中全会公报强调"推动绿色发展，促进人与自然和谐共生"[2]，对完善生态文明领域统筹协调机制做出重要部署，为推进新时代生态文明制度体系建设以及不断提高生态治理效能注入强大动力。中共十八大以来，我们党在推动生态文明制度体系改革的同时，不断增强生态文明制度体系的执行力，使生态文明制度体系的优势源源不断地转化为生态治理效能，推动了生态治理体系和治理能力现代化水平不断提高。

第五，加快农村生态治理，改善农村人居环境，保障农民身体健康，维护城乡生态公正。在实施乡村振兴战略中，习近平总书记十分重视广大农村生态环境对农村发展与农民生命健康的影响。近年来，党和政府在农村大力推行"厕所革命"，加强农村人居环境的治理整顿，推动农村改水改厕等公共卫生基础民生工程，提升广大农村居民生活质量，为农民健康和生命安全提供生态环境保障。解决好厕所问题在新农村建设中具有标志性意义，要因地制宜做好厕所下水道管网建设和农村污水处理，不断提高农民生活质量。我国是一个农业人口占大多数的国家。居住在广大乡村的农民人居环境状况一直是习近平总书记十分关心和重视的一个重大民生问题。2016 年 4 月，在北京召开的农村改革座谈会上，习近平总书记再次强调了改善农村人居环境对提高农民生活质量、保障农民健康的重要性。他指出，实施乡村振兴战

---

[1] 中共中央纪律检查委员会、中共中央文献研究室编《习近平关于严明党的纪律和规矩论述摘编》，中国方正出版社、中央文献出版社，2016，第 88 页。

[2] 本书编写组编《中国共产党第十九届中央委员会第五次全体会议文件汇编》，人民出版社，2020，第 14 页。

略，加快美丽乡村建设，要因地制宜搞好农村人居环境综合整治，改变农村许多地方污水乱排、垃圾乱扔、秸秆乱烧的脏乱差状况，给农民一个干净整洁的生活环境。[1] 各级政府在推进乡村振兴战略中，要充分发挥农村基层党组织的政治优势和群众优势，持续开展城乡环境卫生整洁行动，加大农村人居环境整治力度，建设健康、宜居、美丽的农民新家园。

第六，坚持"两山"理念，构建人与自然和谐共生的生态现代化。早在主政地方时，时任浙江省委书记的习近平就提出了"绿水青山就是金山银山"的"两山"论，深刻揭示了经济发展与生态民生的辩证关系。习近平总书记指出，我们追求人与自然和谐、经济与社会和谐，就是要树立"两山"理念，即"既要金山银山，更要绿水青山"。他特别强调的"更要绿水青山"，实际上就是更要注重生态价值和人民群众的生态权益，通过加强生态文明建设，化解生态矛盾，改善生态民生，维护好人民群众的生态权益。改革开放以来，全国人民总体上都达到了衣食无忧状态，物质生活和精神文化生活都得到了空前改善，而人民群众赖以生存和发展的自然环境或生态系统结构和功能却由于人为的不合理开发、利用而严重失调，生态民生已经成为重大的民生问题而格外引人注目。在许多经济发达地区，经济民生已经向生态民生发生显著位移。这是由我国经济和社会发展的客观情况决定的，是由当前严峻的生态危机状况引起的。建设生态文明是关系人民福祉、关系民族未来的大计。中国要实现工业化、城镇化、信息化、农业现代化，必须要走出一条新的发展道路。[2] 因此，我国要摒弃西方工业化国家"先污染，后治理"的传统现代化道路，坚持创新、协调、绿色、开放、共享的新发展理念，努力建设以民生福祉为核心的人与自然和谐共生的现代化强国。

（三）以人类命运共同体理念引领国际生态公正

近代以来，西方发达国家在工业化进程中都走了一条"先污染，后治理"的路子，由此带来了诸多不可逆的生态环境问题，埋下了难以预测和估量的发展隐患。随着经济全球化进程的加速，世界各国之间的依赖性日益增

---

[1] 中共中央文献研究室编《习近平关于社会主义生态文明建设论述摘编》，中央文献出版社，2017，第89页。

[2] 中共中央文献研究室编《习近平关于社会主义生态文明建设论述摘编》，中央文献出版社，2017，第7页。

强，人类面临着气候变化、水源污染、土壤沙化、生物多样性减少等全球性问题。在全球性生态危机挑战面前，以习近平同志为核心的党中央立足国内、放眼世界，以高度负责任的态度和关怀全人类的胸怀，高举中国特色社会主义生态文明建设的伟大旗帜，向全世界宣告中国要"成为全球生态文明建设的重要参与者、贡献者、引领者"[1]，以全球视野共谋生态文明建设之路，成为构建人类命运共同体的重要推动力。作为人类命运共同体理念的倡导者和推动者，习近平总书记一直呼吁各国打破地缘政治的传统思维和单边主义，积极开展交流合作，推动建立全球生态合作共治新秩序。2017 年 1 月，习近平总书记在联合国日内瓦总部发表题为"共同构建人类命运共同体"的主旨演讲，呼吁世界各国采取积极行动共同推动《巴黎协定》行动计划的实施，建设绿色低碳、清洁美丽的世界。2017 年，构建人类命运共同体理念被纳入联合国安全决议，成为具有普遍适用性的全球性理念。在中共十九大报告中，习近平总书记对人类命运共同体理念进行了系统概括。他强调，构建人类命运共同体就是要"建设持久和平、普遍安全、共同繁荣、开放包容、清洁美丽的世界"[2]。构建人类命运共同体理念以其整体性、全局性和系统性逻辑彰显了丰富的生态文明意蕴，构建起全人类永续发展的世界语境。

中国作为构建全球生态治理体系的重要参与者，积极承担应尽的国际义务，开展生态治理领域的国际交流与合作，推动成果分享，在共同应对重大自然灾害和能源资源安全等全球性生态环境问题等方面取得了令世界瞩目的成绩。中国坚持共同但有区别的生态合作共治原则，在敦促发达国家兑现减排承诺和承担历史性责任的同时，以技术支持、资金援助等方式支持其他发展中国家应对气候变化，全面提升生态治理水平，推动构建公平正义的全球生态合作共治新秩序。2020 年，习近平总书记正式宣布，中国将力争 2030 年前实现碳达峰、2060 年前实现碳中和的节能减排目标。这是中国基于推动构建人类命运共同体的责任担当和实现可持续发展的内在要求做出的重大战略决策。中国承诺实现从碳达峰到碳中和的时间，远远短于发达国家所用时间。2021 年，碳达峰、碳中和被首次写入我国政府工作报告。这充分彰显了

---

[1] 本书编写组编《党的十九大报告辅导读本》，人民出版社，2017，第 380 页。
[2] 中共中央宣传部编《习近平新时代中国特色社会主义思想学习纲要》，学习出版社、人民出版社，2019，第 286 页。

我国作为最大的发展中国家，在维护世界永续发展、国际生态公正和人类福祉方面的责任与担当。

第二节　当代中国生态公正面临的挑战

面对资源环境约束日益趋紧、环境容量日益减少、人与自然生态矛盾日益尖锐的严峻形势，受认识与实践等多重因素的制约，在生态文明建设进程中当代中国实现生态公正的道路并非一片坦途，而是将遭遇重重挑战。当代中国实现生态公正面临着经济社会发展阶段转型艰难、发展理念转换困难、创新动力不足、国际贸易"绿色壁垒"森严、发展路径依赖和绿色发展与生态治理矛盾协调困难等一系列挑战。

一、经济社会结构转型的挑战

第一，产业结构转型的挑战。经过几十年的高速增长，我国目前进入了工业化提速、城市化加速的中后期阶段。这一阶段，当代中国产业发展最显著的特征是以高消耗、高污染为标志的石油、化工等重化工业的快速发展，这意味着资源、能源的消耗和环境破坏进一步加剧。城乡居民消费结构的升级，导致越来越多的居民开始大规模地进入购买汽车、住房等大宗商品的高消费时代，催生了重化工业的快速发展，由此必然带来资源环境的压力。进入新世纪，伴随着中国经济发展加速，污染源总量一定会不断增大。中国经济增长在今后很长一段时间内都需要靠第二产业来带动，而第二产业在三次产业中是污染可能性较大的产业，依靠第二产业的增长意味着污染源可能更多。我国的经济增长模式和产业结构决定了这一趋势。

第二，城市化加速发展的挑战。21 世纪头 20 年是我国步入城市化加速发展的新周期，农村大量剩余劳动力向城市转移导致人口、资源和环境矛盾进一步加剧。国际经验表明，一个国家或者地区的城市化水平从 30% 向 70% 迈进的时候，就处于城市化加速阶段。目前我国的城市化水平已经达到 60% 以上，仍处于加速阶段。在城市化快速推进的未来十多年当中，为了满足更多进入城市的居民的基本生存需要，我国必然要加大对城市基础设施建设力度，扩大工业生产规模，由此必然造成能源、资源的大量消耗，资源环境容量及其承载压力进一步加大。经济社会发展与生态环境治理的矛盾和冲突依然存在。

第三，资源、能源消费结构转型的挑战。首先，能源消费结构转型的困境。单一的能源结构对我国能源安全和绿色发展构成严峻挑战。先天性的资源禀赋、能源结构决定了我国仍处于高碳结构阶段，十分不利于我国的绿色发展。我国是一个多煤少油缺气的国家，煤炭的比重占能源结构的 60% 以上，石油和天然气资源短缺。[1] 由于经济的快速扩张，我国已成为全球主要的煤炭生产国和消费国。2010—2019 年我国能源消费总量和构成如表 4-1 所示。我国的资源禀赋和能源结构，也给我国推进绿色发展带来了特殊的难题。处于工业化、城市化快速推进阶段的中国，实现绿色发展的道路注定是不平坦的。

表 4-1　2010—2019 年我国能源消费总量和构成

时间	能源消费总量（万吨标准煤）	构成（万吨标准煤）			
		煤炭	石油	天然气	一次电力及其他能源
2010 年	360 648	249 568	62 753	14 426	33 901
2011 年	387 043	271 704	65 023	17 804	32 512
2012 年	402 138	275 465	68 363	19 303	39 007
2013 年	416 913	280 999	71 293	22 096	42 525
2014 年	428 334	281 844	74 102	23 987	48 401
2015 年	434 113	276 964	79 877	25 179	52 094
2016 年	441 492	274 608	82 559	26 931	57 394
2017 年	455 827	276 231	86 151	31 452	61 993
2018 年	471 925	278 436	89 194	35 866	68 429
2019 年	487 488	281 281	92 623	38 999	74 585

数据来源：中华人民共和国国家统计局

其次，居民生活消费结构转型的困境。随着我国社会生产力水平的提高，城乡居民的消费观念、消费方式和消费结构发生了深刻变化。投资、出

---

[1]　谢振华：《绿色发展：实现"中国梦"的重要保障》，《光明日报》2013 年 4 月 15 日。

口、消费成为促进中国经济发展的"三驾马车"。公民消费观念、方式和结构的变化不仅会对经济社会发展产生重要影响，而且会对我国生态环境保护、生态治理和生态公正等产生重要影响。

现代消费主义是建立在自然资源供应的无限性和生态环境自净的无限性这两个错误信条上的社会思潮。它把消费看成一种没有客观基础限制和主观欲望无须控制的活动，这便违背了大自然的发展规律和人的自由而全面发展规律，导致人和自然之间的矛盾空前加剧。生态伦理学家罗尔斯顿指出，大量事实表明，人与自然的关系不和谐，往往会影响人与人的关系、人与社会的关系。如果生态环境受到严重破坏，人们的生活环境恶化，资源供应高度紧张，人与人的和谐、人与社会的和谐是难以实现的。因而，我国不仅要在主体方面建立合宜性的道德标准，而且要在客体方面确立合理性的生态尺度。

消费主义是工业文明的产物。在消费主义文化的主导和支配下，流行的是"一次性消费""用过即扔"等消费习惯和"快餐化"消费方式，节约、实用的消费方式被视为一种落后的消费观念。消费主义主张通过无限度消费物质产品来追求高人一等的精神感受和社会评价。这实质上是一种异化消费的生活方式，给自然资源和生态环境带来了不利影响，加剧了人类与自然之间的矛盾，也加剧了不同社会群体之间在公共资源分配与消费中的不公平。人类在历史的不同阶段，其消费方式不同，反映的文明形态也各异。生态文明是一种包含构建崭新的消费模式的文明形态，是人类反思工业文明"大量生产—大量消费—大量废弃"生活方式而做出的选择与追求。在生态文明时代，消费与文明之间的关系显然更加值得关注。

尽管消费作为人们的一种生活权利，选择适合自己的消费方式是个体的自由、自主决定，但是人类社会作为一个共同体，个人的不合理消费必然会对公共的自然资源和环境带来破坏，进而损害他人的生态权益。步入文明社会，特别是工业文明社会，人类正以各种不合理的消费方式侵害着自然环境。在工业文明时代，人类生产与消费往往陷入二元对立的悖论之中，比如：清洁是现代人文明程度的标志，人类的生产活动却污染了清洁水；文明的现代人非常讲究包装，铁皮、纸张、塑料纸等夸张的包装品，却对食品、礼品、饮料等造成了污染；汽车文化是工业文明的重要标志，汽车工业的发展却是以对全球能源的巨大消耗和对环境的严重污染为代价的；还有现代人必不可少的家用电器，如空调、冰箱、微波炉等无时不在对环境造成极强的破坏力。任何消费对象都是直接或间接来自自然资源，又回归自然界中。因此，任何消费方式在消耗的起点不考虑自然的承受力，在消耗的终点不顾及自然的自净力，就无法获得道德的支持和伦理的肯定。"一次性消费"不仅从主体方面否定了文明的发展，而且从自然方面浪费了资源，否定了文明存在的基础。

二、发展理念转换的挑战

第一，GDP 为先的发展理念转型的挑战。我国改革开放以来所遵循的是一条规模化快速扩张型发展道路。如何克服物质至上的、功利性 GDP 主义发展的冲动，实现向人文型、包容性、可持续的人本主义发展理念的转换，这是我国实现绿色发展所要面临的一个严峻课题。改革开放以来，由于受到传统的 GDP 主义发展模式和发展理念的影响，片面追求 GDP 的高速增长、重发展速度和数量而轻发展效益和质量的发展方式，导致环境问题凸显。绿色发展理念的核心在于促进绿色经济增长与人民福利水平的同步提升，推动经济社会发展由"物的发展"向"人的发展"转变。我们党和政府在多大程度上实现发展理念上的深度调整和深刻变革是决定我国绿色发展能否实现的关键。在未来中国经济发展中，传统的经济增长方式只能逐步实现转变，GDP 至上的发展理念不可能在短时间内得到彻底的改变和清除。这使中国的绿色发展进程不得不放缓脚步。而传统粗放型增长模式在加剧环境污染、生态危机和人与自然紧张关系。

第二，增长型发展模式固化的挑战。任何一种发展模式一经固化，缺乏创新的动力，就很容易演变成发展的路径依赖。首先，以增长代替发展理论存在认识上的误区。许多地方对"以经济建设为中心""发展是道理""效率优先，兼顾公平"等党的路线、方针、政策理解片面，片面追求 GDP 总量和规模扩张，逐步陷入"高投入、高消耗、高污染，低效益、低产出"的粗放型增长模式的路径依赖。这种"见物不见人"的增长模式，以牺牲资源环境为代价，将会透支我国经济社会和自然生态的未来发展空间。其次，党政领导干部政绩考核评价体系的路径依赖。长期以来，我们党的组织人事部门评价和考核政府各级官员政绩及其职务升迁的制度设计过程中，虽然从未忽视对除经济以外的政治、文化、社会和生态文明等其他方面的强调，提出不能仅仅把地区生产总值及增长率作为政绩评价的主要指标，但仍然存在部分地方领导干部对 GDP 增长"情有独钟"及对社会发展、文化进步以及生态文明等方面关注不够的状况。发展模式的路径依赖，以及政府官员政绩考核评价体系的路径依赖，是制约我国未来经济实现绿色、可持续发展的一个重要因素。

三、创新动力不足的挑战

首先，环境保护和环境治理的科技创新发展动力不足。改革开放以来，尽管我国科技发展取得了令人瞩目的成绩，但科技创新对经济社会发展的贡献率还比较低，与美国等科技强国科技创新对国民经济的贡献率达 70% 以上相比较存在一定的差距，国内总体技术水平相对落后。实现绿色发展，加快产业结构转型升级，离不开以科技创新为标志的创新驱动发展战略的实施。在制造业领域，我国以产业体系比较完整、人口红利的比较优势享有"世界工厂"的美誉。然而，经济体量大并不代表经济和科技实力强。我国作为发展中国家，推动绿色发展，实现经济由"黑色"向"绿色"、能源由"高碳"向"低碳"、产业由"中国制造"向"中国智造"的转变，最大的制约因素在于整体科技水平相对落后，尤其是节能环保技术的开发与储备滞后，科技创新动力不足。我国在原创性基础理论研究与科技开发能力和高端装备制造的设计生产能力等方面与发达国家有一定的差距。

尽管我国是《联合国气候变化框架公约》的缔约方，根据公约规定有权获得发达国家提供的节能环保技术转让，但在许多情况下，西方发达国家出于自身利益考量，对这些技术专利实施垄断和封锁，使得包括中国在内的许多发展中国家只能通过国际技术市场向发达国家购买。另外，我国的科技创新进程较为缓慢。传统观念对绿色科技创新的制约、有关环境保护的法律法规不健全对环境管理造成的疏漏、科技创新体制机制的束缚，以及科教兴国战略推进力度不够等因素，影响了企业绿色科技创新费用投入的信心和动力。

其次，我国生态治理的体制机制创新动力不足。在环境保护和生态治理的制度创新方面，我国还没有构建起集经济、政治、法律、文化等手段为一体的立体的生态治理防控制度体系。部分地方政府在领导生态治理中仍然习惯于运用计划经济时期的行政命令管制型治理方式，对市场经济体制下如碳汇交易、绿色金融、资源税、生态资源资本化交易等新型治理机制的研究不够。创新思维僵化、创新形式单一以及创新氛围不足等问题制约着我国生态文明建设的发展。

近年来，随着生态文明建设成为中国特色社会主义"五位一体"总体布局中的重要组成部分，党和政府对环境保护与生态治理的重视程度不断提高，用于生态治理的资金、技术投入力度也日益加大，吸引了包括民营环境科技企业在内的各类企业参与生态治理。在生态文明建设进程中，民营环境科技企业为助力农村生态治理、实施乡村振兴战略、建设美丽中国发挥了重要的作用。许多民营环境科技企业响应党和政府的号召，积极参与社会主义生态文明建设，开展环境科学研究和技术实践。在生态环境治理领域，一些优秀的民营环境科技企业无论是基础研究，还是在长期实践中形成的技术数据、环境工艺及经验，在生态治水、毒地处理等领域的市场竞争力等方面都具有比较优势。然而，民营环境科技企业在参与生态文明建设、助力城乡生态治理中遭遇了发展瓶颈，影响了民营环境科技企业参与生态治理、建设美丽中国的积极性和创造性。

四、国际生态帝国主义的挑战

生态殖民主义是在不平等的国际政治、经济秩序的框架内，西方发达国家针对发展中国家，在生态环境问题上带有明显剥削与掠夺性质的经济、政治行为的总称。生态帝国主义是生态殖民主义在新时期发展的一种新阶段和新形态。与历史上传统的殖民主义和帝国主义，通过采用武力、发动战争对广大第三世界国家进行赤裸裸的殖民掠夺与剥削不同，生态帝国主义是指，随着全球化的深入发展，西方发达国家凭借发达的经济、科技和控制的国际组织对贸易规则拥有的绝对话语权等优势，打着对外投资、经济援助、技术合作、扶贫开发等幌子对广大发展中国家进行生态剥削和掠夺，转嫁生态风险与生态矛盾，导致发展中国家生态系统恶化、生态安全没有保障。这种新形态具有更加隐蔽的欺骗性、扩张性、贪婪性和非正义性等特征。正如生态马克思主义者阿格尔所指出的，发达国家现在已经把经济危机的影响从生产领域转移到消费领域，资本主义制度经济方面的危机已经被生态方面的危机取代。资本主义国家为获取最大限度的剩余价值，必然会加快对自然资源的占有和掠夺。这一定会加重自然界的负担，加大对脆弱生态系统的压力，导致自然系统失衡，引发不可持续发展的国际生态危机。

在经济全球化的推动下，国际垄断资本主义不仅通过全球化使生态危机呈现全球化的发展趋势，而且通过不公正的国际政治、经济秩序和国际分工掠夺、剥削发展中国家的生态资源。当前，国际政治经济秩序主要是由发达国家主导的。资本全球化造就了全球经济的分工体系。在这一体系中，发达国家处于国际分工的高端；而发展中国家处于国际分工的低端，发展中国家为了谋求发展，不得不通过向发达国家出卖资源，换回发展所需的技术和资金。而资本所控制的国际政治经济秩序对原材料实施低价，而对有技术含量的工业品实施高价，以此剥削发展中国家的自然资源。不仅如此，部分发达国家为了获取更高的利润和转嫁生态危机，还把具有高污染的产业转移到发展中国家。因此，在当前的生态危机中，富国对过去的大多数排放负有责任，而发展中国家却最先也最严重地受到冲击。[1] 正因为在当代资本主义体系中，任何地方性的生态环境问题都必须从资本全球化这一视角分析，生态马克思主义理论家奥康纳指出，大多数的生态环境问题以及那些既是生态环境问题的原因也是其结果的社会经济问题，仅仅在地方性的层面是不可能得到解决的。区域性的、国家性的和国际性的计划也是必需的。毕竟，生态学的核心就在于各种有特色的地方及问题间的相互依赖性，其核心还在于需要把各种地方性的对策定位于普遍性的、国家性的以及国际性的大前提下。[2] 也就是说，对发展中国家的生态环境问题的探讨需要立足资本全球化这一视野展开。这就意味着不能脱离资本全球化和资本所控制的国际政治经济秩序来揭示生态危机全球化发展的趋势和实质。

---

[1] 尼古拉斯·斯特恩：《地球安全愿景》，武锡申译，社会科学文献出版社，2011，第5页。
[2] 詹姆斯·奥康纳：《自然的理由：生态学马克思主义研究》，唐正东、臧佩洪译，南京大学出版社，2003，第433页。

第五章
当代中国生态公正问题探源

进入新时代，在开启全面建设社会主义现代化国家的进程中，构建人与自然和谐共生的生态现代化，保障人民群众生态权益，维护生态公正是加快生态文明建设的根本价值诉求和重大民生课题。在我国，生态公正问题的产生，既有特定的历史文化根源，又有社会主义初级阶段经济社会结构转型发展的实践根源；既有深层次的认识论根源，又有全球化背景下发达国家推行国际生态殖民主义将生态危机转嫁给包括中国在内的广大发展中国家而导致国际生态不公正的外部根源。

第一节　生态公正价值取向的偏离与重塑

一、工具理性主义对生态价值认识的影响

马克思主义辩证唯物主义告诉我们，社会存在决定社会意识，社会意识对社会存在具有能动的反作用。从生态文化价值观的视角来考察，造成当代中国生态公正问题的根源在于，当代中国经济社会发展中功利主义和工具理性主义的过度张扬导致人与自然关系中生态公正价值取向的扭曲。

（一）"天人合一"与"人定胜天"

我国古代具有丰富的生态文化思想资源。在观照人与自然关系方面，无论是儒家宣扬的"天人合一"的和合思想，还是道家推崇的"道法自然""顺其自然"和"无为而治"主张，无不视自然为与人类平等的价值主体而加以尊重和顺应。然而，与此相对的是过度张扬人类理性主义的自然征服论和自然控制论，对自然与人类的关系视作对立和对抗性关系，对人类改天换地的破坏性行动予以褒扬，如"人定兮胜天，半壁久无胡日月"[1]。我国部分历史文化典籍中，从盘古开天地到夸父追日再到愚公移山，一直张扬着"人定胜天"的斗争文化的旗帜。不可否认，"人定胜天"作为一种朴素的唯物主义思想，在自然条件恶劣的蛮荒时代，在洪水、地震、海啸等自然灾害面前，代表了人类主宰自然的大无畏的勇气。但从世界观角度看，它是一种

---

[1] 刘过：《龙洲集·襄央歌》，上海古籍出版社，1978，第108页。

"控制自然"的唯意志论世界观，片面夸大人的主观能动性，强调意志、精神在社会发展中的决定作用，不利于人与自然和谐共生的辩证关系的确立和发展。

（二）自然中心主义与人类中心主义

自然中心主义的核心理念在于：并非只有人类的利益才是环境道德唯一相关因素，其他生命的生存和生态系统的完整也直接参与到环境道德价值尺度中，人与自然之间存在着一种直接的有实质意义的伦理关系，因此"人把这种对他人的关怀扩展到其他存在物身上，于是形成了生态伦理"[1]。这展现了一种全新的人与自然关系状态。这种伦理精神的理论支撑是"自然内在价值"和"自然权利"。它们是自然中心主义体系的核心概念，其合理、合法与否直接决定着非人类中心论是否可能的问题。这正如刘湘溶教授指出的，自然权利与自然的价值是自然道德的基础，离开了这一基础，自然道德就无法建立。[2]

按照《伦理学大辞典》的解释，"人类中心主义"的含义大致包括：（1）人在空间范围的意义上是宇宙的中心；（2）人是宇宙中一切事物的目的；（3）按照人类的价值观解释或评价宇宙间的所有事物，即在"价值"意义上，一切从人的利益和价值出发，以人为根本尺度去评价和对待其他所有事物。[3]发轫于英国的工业革命使人类中心主义得到张扬。伴随着工业文明的兴起与自然科技发展运用而出现的近代人类中心论，又被称为"人类沙文主义""人类专制主义"等。其主要特征是无限高扬人类的主体性力量，无视自然生态规律，也未对人自身需求进行理性审视和适当节制，通过科技力量征服自然来满足人类任何需求。它在强调人的主宰地位，发扬人的主体性的同时，发展了人类中心主义价值观，以生命和自然不可持续发展为代价实现人的持续发展，造成环境污染和生态破坏，损害生命和自然的多样性；以多数人不可持续发展为代价实现少数人的持续发展，造成社会两极分化和不公正，并损害后代发展的可能性，导致人类社会以及整个"人—自然—社会"系统的生存危机，使"人—自然—社会"系统陷入困境之中。

---

[1] 易小明：《两种内在价值的通融：生态伦理的生成基础》，《哲学研究》2009 年第 6 期。
[2] 刘湘溶：《生态伦理学》，湖南师范大学出版社，1992，第 69 页。
[3] 朱贻庭：《伦理学大辞典》，上海辞书出版社，2002，第 159 页。

（三）生态主义与人类中心主义

生态主义是和人类中心主义相对的一种思想价值体系，它源于"所有的生命形式都具有内在价值"的假定。作为一种意识形态，生态主义在批判工业文明、科技文明的同时，谋划生态文明的理想。生态主义从人与自然关系发展变化的维度关注生态正义。生态正义作为一种社会正义，主要涉及的是生态价值的问题，即生态利害在全球范围内和代际之间如何公平分配、承担。生态正义主要涉及两重向度，即代内正义（横向正义）和代际正义（纵向正义）。所谓"代内正义"是指全球各个主体，都有平等利用自然资源的权利，都有平等生存和发展的权利，一部分人的发展不能以削弱另一部分人的能力和发展为代价；所谓"代际正义"，是指当代人的发展不能削弱后代人的发展的可能性，发展不仅应符合当代人的利益，而且不能危害后代人的利益。

总之，生态主义的生态正义观受到广泛认可，在对人类中心主义的反思与批判中，坚持生态公正价值立场，对促使人与自然和谐共生、人类可持续发展等起着积极的作用。

（四）工具理性主义缺乏环境伦理价值的制约

环境伦理对所有生命的尊重和关心，旨在保护地球的生命力和多样性，使人类由单一的人际伦理走向人与人和人与自然的双重伦理关系，将污染和破坏控制在地球的承载能力之内；不仅思考改造自然的行为是否符合人际道德，而且考量其是否与生态道德相一致；追求生态文明化的同时力求文明的生态化，展现自然价值的丰富性；维护自然的科学、哲学、美学和文学的生态价值意蕴，契合了人们对生态文明的价值追求，为发展与保护的结合提供了一个合理的价值观方向。

现代伦理不仅在于维系人与人之间的关系，明晰人与人之间的责任与义务，维护相互之间的利益，还在于使人获得尊严，激发积淀在人心灵底层的人文情怀。环境伦理主张用道德来调节人与自然的关系，其实是人对自然、对他人的一种求善的生存行为，一种在善的道德准则的朗照下的合乎目的的生存行为。毫无疑问，遵循环境伦理，将道德生活贯彻到与人类生存息息相关的环境中，有助于达到对自然必然性的超越，在社会终极意义上使人真正地成为作为人的人。这既是人类道德进步的体现和人类文明延续的必然选择，也是人文化生存的价值尊严所在，是人类自由而全面发展的应然之维。

二、生态公正价值观的重塑

从我国传统的文化价值观来考察，社会经济、经济公正和政治公正在我国传统文化中被广泛关注和论述，生态权益方面的公平正义则相对缺失。传统伦理学说大多流于论证封建等级制的"天然合理""合乎天道"，强调封建纲常的修身养性，恪守封建道德义务，限制人们探求公正的社会秩序和思考社会公正问题。在这种长期传统伦理道德氛围的熏染下，公正性问题较难引起人们的足够重视。尽管近些年来我国各界人士开始关注社会公正问题，但生态公正政治、伦理、法治思想的真正形成需要多年的积累，因为这是一种文化观念的转型，涉及经济、政治、技术与社会思想意识的深层相互作用，是一个循序渐进的复杂过程。

在社会主义建设初期，由于我国工业化、城市化发展进程相对缓慢，经济社会发展对生态环境的破坏和影响还相对有限，人与自然的矛盾还没有凸显出来，环境污染问题导致生态权益受到侵害的重大环境事件还较少，因此，社会阶层之间的不公正大多数体现在经济、政治、文化、社会等领域，而人们对公民生态权益方面的不公正问题关注较少。改革开放以来，随着社会生产力的解放和迅速发展，我国工业化、城市化进程不断加速，对自然资源的需求成倍增长。在人们对自然资源的开发利用中，一些地区环境破坏和污染令人触目惊心，围绕自然资源的保护、开发和利用的生态权益不公正问题也日益加剧。然而，长期以来人们的生态权益意识相对淡薄，导致社会主义生态公正价值观的部分缺失。具体表现为：在占有和消耗自然资源方面，富裕人群的人均资源消耗量大，人均排放的污染物多；而贫困人群往往是环境污染和生态破坏的直接受害者。在应对和维护环境污染带来的权益损害方面，富裕人群可以通过各种方式享受医疗保健，以补偿环境污染给生活质量带来的损害，可以通过强大的经济实力有效避免环境污染给他们带来的影响；而贫困人群没有能力选择生活环境，更无力应对污染带来的健康损害。从区域来看，欠发达地区对自然资源的过度开采加剧了生态环境的破坏，反过来又成为其贫困的原因。此外，由于生态公正价值观的缺失，当代人与后代人之间对自然资源的公平分配问题与人类社会可持续发展问题也被忽视。那种为了赶超发达国家而实施的建立在生态资源过度利用基础上的经济高速增长战略及高消耗和高污染的发展模式，将会把矿产、土地、森林、水等数量有限的自然资源消耗殆尽，从而剥夺了后人的生存权利和发展权利，导致代际之间的不公正。

中共十八大以来，随着党对生态环境问题的日益重视，保障人民群众平等公正地享有生态权益成为党实现人民对美好生活期待的重大政治责任和执政目标。中国共产党不仅在发展理念上进行了深刻变革，果断摒弃了以牺牲环境和人民健康福祉为代价的粗放型增长模式，开启了绿色发展的新阶段，而且在发展方式上加快产业结构的调整、转型和升级，深入推进社会主义生态文明建设，为新发展阶段实现我国经济高质量发展，建设美丽中国，实现人与自然和谐共生的生态现代化，保障人人享有公平正义的生态权益奠定了基础。

第二节　城乡生态文明发展的不平衡性

一、城乡经济社会发展的不平衡性

中华人民共和国成立初期，由于生产力发展水平较低，我国实行计划经济体制和城乡二元的经济社会结构，使农村的发展落后于城市。在环境保护与公民环境意识方面，农村经济社会发展长期滞后于城市，对农民环境权利意识的培育及其环境维权的经济基础产生了不利影响。农民的生态伦理素质不高，环境权利意识淡薄，导致一些农村地区在经济社会发展中存在不惜以牺牲资源和环境为代价来换取一时短期利益的行为。

改革开放以来，为了发展农村经济，提高农民经济收入，改善农民生活水平，我国长三角、珠三角等地区许多农村创办了乡镇企业。尽管乡镇企业的发展为增加地方政府税收、解决农民就业、增加农民收入、繁荣城乡市场等做出了重大贡献，但是由于早期的乡镇企业生产力水平和科技含量不高，粗放的增长民生、落后的工艺技术导致了农村环境的破坏与污染，侵害了农民的身体健康和生命安全。在我国工业化、城市化进程中，乡镇企业的发展往往与农村环境的破坏和污染相伴相随。这种经济至上的发展观根源于我国传统的直观体验的思维方式。直观体验的思维方式是我国传统思维的重要特征。

当前，我国城乡之间经济社会发展的不平衡性、不充分性问题仍然比较突出，由此带来的城乡生态环境保护与公民生态权益意识的差距也比较突出。随着工业化、城市化水平日益提高，当许多发达城市的经济发展模式开始由粗放型增长向内涵式高质量发展转变，对生态环保事业的重视程度和投入日益提高的时候，许多刚刚摆脱贫困，尚处在温饱型发展阶段的中西部农村地区仍然不得不为增加经济收入、满足基本的生存权而奋斗，无暇顾及生态权益的公平与否。因此，在选择"吃饭"还是"维权"的现实考量面前，与紧迫性的经济利益相比，生态利益是一种相对远期的、间接的、非紧迫性的奢侈。当经济利益与生态利益发生冲突时，只要生态利益还没有对农民构成直接损害，农民就会首先选择经济利益而不是生态利益。因此，只有加快农村发展，改善公民的物质生活条件，不断增强他们的文明意识，才能促进他们现代生态意识的增强。

二、城市生态风险向乡村的不合理转移

改革开放以来，随着我国工业化、城市化进程的加速，生态环境问题日益突出，环境污染导致的生态风险和生态矛盾呈现出由经济发达地区向经济欠发达地区转移、从城市向乡村转移的趋势。这种生态风险的不合理转移带来了区域性生态不公正。

首先，在城市产业结构的调整与转型升级中，传统落后产业向乡村地区转移带来的环境污染风险加剧了城乡之间的生态不公正。社会经济地位的差异性导致的生态风险转移一般分为两种：一是风险地域性转移，二是风险身份性转移。[1] 风险地域性转移指城市规划发展过程中，环境风险有组织、有计划地向城镇郊区及农村转移，从而制造"空间脆弱性"。以 S 市为例，进入产业结构调整期后，该市按照"退城进园"的思路，让重化工业陆续搬迁出主城区，迁往近郊地处三峡库区上游的 C 区。这种"城市中心—农村边缘"的工业社会发展模式，使处于中心地带的人们在生产风险的同时也获得

---

[1] 龚文娟：《社会经济地位差异与风险暴露：基于环境公正的视角》，《社会学评论》2013 年第 4 期。

一种风险分配的权力，总能成功将风险分配出去，让那些处于边缘地带的人们去承担更多风险。[1] 风险身份性转移指环境风险依附于社会成员身份跨时空转移。在当前户籍管理政策下，拥有城市户口的居民能享受较为完善的社会保障和福利保障，在一定程度上能降低环境风险对其造成的损害。而农民由于农业人口的户籍身份，在当前的社会保障条件下所能享受到的就业、医疗、养老等社会保障都还很有限。尽管进城务工的农民在城市也缴纳社会保险费，但他们能从城市获取的社会保障也低于城市居民，而且很多农民由于从事的工作暴露在环境污染风险中，身体遭受损害的可能性高于城市居民，而其风险规避能力弱于城市居民。城乡居民之间享有的生态权益的不平衡性导致的生态不公是城乡之间生态风险转移的又一个重要表现。

其次，在城市化过程中，城市生活污水、生活垃圾等面源污染向农村地区的转移，对农村生产和生活环境造成的污染及其损失得不到合理的补偿。城市生态系统与农村生态系统是相互影响、相互制约的关系。在工业化、城市化进程中，城市与农村应该公平承担环境保护和利用的权利和义务。城市只有增加环保投入、加大环境污染治理力度，减少向农村地区的污染转移，才能保障农村地区的空气、土壤、水源等农业生产资料不受污染，为城市提供健康的农副产品，提高城市公民的生活质量。而我国农村地区一般都比较缺乏生态治理条件，并且农村往往是采取加大向自然界索取和损害自然生态环境的办法为城市提供大量廉价的自然资源产品，同时还要承受着城市转移的各种环境污染。这种城乡生态不公正现象使农民的经济利益与生态利益都无法得到充分满足，必然致使农村的地方政府以及农民既缺少热情也缺乏能力进行生态治理，农村生态环境不断恶化和农民遭受环境污染之害的趋势也就难以遏制。因此，只有在实现后工业社会的城乡生态公正过程中，加强改善农村生态治理条件，合理定位自然资源环境产品价格，建立健全适应后工业社会的合理性城乡生态补偿机制，才有可能激发农民节约自然资源和保护生态环境的能动性、积极性，才有可能提升农村生态治理水平，从而也才有可能提高城乡生态治理的总体效率。

最后，城乡生态关系与城乡经济社会关系的不平衡，阻碍了城乡融合发展，加剧了城乡之间生存发展环境的代际不公正。城乡生态文明建设一体化

---

[1]　张康之、熊炎：《风险社会中的风险治理原理》，《南京工业大学学报（社会科学版）》2009 年第2 期。

与城乡经济社会发展一体化是相辅相成的。城乡二元经济社会结构问题导致了农村生态治理能力不足，加剧了农村生态环境的不断恶化，从而也产生了农村社会冲突增加、农村自然资产减少及由环境污染损害人体健康而导致的农村居民人力资本下降等诸多负面效应。事实上，农村生态环境污染的加剧不仅扩大了当今时代的城乡不平等，而且在一定程度上削弱了后代人缩小城乡不平等差距的能力。[1] 所以，城乡生态不公正必然会进一步减缓与阻碍城乡经济社会发展一体化的步伐。

三、城乡环保资源分配的不平衡性

在城乡环保资金投入方面，我国城市的环保服务公共品供给是自上而下的，而农村的供给则是自下而上的。这种体制造成农村环保服务供给主体缺位和环保资金匮乏。城市环保费用除了来源于预算内财政拨付资金、城市维护费、更新改造资金和超标排污费外，还有政府预算外资金。这些费用的征收已经形成体系，有较为充分的保证。长期以来，受经济实力的制约，中西部一些欠发达地区的地方政府用于农村环境保护和污染治理的资金捉襟见肘，特别是农村取消农业税、清理各项乱收费项目后，基层政府财政资金面临困境，农村环境保护和生态治理的专项经费就更加杯水车薪。农村环保部门缺乏应有的环保经费，相当一部分管理经费要靠收取乡镇工业的排污费来解决。

在城乡环保和生态治理硬件设施的布局方面，我国环境保护设施建设工作大多侧重城市，农村投入环境保护和污染治理的公共基础设施和技术落后于城市，制约了农村生态文明建设的步伐。例如，在生活垃圾处理系统、生活污水排放管网等环境基础设施建设方面，农村仍然滞后于城市。在不少农村地区，诸如厕所等公共卫生基础设施的普及与覆盖面仍然不足。一到雨天，人畜粪便随雨水排放到河流、湖泊中和渗透到地下，严重污染了地下水等农村居民的饮用水源，威胁着农村居民的身体健康和生命安全。

近年来，党中央提出乡村振兴战略，大力推进美丽乡村建设和新农村建设。国家加大了对农村人居环境的整治力度，不断增加乡村生态文明建设的

---

[1] 洪大用、马芳馨：《二元社会结构的再生产：中国农村面源污染的社会学分析》，《社会学研究》2004年第4期。

资金和技术投入，加强农民环境卫生教育，使我国城乡生态文明建设的差距进一步缩小，城乡一体化生态保护与治理体制机制得到加强和完善。

第三节　西方发达国家生态霸权主义的影响

一、在产业转移和资本输出中转嫁生态风险

随着时代发展，西方发达国家对广大发展中国家的殖民侵略出现了新的形式——生态霸权主义。生态霸权主义在当代表现为：在破坏全球共有环境，占用大量资源的同时，发达国家还借援助开发和投资之名，将大量危害环境和人体健康的生产行业转移到发展中国家，进行生态殖民。改革开放以来，中国作为最大的发展中国家，在对外开放中也深受"洋垃圾"造成的环境污染之害。据联合国统计数据显示，从 1995 年至 2016 年的 20 年间，中国的年垃圾进口量从 450 万吨增长到 4 020 万吨，翻了近十倍，仅 2016 年中国就接收了世界上 56% 的出口垃圾。废纸和废塑料是中国进口量最大的两类"洋垃圾"。2016 年中国进口废纸 2 849.8 万吨，占当年全球废纸出口总量的50%。美国是全球最大的废纸出口国，达到 1 828.9 万吨，占全球废纸出口量的比重为 32%，其次是英国和日本。2016 年中国进口废弃塑料 734.7 万吨，占当年全球废弃塑料出口总量的 65%。同时，中国也是以废铜、废铝为主的废有色金属最大进口国，主要来源地是美国、中国香港和澳大利亚。2016 年中国废铜进口量为 341 万吨，占全球废铜贸易总量的 40.9%；废铝进口量为 195 万吨，占全球废铝贸易总量的 23.7%。为了解决"洋垃圾"对我国生态环境造成的污染，保障人民群众的身体健康，2017 年 4 月，我国通过了《关于禁止洋垃圾入境推进固体废物进口管理制度改革实施方案》，对于西方资本主义国家以资本输出为名，将环境污染和生态危机转移到我国的生态殖民主义行径起到了有效的遏制作用。

二、在全球生态治理中推卸责任

发达国家利用国际政治经济旧秩序和世界经济体系中的垄断地位，凭借

资本和技术的优势牢牢控制全球生态资源的开发、利用和定价的优先权。

发达国家通常凭借着相对强大的利益优势与环境开发权进行全球性的资源搜刮，致使落后国家的发展更落后，而根本无暇顾及环境污染与资源分配不均的生态公正问题。一方面，占全球少数的富有国家人民消耗、浪费过多资源，并制造大量废弃物；另一方面，经济上贫穷的国家被迫承受这些污染与环境破坏。

发达国家在早期工业化进程中，采取"先污染，后治理"的发展模式，向大气层中排放了大量的有害气体，并且在城市化和农业现代化过程中对自然资源的掠夺性开发，导致地球生物锐减，破坏了全球生物多样性，产生了国际生态不公正。发达国家对于全球其他环境问题也负有不可推卸的责任。为了维持其富足的生活方式，发达国家占用了世界资源的大部分。按照"谁污染，谁负担"的原则，获利多且污染多的国家、企业和个人应该承担更多的环境责任，但事实却并非如此。据统计，《联合国气候变化框架公约》（以下简称《公约》）签署 20 多年来，发展中国家和发达国家的经济发展和温室气体排放情况发生了很大变化。1990 年，发达国家人口只占世界 22.2%，GDP 占全球 83%，温室气体排放则占全球近 70%，自工业革命以来累积排放量占全球 82%，据此也确认了发达国家对全球气候变化负有主要责任，并确立了其应尽义务。到 2016 年，发达国家 GDP 在全球占比下降到 63%，排放量下降到全球 38%，历史累计排放量下降到全球 68%。发展中国家排放量呈快速增长趋势，人均二氧化碳排放与发达国家相比由 12% 上升到 34%。[1]尽管广大发展中国家随着经济发展和排放量增加，需要不断加强其减排限排工作，承担更多的责任义务，然而，发达国家在早期工业化过程中对全球环境污染的历史和现实责任仍没有发生根本改变，遵循"共同但有区别的责任"的原则，发达国家应该比发展中国家承担更多生态责任和环境治理义务，以维护国际生态公正。

三、在国际贸易中设置"绿色壁垒"

随着经济全球化进程的加速发展，西方发达资本主义国家利用不公平的

---

[1] 王海林、黄晓丹、赵小凡、何建坤：《全球气候治理若干关键问题及对策》，《中国人口·资源与环境》2020 年第 11 期。

国际贸易规则，任意设置"绿色壁垒"抬高广大发展中国家的工农业产品进入西方市场的门槛，而对本国转移到发展中国家的环境污染产业及其产品视而不见。在发达国家与发展中国家的国际贸易中，发达国家利用不平等的国际分工格局和制定国际贸易游戏规则的控制权实施不平等的贸易霸权。发达国家垄断高科技产品的生产，掌握着世界经济的发展方向，发展中国家则作为他们的原料、低级工业品供应地和产品销售市场，在这个不平等的贸易格局中处于从属地位，付出了极大的环境代价。发达国家收获了经济发展和环境质量却不承认发展中国家在这个过程中付出的代价，这无疑是一种生态责任转嫁，以期逃避应该承担的环境保护责任。

"绿色壁垒"实际上是全球环境保护与全球自由贸易之间的矛盾、发展中国家与发达国家之间的矛盾、现实状况与未来发展趋势之间的矛盾。其深层根源是国际生态公正问题，其中交织着两种价值观即生态伦理思想与功利主义的冲突。因此，寻求"绿色壁垒"的突破既有技术的、制度的要求，也需要伦理的、价值的跨越。

国际贸易中引进适当的环境保护政策从理论上说可能达到了伦理地通往保护环境、维护生态平衡和尊重地球的美好境界，但在现实中往往被居心险恶者歪曲了，蜕化为非伦理和反伦理的借口，侵害了国际生态公正。从运用"绿色壁垒"的动机看，"绿色壁垒"具有正当性和不正当性之分。正当性的"绿色壁垒"出于切实保护环境的目的，并且在形式上和实质上是公正的；不正当性的"绿色壁垒"是以环境保护之名，行贸易保护之实，其被抬高的本国环保标准其实是为了阻挡外国产品进入本国市场而构筑的屏障。在当前的国际贸易中，这样的不正当性似乎正在冲淡国际贸易的环境政策，使"绿色壁垒"成为西方国家转嫁本国生态危机，加速掠夺发展中国家生态资源，制造国际生态赤字，导致国际生态不公正的借口。其表现有以下几方面：

第一，人为抬高发展中国家市场准入的环保标准。由于生产力水平的巨大差异，在科学技术、经济实力、立法要求、环境标准方面都处于制高点的发达国家在贸易谈判时总是企图以国际标准甚至高于国际标准的要求来统一为环保产品划定达标线。一些贸易协定也从中推波助澜。如 TBT（Technical Barriers to Trade，技术性贸易壁垒）规定，如果国际标准不是一国想达到的国内环保水平，缔约国可以实施特殊的国内强制措施，但必须强化透明度和通知原则。发展中国家显然不同意这种无视"南北差异"的"一刀切"的提议。因为"统一"的环境标准貌似公正，实则损害的恰恰是公正。公正的环境责任，不是平均分摊，也不是统一要求，而是在衡量历史差异、现实状况和未来影响等诸多层面后的通盘考虑。保护环境的确是全球的责任，但由于各国在技术、立法、价值、收入、污染控制措施、费用以及自然条件等方面的差异，环境保护的要求程度也是因国而异的。必须首先承认"异"的客观存在并且是解决问题的前提，然后再掂量这里的"异"究竟"异"到什么程度才是合理的、公正的、可行的。过高的有损公正性，过低的又不能达到保护环境的目的。有些学者认为，一般而言，统一全球环境要求不是个好办法，是无效的，而标准过于局部化有可能导致其有效性的降低和被滥用。他们建议：为了减少出现严重的、无法挽回的环境损害的风险性，协调出最低的要求可能是合理的。同时，他们提醒，这种最低要求也只能使用于少数的情况，因为在每个方面都提出各国协调一致的环境要求必然招致反对，是不可能的。也许探求一种既有利于环境保护又有利于贸易发展，既合乎环境伦理准则又合乎市场追求规律的道路是遥远的，但指导这条道路走向的原则无疑是建立在正义基础之上的原则。

第二，对特定国家的相同产品给予歧视性待遇。最惠国待遇既是维护自由贸易正常进行的原则，又是表征交易者道德水平的伦理性规范。不遵守这一原则就会妨碍贸易自由，也是对道德准则的侵犯，构成歧视性。"绿色壁垒"往往被西方国家滥用。这些国家借环保之名，行歧视之实。经典案例如1996 年美国与印度、马来西亚、巴基斯坦、泰国的"海虾/海龟案"。美国以该四国捕海虾未使用 TED（Turle Excluder Device，海龟隔离器）违反美国国内法（609 条款）为由禁止从这些国家进口海虾。印度等国认为：美国不能仅因为生产或加工方法的不同就对来源于不同成员方的但实质相同或类似的进口产品实行有差别的待遇；TED 的使用与否并不影响海虾的实质物理构成；美国仅凭捕捞方式的不同就确定未使用 TED 的出口国的海虾禁止进口措施，这显然违背了 WTO（World Trade Organization，世界贸易组织）的最惠国待遇。此外，美国在实施 609 条款过程中，对前期受影响的其他成员方给予了更充裕的过渡期以及技术和资金方面的援助，而没有让这四国享受此待遇，这也构成了对 WTO 成员方的歧视。由于对特定国家予以歧视性待遇，未能对所有成员方一视同仁，美国借保护海龟之名达到贸易保护的目的被挫败。由此可见，进口国以环境保护为理由实施"绿色壁垒"时，如果不遵守相应的贸易原则和贸易道德规范，那么这一"绿色壁垒"便很有可能因为被人贯彻了其利用环境标准妨碍正常贸易以保护本国市场的真正意图，而蜕化为不正当性的"绿色壁垒"。这样就不但有违"绿色壁垒"的初衷，无法履行对珍稀动物的保护义务，还会成为保护主义盛行的保护伞。

第三，对国内产品与国外同类产品实行双重标准。为达到既保护环境又获取商业利益的双重目的应当采取怎样的环境标准确实颇费思量。如果提高本国的环保标准而宽容他人的较低标准，那么虽然短期利益上可能会有损失，但对出口国（尤其是发展中国家）是一种扶持。从长远角度看，这不但能赢得道义上的声誉，而且有助于环境的共同改善。但是，一些这方面有能力、有作为的发达国家的做法恰恰相反，对本国的产品采取宽裕的尺度而对出口国的产品一味"严格"要求。如美委汽油案，这是 WTO（World Trade Organization，世界贸易组织）成立后受理的第一起贸易纠纷。美国环保署于1994 年为在美国九大城市出售的汽油制定了新的环保标准，规定汽油中的硫、苯等有害物质的含量必须低于一定的水平；要求美国国内生产的汽油逐步达到有关标准，而进口汽油必须在 1995 年 1 月 1 日该规定生效时立即达标，否则禁止进口。委内瑞拉作为向美国出口汽油最多的国家，是这一规定的最大受害国，因而上诉至 WTO。本案专家组认为：尽管各国在制定贸易法规时有权根据本国的情况制定相应的环保标准和措施，但对进口商品的有关待遇不得低于本国相同或相似的商品；而美国对进口汽油环境标准的要求超过本国汽油，限制了外国汽油的进口，这违反了 WTO 的国民待遇。WTO支持委内瑞拉及其他石油国的立场。上诉机构在受理本案中似乎倾向于这样一个原则：环保例外措施必须在不造成不公平和随意的歧视，不构成对国际贸易的变相限制的前提下才可应用。这个原则是符合伦理精神的，它表达了正义的基本价值诉求。本案的圆满解决揭示了环境保护和贸易发展之间并不存在不可调和的矛盾，也说明"绿色壁垒"的启用并不是任意的，并不是不要求动机的伦理性和道德准则的参与。同时，环境伦理的基本理念能够与经济发展相融合并为它提供有益的现实指导和发展思路。

第四，借生态环境问题对他国内政进行干涉。根据国际法，每个政府在其领土内都有至高无上的权力。这种权力当然包括对自己的资源的处置权和生产方式使用权。这本是无可非议的。但是，有些国家居然认为，在国际贸易中，进口国有权要求出口国的产品按照本国国内法生产，也有权要求不符合本国法律的出口国改变相关政策。显然，这种要求超越了国际法，是有意要干涉他国内政。如美国与墨西哥等国的"金枪鱼—海豚"案。在太平洋的东部赤道地带，金枪鱼一般与海豚混游在一起，用围网捕捞金枪鱼时时常造成海豚的意外伤亡。美国国内法《海洋哺乳动物保护法》规定，如果某个向美国出口金枪鱼的国家不能向美国权威机构证明其符合该法规所制定的标准，则美国政府必须停止所有来自该国的鱼类进口。墨西哥等国是所涉出口国，受到美国法院诉讼。此案之所以涉嫌干涉他国内政，根本之处在于，美国借机要迫使墨西哥等国改变捕捞金枪鱼的生产方式并拿出"一项调整海洋哺乳动物捕获的、可与美国相比拟的规划"，即改变鱼类政策。该案专家组认为：美国不能仅仅因为墨西哥关于金枪鱼生产方法的规范没有符合美国的法规就停止从墨西哥进口金枪鱼；GATT（General Agreement on Tariffs and Trade，关税及贸易总协定）的规则不允许一个国家为试图在另一个国家执行其国内法的目的而采取贸易行动——即使是为了保护动物健康或将耗竭的自然资源。我们可以合理推论：如果美国的提请获得通过，那么那些强势国家今后都有可能假借他国的环境政策与本国不相应（各国，尤其是发展中国家与发达国家的环境政策差异的存在是客观事实）的理由，强行把自己的法律运用于域外，迫使弱小国家修改相关政策——这是典型的借环保问题干涉他国内政的霸权行径。

第五，利用技术优势对发展中国家进行压榨和盘剥。"绿色壁垒"对于处于优势的发达国家更有利，而对于发展中国家来说，意味着更多的被动和压力。与此同时，发展中国家还要承受不正当性"绿色壁垒"的盘剥和压榨。自2018年以来，美国推行贸易保护主义，中国机电产品作为对美国出口的第一大类产品，被美国加征关税后该产品大类征税占比达到了47.6%，对中国机电产品出口产生了较大的负面影响。从总量看，被美国加征关税后的中国机电产品中，约有60%~80%对美出口市场份额下降，其中有20%在美国市场份额下降超10%以上，导致我国机电产品出口美国每年因"绿色壁垒"损失30亿美元。"绿色壁垒"已经涵盖机电产品的研究开发、生产、加工、包装、运输、销售和消费等全流程，成为机电产品出口美国的一大障碍。[1] 其原因，除了发展中国家自身的经济薄弱和技术落后外，还与发达国家利用不正当性"绿色壁垒"对发展中国家极尽压榨之事脱不了干系。发达

---

[1] 米冰，王步芳：《美对华机电贸易壁垒及对策研究》，《对外经贸实务》2021年第12期。

国家用低价掠夺发展中国家的初级产品，又用高价制成品攫取利润，但资源开发过程中的损失和资源以外的价值均由发展中国家承担，并且发展中国家还要承受发达国家"破坏全球环境"的指责；发达国家把污染企业和废弃物转移到发展中国家，利用发展中国家环境法规不健全和环境标准宽松的特点，将国内的"夕阳产业"，工业、生活废物转移到发展中国家，不仅从中谋取大量经济利益，还严重破坏发展中国家当地环境；发达国家利用各种形式的"绿色壁垒"限制发展中国家的发展，利用技术、资金等优势抢占世界绿色市场，把接受其环境理念和环境要求作为优惠贷款、国际投资、无偿援助等方面的先决条件。日本环境社会学创始人饭岛伸子针对国际环境问题的不平等现象指出："今天发达国家在发展中国家进行的大规模开发和工业建设的过程，也是发展中国家的居民的生活和健康受到损害，土著民族的原有生活方式遭受彻底破坏的过程。"[1] 实际上，这种破坏还应包括国际贸易中的不正当性"绿色壁垒"。

自 2001 年加入世界贸易组织以来，我国参与经济全球化的广度和深度全面提速。在短短的几十年间我国迅速跻身成为世界贸易大国行列，越来越广泛深入地参与到国际分工与国际竞争当中。中共十九大以来，中国共产党提出实施绿色发展战略，建设美丽中国，一方面顺应了世界潮流，有利于抢抓机遇，加速发展；另一方面，也面临着来自西方发达国家的遏制与围堵。由于不合理的国际政治经济旧秩序的存在，加上国际生态霸权主义的横行，中国在参与国际分工与合作过程中常常遭遇不公正对待，处于不利的竞争地位。尤其是 2008 年国际金融危机以来，西方发达国家经济发展陷入衰退，经济持续低迷的状况短期内难有改观，我国出口导向型经济受到巨大冲击，经济下行压力大增。更为严峻的是，以美国为首的西方发达国家为了维护本国利益，违背自由贸易精神，以"绿色壁垒"为掩护实行贸易保护主义，不断制造国际贸易摩擦，实施贸易制裁，抬高中国对外贸易、投资、出口的门槛和交易成本。这对我国实施绿色发展战略，加快生态文明建设，实现生态公正构成了潜在的威胁。

---

［1］ 饭岛伸子：《环境社会学》，包智明译，社会科学文献出版社，1999，第 132 页。

第六章
建设人与自然和谐共生的美丽中国

中共十九大报告提出，我们要建设的现代化是人与自然和谐共生的现代化，既要创造更多物质财富和精神财富以满足人民日益增长的美好生活需要，也要提供更多优质生态产品以满足人民日益增长的优美生态环境需要。必须坚持节约优先、保护优先、自然恢复为主的方针，形成节约资源和保护环境的空间格局、产业结构、生产方式、生活方式，还自然以宁静、和谐、美丽。[1] 当代中国推进生态文明建设，努力实现生态公正是一个系统工程，需要综合运用经济、政治、文化、科技等手段。牢固树立人与自然和谐共生的生态文明思想，从转变发展理念加快绿色发展，完善法律法规制度体系保障公民生态权益，以及推进乡村生态振兴，方能久久为功，实现美丽中国的生态梦。

第一节　以新发展理念和绿色发展战略
为实现生态公正夯实根基

中共十九大报告指出，发展是解决我国一切问题的基础和关键，发展必须是科学发展，必须坚定不移贯彻创新、协调、绿色、开放、共享的发展理念。[2] 理念是行动的先导，一定的发展实践都是由一定的发展理念来引领的。发展理念是否正确，从根本上决定着发展成效乃至成败。在迈向全面建设社会主义现代化强国新征程中，面对当前经济社会发展新趋势、新机遇和新矛盾、新挑战，我们必须以新发展理念为引领，加快实施绿色发展战略，破解经济社会发展中影响我国实现生态公正的问题与挑战。

一、强化绿色发展理念，树立人与自然和谐共生的生态文明观

习近平总书记强调，大力推进生态文明建设，要按照绿色发展理念，树立大局观、长远观、整体观，坚持保护优先，坚持节约资源和保护环境的基

---

[1] 习近平：《决胜全面建成小康社会 夺取新时代中国特色社会主义伟大胜利》，人民出版社，2017，第50页。
[2] 习近平：《决胜全面建成小康社会 夺取新时代中国特色社会主义伟大胜利》，人民出版社，2017，第21页。

本国策，把生态文明建设融入经济建设、政治建设、文化建设、社会建设各方面和全过程，建设美丽中国，努力开创社会主义生态文明新时代。[1]

首先，绿色发展理念是马克思主义生态文明观的基本价值遵循。生态文明观是马克思主义唯物史观的重要内容，也是指导当代中国实现绿色发展、建设社会主义生态文明的理论基础。马克思主义辩证的自然观以及社会有机体理论深刻揭示了人类、自然与社会相互依存、相互促进的辩证统一关系，闪耀着绿色发展思想的灿烂光辉。自从人类产生以后，自然界在人类实践活动中以崭新的形式，延续自己的存在和发展。人类通过生产劳动的实践存在方式，越来越深刻地影响和塑造着自然，同时人类也在利用自然、改造自然的生产劳动实践中被自然改造，这就是自然的人化和人化的自然的相互转化过程。马克思主义社会有机体理论揭示了人类与自然之间存在着固有的物质交换关系，自然界既作为人类直接的生产资料和生活资料的来源，又作为人类自身生命活动的对象和工具，在漫长的生产劳动实践中转化成人类无机的身体。生产劳动使人类从统一的自然界中分化出来之后，人类更深刻、全面地依赖于自然和社会的物质运动规律。人类由于受自身的认识能力和社会历史条件的限制，造成人与自然之间的矛盾与冲突时，就要适时调节自身的社会生产方式，积极寻找协调人与自然和谐相处的方法和途径，使自然界与人类文明共进退。因此，通过发展理念的不断转换，协调人与自然的关系，实现人、自然、社会的和谐有机统一，便成为人类必须面对的永恒主题。绿色发展的核心内容就在于：合理地调节人类与自然之间的物质变换关系，创造一个最无愧于和最适合人类本性的绿色自然生态与社会生态环境，实现人、社会、自然三者的和谐与协调发展。唯物史观高度注重生产力对于社会发展的最终决定作用。体现绿色发展内涵的生产力是促进人与自然和谐、人与社会和谐以及人与人和谐的生产力。这种生产力本质上是有助于人的自由而全面发展的绿色生产力。

其次，绿色发展理念是我们党全面总结改革开放实践经验教训，深刻反思传统发展理念、发展模式和发展路径，探索中国经济社会与环境协调共赢转型发展新路径的重大理论创新。改革开放以来，依靠比较优势和有利的国际国内发展环境，中国经济取得了举世瞩目的成就。进入 21 世纪以来，随着自然生态日益恶化和资源环境的压力不断增大，依靠生产要素的投入驱动

---

[1] 中共中央宣传部编《习近平总书记系列重要讲话读本》，人民出版社，2016，第 230 页。

经济发展的高能耗、高污染、低效率、低产出、粗放式的外延增长型经济发展方式已经难以适应新形势的发展需要。创新发展理念，加快转变经济发展方式，加强生态文明建设，提高环境治理水平，实现绿色发展已经成为当代中国经济社会转型发展的必由之路。我们党在领导中国特色社会主义现代化建设的进程中，围绕"实现什么样的发展、怎样发展"这个重大的时代命题，始终坚持与时俱进的理论创新品质，不断调整和校正中国特色社会主义的发展航向。从中共十二届六中全会首次提出以经济建设为中心，中共十三大把"以经济建设为中心"写进党的政治路线，到邓小平同志南方谈话提出"发展才是硬道理"的著名论断；从中共十六大报告强调发展是党执政兴国的第一要务，到科学发展观的创立，再到中共十八大以来"五位一体"发展总体布局和"创新、协调、绿色、开放、共享"五大发展理念的提出：这些无不彰显了我们党具有理论创新的无限张力。绿色发展理念的提出标志着我们党对自然规律、人类社会发展规律和社会主义建设规律三大规律的认识达到了新的高度，是我们党在探索"发展什么样的中国特色社会主义、怎样发展中国特色社会主义"的问题上做出的新回答，进一步丰富和发展了马克思主义社会发展理论，开创了中国特色社会主义的新境界。

最后，绿色发展理念顺应了世界历史发展的趋势与潮流。自 1989 年英国经济学家皮尔斯在《绿色经济蓝皮书》一书中首次提出"绿色经济"概念以来，绿色发展便成为世界发展的潮流。联合国倡导的"绿色新政"也日益成为国际社会的共识，被写入世界各国政府和政党的施政纲领。在实践层面，国际金融危机以来，无论是西方发达国家，还是广大发展中国家，都把发展绿色经济作为实现经济复苏的重要支点和抢占经济制高点的国家战略，力图通过实施绿色新政促进经济转型，实现经济、社会的全面、协调、可持续发展。世界各国政府和人民认识到，实现绿色发展不仅可以节能减排，而且能够更加有效地利用资源、扩大市场需求，是保护与发展经济的重要结合点，也是应对人类面临的全球性生态危机和生态矛盾，推动人类文明永续发展的必然选择。

二、建立健全绿色 GDP 评价指标体系，保障绿色发展质量

推动绿色发展要摒弃传统的政绩考核评价体系，构建绿色 GDP 评价指

标体系，充分发挥绿色 GDP 综合考核制度在推动绿色发展进程中的评价尺度和价值导向功能。习近平总书记在十八届中央政治局第六次集体学习时指出，一定要彻底转变观念，就是再也不能以国内生产总值增长率来论英雄，如果生态环境指标很差，一个地方一个部门的表面成绩再好看也不行，不说一票否决，但这一票一定要占很大的权重。[1] 绿色 GDP 是处理经济发展、社会发展与资源环境利用三者关系的综合指标，是政府政绩和干部考核的重要指标。因此，中央政府在生态治理上的政治制度必须创新，需要有可考量的绿色 GDP 指标体系，以之衡量地方发展的质量，并以之与官员晋升挂钩。[2]

当前，GDP 是世界各国通行的国民经济核算指标体系。这个指标体系形成于 1953 年，其发明与产生是诸多经济学家、统计学家共同努力的结果。由于世界各国都普遍采用 GDP 经济核算体系，作为核心指标的 GDP 已经成为衡量一个国家发展程度的统一标准。绿色 GDP 评价指标体系数据有助于优化科学决策、推动公众参与和促进民主法治进程，进而保障经济社会发展中的各项决策能真正兼顾大多数人的利益，实现人与自然的和谐以及社会的公平正义。现有的 GDP 核算体系仍然存在着统计上的技术缺陷，尤其无法客观公正地反映人与自然的辩证关系以及人与人、人与社会之间在占有、消费、保护生态资源等方面的公平正义关系，面临着改进和创新的紧迫性。

经济发展过程不仅是物质资料产出总量增加的过程，还是一个自然资源消耗增加的过程，同时也是伴随着环境污染和生态破坏的过程。传统的 GDP 评价指标体系只能反映出经济产出总量或经济总收入的情况，却显示不出这背后的环境污染和生态破坏。关于各国经济发展中的生态成本究竟有多大，目前世界各国还没有一个准确的核算体系，没有一个数据使我们能一目了然地看出环境污染和生态破坏的情况。环境和生态是一个国家综合经济的一部分。由于没有将环境和生态因素纳入其中，GDP 核算体系就不能全面反映国家的真实经济情况，核算出来的一些数据有时也会很荒谬，因为环境污染和生态破坏也能增加 GDP。例如，环境污染导致病人增多，这显然加剧了人们的痛苦和损失，但病人的增多，治疗需求的增长促进了相关医疗产业的大发

---

[1] 中共中央宣传部编《习近平总书记系列重要讲话读本》，学习出版社、人民出版社，2014，第 58 页。
[2] 张劲松：《论生态治理的政治考量》，《政治学研究》2010 年第 5 期。

展，而纯粹以经济总量增长为评价指标的 GDP 自然也跟着大发展，然而从人类健康发展的角度来说，这究竟意味着进步，还是后退呢？显然，传统的 GDP 评价指标体系在逻辑上存在着悖论。

由于传统 GDP 评价指标体系统计存在着一系列明显的缺陷，长期以来为人们所诟病。20 世纪中叶开始，随着环境保护运动的发展和可持续发展理念的兴起，世界各国的经济学家和统计学家们尝试将环境要素纳入国民经济核算体系，以发展新的国民经济核算体系。一套新的绿色 GDP 评价指标体系呼之欲出。目前，尽管绿色 GDP 评价指标体系从研究阶段到启动实施面临着许多技术、观念和制度方面的障碍，但没有这样的指标体系，我们就无法衡量真实发展水平，无法用科学的基础数据来支撑绿色发展的战略决策，无法实现对整个社会的综合统筹与平衡发展。因此，无论有多少困难，我国都应当立即开始进行探索，从具体项目到局部地区，进行不断的试验，逐步建设起符合中国国情的绿色 GDP 评价指标体系。

改革开放以来，中国成为世界上经济增长最快的国家，创造了举世瞩目的经济奇迹，但这增长又是通过多少自然资源损失和生态赤字换来的呢？不仅环境与资源的消耗所带来的生态污染无法衡量，从社会学角度看，GDP 也不能反映社会贫富差距，不能反映社会分配状况，不能反映国民生活的真实质量。进入 21 世纪以来，为了应对日益突出的生态危机，加强生态治理，从 2003 年开始，我国国家统计局对全国的自然资源进行了实物核算，随后国家统计局和国家环保总局成立了绿色 GDP 联合课题小组，组织力量积极进行研究和试验，力求以创新我国经济与生态环境科学评价体系作为切入点，解决长期以来畸形的评价体系对生态公正的冲击与扭曲。从传统的衡量经济增长的 GDP，到衡量资源环境的绿色 GDP，再到衡量社会发展的各项指标，这一转变是一个充满着挑战与希望的事业。唯其如此，生态公正方有可能实现。

三、激发绿色科技创新活力，增强绿色发展动力

解铃还须系铃人。当代人类遭遇的生态危机和严重的环境污染困扰，无不与相对落后的科学技术对环境的污染与破坏有关。因此，实现绿色发展还必须从技术层面探索出一条利用科学技术解决传统发展导致的生态环境问题

的科技型绿色发展之路。绿色科技的产生与兴起是建立在对传统工业文明观的批判和反思基础之上的，是为解决生态环境问题而发展起来的科学技术。绿色科技是指以保护人体健康和人类赖以生存的环境，促进经济可持续发展为核心内容的一切科技活动[1]，主要包括绿色产品和绿色生产工艺的设计、开发，消费方式的改进以及环境理论、技术和管理水平的研究、提高等环节。

第一，推动绿色科技的研发和成果转化运用。在我国，绿色科技的发展时间比较短，需要国家给予大力扶持和引导。政府应通过制定一系列战略规划引导科研组织进行绿色技术创新，鼓励企业进行绿色科技开发；通过制定优惠政策，引导、鼓励绿色科技的应用。与此同时，限制、禁止有害于环保的技术及产品的使用，也可迫使污染型企业改进工艺，逐步发展和应用绿色科技。此外，通过灵活多样的合作方式，加强政府部门、科技界和企业界的合作以及国际间交流，积极参与绿色科技领域的多边合作，都将促进绿色科技及产品的开发、应用、推广。当前，中国绿色科技的研发、推广和应用要优先考虑发展有利于加快实施绿色发展战略，促进生态文明建设，促进生态治理，维护公民生态权益，实现生态公正的环保科技领域。这些领域主要涉及以下方面：一是污染治理技术，二是绿色农业生产和农产品加工，三是清洁能源开发和能源洁净技术，四是资源优化配置和综合利用，五是绿色政策和绿色市场的发展。

第二，建立健全促进绿色科技发展的竞争激励机制。引入绿色科技，对传统产业进行绿色化调整，将促进可持续发展。同样，可持续发展也必将产生绿色科技的科研需求和应用需求。但此过程需要一定的竞争激励机制来实现，其中包括市场激励机制、社会激励机制和政府激励机制等。政府应通过市场导向牵引绿色科技创新，例如指定环境技术政策、绿色财政支持政策等为绿色科技创新主体创造大量的市场需求；通过环境法规等强制驱动绿色科技创新，例如制定"清洁空气法"对燃烧矿物排放的污染物进行严格限定，从而推动以清洁汽车为首的一系列绿色技术的产生；培养公众的绿色意识，影响消费者的购买意向，扩大培育绿色科技创新的消费市场，为绿色技术创新创造良好的社会氛围。这些机制综合作用、相互促进，从而保证绿色科技的健康快速发展。

---

[1] 李建华、孙宝风：《绿色科技与经济可持续发展的互动机制》，《技术经济》2000年第1期。

第三，加大绿色科技环保产业发展的扶持力度。绿色科技产业是应用绿色科技建立和发展起来的一种多层次、多结构、多功能、变工业废弃物为原料，实现循环生产和集约经营管理的产业。绿色科技产业具有巨大的经济、社会、环境效益，所以国家应将其作为战略性产业加以培育，并作为传统产业整合与可持续发展的切入点。为此，国家应根据产业前景，制订全局性发展规划，确立绿色科技产业的发展目标和发展重点，有计划、有步骤、多层次地引导、推进和实施，逐步建立中国绿色科技产业可持续发展的研发、创新、服务体系。

总之，政府要在立法、政策、资金和制度设计等方面大力支持、鼓励、引导国内企业加大在新能源、新材料等高科技领域的研发投入力度，积极创造条件促进先进科技成果转化成先进生产力，为我国实现绿色发展提供源源不断的科技创新动力。

四、倡导绿色生活方式，奠定绿色发展基础

2015 年 3 月，中共中央政治局审议通过的《关于加快推进生态文明建设的意见》提出，必须加快推动生活方式绿色化，推动全民在衣、食、住、行、游等方面加快向勤俭节约、绿色低碳、文明健康的方式转变。生活方式绿色化可以引导生产方式转变，倒逼我国的产业结构转型升级，促进绿色发展。绿色生活方式要求社会提供更多的绿色产品，公众以购买绿色产品为时尚，促进企业向有利于生态保护的循环经济模式转变，进而推动绿色产业发展，促进经济向绿色可持续经济转型。[1]

（一）消费方式与生态文明的辩证互动关系

人的消费方式所体现的是人自身的存在样式、社会的整体状况和人与自然之间的关系状态。人类历史的不同阶段，其消费方式不同，反映的文明形态也各异。生态文明是一种包含构建崭新的消费模式的文明形态，是人类反思工业文明"大量生产—大量消费—大量废弃"生活方式而做出的选择与追求。在生态文明时代，绿色消费与生态文明之间的关系显然更加值得关注。

第一，反映在个体身心关系上，消费方式体现消费主体的文明。

---

[1] 吴芸：《全方位推行生活方式绿色化》，《唯实》2015 年第 10 期。

人的需要即人的本性，而人的需要主要是消费的需要。在本质上，消费是需要得到满足的活动。

一方面，人的消费需要是区分人与动物的根本标志。动物的需要是生理的、自然的、本能的需要，它完全取决于自然的供给，并且这种需要的满足与它的行为是直接同一的；而人的需要还具有文化性、社会性、能动性特征，为了满足需要，人会主动地改造客观自然、改善社会环境、调节消费欲望。人与动物在消费上的区别不仅取决于各自需要的差别，而且取决于满足这种需要的目的和手段的差别。

另一方面，人的需要是多种多样的。如何不断调节这些互相冲突的需要，使之有序地得到满足，反映出个体的教养水平和文明程度。在不同对象、不同指向、不同层次的需要中，每一种需要作为动力机制，只能促使个体追求他所指的某一外在条件的满足，而并不顾及其他需要的满足。这些"各自为政"的需要，潜在地向人和人的需要体系提出了一种客观要求——对人的这些需要进行统一安排，使之协调、和谐，它指向人性内在的需要本身。这种需要，作为一种目的而言，是自我实现的需要；作为一种手段来讲，是道德需要。一般来说，道德水准的高低与协调不同需要的和谐度呈正相关关系，因此如何满足各自的需要反映着人的素养水平。消费是对人的本质的反映和充实。消费者权利的自由程度反映了社会的进步程度，而消费者责任的表达程度反映出个体的教化程度。

第二，反映在人与人的关系上，消费方式体现消费客体的文明。

作为一种权利，消费的满足是个体自由、自主的选择，但这种选择不仅取决于个体对自我需要的调节，而且取决于个体与社会关系的张力。

一方面，人的存在方式包括消费方式，只有在特定的社会关系中才能得到合理的解释和说明。消费是一种人权，是体现人的生命价值、意义、尊严甚至生命本身的一种形式，提出保护消费者权益是社会文明的应有内涵。但是，同其他权利一样，消费权利的实现也应以不妨碍他人的权利和自由的实现，以及不损害公众利益、社会道德为前提。行使消费权利需要同时承担消费责任。消费的满足是在一定消费习俗、消费时尚、消费文化、消费制度、消费环境中产生合理的结果。

另一方面，消费还涉及社会公平问题。任何消费都是以社会的物质资源、文化资源和自然的环境资源为前提的。人们的消费数量、消费质量、消费结构等不仅与自身的条件（主体的消费能力、消费需要）相关，而且与社会供给、自然供给相关。近些年来，无论是在国际社会层面的国家（地区）之间还是在我国现实的各类消费主体之间，环境消费中的公平问题都日益凸显。由此而提出的环境公正问题就是要考虑到在环境资源的消耗、占有、使用和保护上所有主体一律平等，享有同等的权利，负有同等的义务。消费公平问题就是人与人之间的生存和发展公平问题，就是国际法规、国家政策等各类制度设计的合理问题。

近年来，社会生活中出现的张扬、挥霍、讲排场、比阔气的炫耀性消费，完全消解了消费的本质内容和意义，把消费当作一种社会资本，当作一种体现人际关系比较的手段。在这里，消费只是一种象征、符号、代码，是划分社会等级、表征阶层差异的标杆。高收入阶层的炫耀性消费所要表明的是自己与其他低收入阶层的区别，他们在物质层面和文化层面的炫耀性消费只是在向社会传达占有社会资源方面的优越性。来自高收入阶层的炫耀性消费是一种人际消费，其直接后果一是导致社会的不和谐，二是直接侵害自然环境，加速自然资源的枯竭。

第三，反映在人与自然关系上，消费方式体现了主客体的交互文明。

"人靠自然界生活"，任何消费，从其终极意义看，都指向自然。一方面，人的消费源于自然界。无论是自然产品还是人工产品，都不能离开自然。另一方面，人的消费终于自然界。消耗完毕的废弃物最终回归到自然。

从消费的来源看，工业革命以来，人类在生存需要得到基本满足的基础上，开始追求欲望的需要和发展的需要。物欲的满足成为肯定自我价值的重要标准。人类由此形成了一种消费主义所崇尚的过度消费的生活方式。这种消费模式直接导致了人的异化和自然的异化——人的单面化和自然的贫乏化。人口的激增和消费欲望的无度释放导致消费越来越庞大，而消费的激增必然要攫取更多的自然资源，以至于超越自然的承载力，导致自然资源走向枯竭。

从消费的终点看，正是人类的废弃物使得自然变得不再"自然"。大量自然无法消解的垃圾超过了自然的自净能力，使得生态失去平衡，造成环境污染。承载力的不足和自净能力的弱化必然阻碍甚至中断人类的文明进程。马克思提醒人们："古代国家灭亡的标志不是生产过剩，而是达到骇人听闻和荒诞无稽程度的消费过度和疯狂浪费。"

在生态文明时代，消费者在行使消费权利时，是否关心低碳消费、绿色消费、可持续消费，是其生态人格的直接体现。个体的消费取向、消费方式、消费水平、消费结构、消费质量反映出消费者自身的文明状况。正是在这个意义上，马克思指出："因为要多方面享受，他就必须有享受的能力，因此他必须是具有高度文明的人。"

然而，当今的人类似乎忘却了人的需要与动物需要的本质差别，忘却了个体需要与欲望之间的差别，在无尽消费的活动中释放欲望。其中，过度消费、炫耀性消费、畸形消费是表达不当欲望的主要方式。过度消费是一种超越自身的经济能力、超过自身的消费需要的不成比例的消费观念和消费活动。"消费更多意味着更幸福"是支持过度消费盛行的价值观和伦理思想。人们不停地以消费对象的新、奇、阔、特等特征来表达自己的存在价值、能力、尊严，在占有中获得自我认同，在光怪陆离的物质对象中表达自己的存在意义。消费活动已经超越了其本来的指向和目的，成为欲望释放的对象。如果说导致个体过度追求消费的本质原因在于其精神空虚，要以物质的消费来填补这种空白，那么人类的过度消费就是人类的精神失落，是人类在整体上以物为本，把消费当作社会、经济发展的重心的结果。

（二）以绿色消费促进绿色发展的路径

首先，要树立低碳绿色消费理念。消费是生产的终点，更是生产的起点。绿色消费倡导消费者在购买消费品时选择绿色产品，提倡最大限度地减少对资源的浪费，减少废弃物排放，是一种符合可持续发展的消费模式。在消费支出巨大的中国，必须倡导绿色消费，促进生活方式的绿色化，减少资源和能源的支出，从而拉动经济可持续增长，使整个社会在绿色发展、低碳发展的道路上不断前进。社会公众是绿色消费的主要力量，为了加快我国绿色消费发展的步伐，政府要努力培养公民的生态意识，注重对公民消费心理的分析和把握，通过宣传教育来引导公民加大对绿色产品的需求。

其次，要培育绿色消费方式。我国要推动生活方式的绿色化，倡导社会成员购买绿色企业生产的绿色产品，少使用甚至不使用非绿色企业生产的污染环境的产品，通过末端绿色消费来拉动前端产业升级，倒逼企业在生产过程中采用绿色技术，采用无害或低害的生产工艺，实施工业生产全过程的污染控制；实现少投入、高产出、低污染的绿色生产模式，减少不必要的资源消耗，减少废弃物的排放，使污染物达标排放，改善和保护环境。生活方式绿色化能够带动生产方式的转变，能够"促进传统产业生态化改造，推动构建科技含量高、资源消耗低、环境污染少的产业结构"[1]。

最后，要制定明确的绿色质量和绿色消费标准。我国要加快建立独立的政府绿色服务部门，规范市场秩序，加快推进绿色市场认证步伐，为绿色消费提供有效信息，增强消费者对绿色产品的信心；还要制定统一的质量管理标准，完善"产品检验制度，确保绿色产品产出后，经过加工、运输、储藏、批发、零售等环节，到达消费者手中时仍能符合规定的各项质量标准"[2]。在这方面，国外有一些推行绿色消费的做法值得我国借鉴。如：日本推行环保积分制度，即公民在购买绿色产品或服务时可以获得相应的环保积分，且此积分可以为公民下次购买绿色产品时抵消一定费用；英国巴克莱银行推出了能够为持卡者在绿色消费时提供一定折扣和较低借款利率的绿色信用卡产品。

第二节　以健全法律体系 为实现生态公正提供法治保障

在公民的所有权益中，生态权益既是最基本和最根本的一项权益，也是人权的重要内容。公民生态权益与生态公正是辩证统一的关系，保障公民依法享有平等公正的生态权益，是实现生态公正的前提条件。保障公民的环境权益，实质上是保障公民在安全、舒适、健康、干净的环境中生存、发展和享受的权利，体现了国家和政府对公民基本人权的重视以及对公民生命价值的尊重。改革开放以来，随着工业化的快速发展，我国面临着日益严重的生态环境危机。保障公民平等公正地享有生存发展所需要的生态权益是实现社会主义公平正义价值目标的必然要求，也是我们党和政府的重要职责。中国特色社会主义现代化建设作为将经济建设、政治建设、文化建设、社会建设和生态文明建设紧密地结合在一起的"五位一体"的整体建设，必须全面推进，坚持依法保障公民的经济权益、政治权益、文化权益、社会权益和生态

［1］陈吉宁：《大力推动生活方式绿色化》，《人民日报》2015年6月4日。
［2］牟晶：《绿色消费中的信息不对称问题探究》，《中南财经政法大学研究生学报》2006年第3期。

权益"五位一体"的整体权益。由于生态权益在公民各项权益中具有基础性和根本性的地位，保障公民依法享有平等公正的生态权益，实现生态公正便成为各级政府义不容辞的重大职责，被置于十分突出的地位。各级政府只有切实保障公民的生态权益，才能在经济和社会快速发展中建设生产发展、生态良好、生活富裕的生态宜居型、环境友好型全面小康社会。

一、推进政府环境信息公开，保障公民环境知情权

公民的生态权益是具有多方面内容的权益系统，如公民对安全、舒适、健康、干净的环境的享有权，包括公民的自然权、眺望权、安宁权、采光权、通风权、清洁水权、清洁空气权等。[1] 公民的生态环境知情权，是指公民拥有获得自身工作、生活的自然环境状况，本国乃至世界的环境状况，国家的环境政策，政府在环境管理上的作为以及环境对自身工作和生活的影响等有关信息的权利。政府依法公开环境信息，保障公民的环境知情权是《中华人民共和国环境保护法》赋予公民的一项基本权利，也是保障公民生态权益，实现生态公正的必然要求。

为了保障公民的环境知情权和参与权，《中华人民共和国环境保护法》第五十三条对政府环境信息公开和公众参与做了明确规定："公民、法人和其他组织依法享有获取环境信息、参与和监督环境保护的权利。各级人民政府环境保护主管部门和其他负有环境保护监督管理职责的部门，应当依法公开环境信息、完善公众参与程序，为公民、法人和其他组织参与和监督环境保护提供便利。"政府环境信息公开是公民及时准确了解自己生产、生活区域生态环境状况、生存发展条件，提高生产效益和生活质量的重要途径。近些年来，为了保障政府履行环境保护职责，维护人民群众的环境知情权，国家出台了《中华人民共和国政府信息公开条例》《环境信息公开办法（试行）》等与环境保护法相配套的法律法规。这些法律法规为政府环境信息公开、公民环境知情权走上法制化道路提供了有力的保障，也为社会主义生态公正的实现奠定了法治基础。为了进一步推进政府环境信息公开、保障公民环境知情权，还需做到以下几点。

首先，要修订并完善政府环境信息公开的相关法律法规。政府承担着环

---

[1] 方世南：《保障公民环境权益是政府的重大职责》，《学习论坛》2012 年第 2 期。

境信息资源的主要收集、整理、综合、加工等职责。这使得政府主管部门认为政府是环境信息的"自然拥有者"，产生了环境信息垄断的认识误区，认为是否允许公众获得信息以及获得信息的程度、方式等完全应由政府决定。此外，我国环境信息公开相关法规某些条款的制定过于宏观、宽泛，导致部分地方政府在执法过程中行使自由裁量权，选择性执法，甚至以信息敏感和保密为由拒绝公开，如《中华人民共和国政府信息公开条例》第十四条、第十五条规定："依法确定为国家秘密的政府信息，法律、行政法规禁止公开的政府信息，以及公开后可能危及国家安全、公共安全、经济安全、社会稳定的政府信息，不予公开。涉及商业秘密、个人隐私等公开会对第三方合法权益造成损害的政府信息，行政机关不得公开。但是，第三方同意公开或者行政机关认为不公开会对公共利益造成重大影响的，予以公开。"何谓"危及国家安全、公共安全、经济安全和社会稳定的政府信息"，何谓"国家秘密、商业秘密和个人隐私"，在法律上都没有明确具体的规定，这无疑增加了政府执法的难度和公众维权的成本。因此，国家需要通过司法解释，明确公众知情原则和不公开另外的法律原则，对政府环境信息公开范围、内容做出原则性要求，对公众知情的原则具体化。

其次，要不断拓宽公众获取环境信息的渠道。近年来，随着互联网等信息技术的发展，政府环境信息借助互联网等新媒体进行网上公开，既方便又快捷。然而，对于偏远地区、公众文化程度相对较低的广大农村地区的人民群众而言，其信息技术的落后，必然会导致不同社会群体环境知情权方面的新的不公。因此，政府公开环境信息必须根据当地的实际情况，选择适当的公开方式。尤其需要发挥目前覆盖全国范围的广播、电视等传统媒介对于政府环境信息公开的重要作用，应充分利用广播、电视等媒体定时、定期以易于公众了解和掌握的形式及时、准确、全面地向公众传播环境信息。

最后，要重视政府环境信息公开的标准化、科学化和精细化。由于公众在知识水平，社会经验，语言文字的理解能力、表达方式上各有差异，其对政府公开环境信息的理解具有选择性和多样性。因此，为了避免公众对公开的环境信息造成误解，政府必须明确所公开的环境信息应当以公众的判断能力作为标准。政府环境信息公开的标准化、科学化和精细化，可以使各级环保部门公开的环境状况信息在内容结构上保持一致和具有可比性，使公众对环境状况了解得更加全面和具体，同时可以避免内容上的空缺或重复。此外，为了使不具备专业知识的公众比较容易了解和掌握相关环境信息，政府应注重对环境信息的整理、加工和解释工作，以公众的理解能力及高度形象化和视觉化的语言为标准传递环境信息所反映的科学数据和自然规律；对于一些环境问题要以一些非常醒目的符号和形象的词语加以修饰，以便公众准确理解。

二、健全政府环境影响评价制度，保障公民环境参与权

公民的环境参与权，是指公民拥有参与环境决策、制定环境保护政策以及参与环境保护活动的权利。政府环境信息公开与建立健全公众环境参与机制是相辅相成的。公民行使环境知情权获取环境信息是平等参与环境立法、决策和保护，维护生态权益的前提，其最终目的是在充分知情的基础上，参与环境决策和管理。生态环境问题与每个公民的切身利益紧密相关。维护和实现好公民的生态参与权，有利于增强广大公民参与生态文明建设的责任感，调动广大公民珍爱自然、保护生态的自觉性和积极性。

要切实尊重和维护公民生态参与权，必须针对生态参与权的丰富内容和多样形式进一步具体化、规范化，在公民对国家和地方生态文明建设立法和决策参与权、生态法律执行和生态管理参与权、生态环境问题发现与解决参与权、生态权益维护和实现参与权、生态行为监督与评价参与权、生态文明建设共建参与权和成果共享参与权等方面进行细化和实化。国家要进一步健全公民生态参与法治体系，建立一整套系统规范、便于操作、程序科学的公民生态参与法律法规，保障公民更加有序有效地参与生态文明建设实践，推进美丽中国建设由封闭向开放、由单向参与向双向互动参与、由表层参与到深入参与、由较低程度参与到较高程度参与的全方位转变。

第一，充分发挥环境保护非政府组织在环境管理中的作用。环境保护公益组织是社会公众参与环境保护和维护生态权益的重要非政府组织和民间力量。政府对环境保护组织应当采取积极培育、正确引导、合理规范、依法管理的基本策略，充分发挥环境保护非政府组织在环境管理中的作用。环境保护的社会团体作为倡导环境保护的前沿，因其专业的知识、技术及调查能力方面的优势及公益性，能够搭建起交流信息、共享资源、聚集力量的广泛平台，在影响政府决策方面发挥重要的作用。因此，政府应当发挥环保社会团

体在环境信息收集方面的优势，扩大环境信息的来源，并且可以将社团作为政府环境信息的正规发布平台。

第二，要通过建立健全相关制度，引导公众参与，促进环境参与公平建设，进一步加大环保知识和环保政策的宣传力度，提升公众的环境治理参与度。在环境决策上，政府要建立决策民主和公益诉讼制度，提高公众对涉及自身利益的环保决策和执行过程的参与度。通过完善环境影响评估制度和广泛的财政资助，确保各社会群体的环境权益。环境影响评估制度是各社会群体，尤其是低收入群体确保环境权益的一项重要制度。通过采取环境影响评估制度，让所有可能对群体或个体造成环境损害和健康损害的资源环境开发项目，在实施前就进行必要的环境影响评估。由于环境影响的外部性和社会的联动性，社会富裕人群势必也会受到影响。因此，在实现社会公平的政策中，政府也要把缩小社会群体间环境权益的不公作为重要的政策目标，采取财政资助、环境津贴、企业环境改善、投资税收减免或加大对环境污染类企业环境规制力度等方式，解决社会群体间环境权益的不公问题。

第三，要拓宽公众参与政府环境立法、决策、咨询、环境评价等重大环境管理的渠道。在环境保护领域，政府特别是环境行政机关的立法与决策、政策与计划等都可能对环境造成影响，从而与社会公众之间形成密切程度不同的利害关系。因此，政府必须确立完备的环境参与权，使公众通过法定程序或途径参与一切与其环境利益相关的活动，使活动符合广大公民的切身利益，从而形成公众的参与机制，提高公众的参与程度和积极性，确保公众能够通过各种法定途径参与环境保护活动。

三、健全环境事件听证制度，保障公民环境监督权

环境监督权是指公民有权对污染破坏环境资源的行为进行监督、检举和控告。公民作为环境公害的直接受害者，对环境状况最了解、最敏感，环境质量的好坏会影响到所有人的生活和健康，保持良好、清洁、舒适的环境，既是人们的愿望，也符合人民的利益；而且环境保护具有极强的社会公益性，因此，个人、集体和国家在环境建设上的根本目标、利益是完全一致的。从法律上说，环境保护既是公民的一项基本权利，也是公民应尽的义务。首先，公民可以通过其代表向各级权力机关提出有关环境保护的议案、

质询和进行环境执法检查，间接地对政府机构进行监督；其次，可以对污染破坏环境资源的行为进行检举和控告。《中华人民共和国大气污染防治法》《中华人民共和国水污染防治法》《中华人民共和国海洋环境保护法》等都对公民享有监督、检举和控告的权利做出了规定。2012 年修正的《中华人民共和国清洁生产促进法》中也有类似的规定。该法第十七条规定："省、自治区、直辖市人民政府负责清洁生产综合协调的部门、环境保护部门，根据促进清洁生产工作的需要，在本地区主要媒体上公布未达到能源消耗控制指标、重点污染物排放控制指标的企业的名单，为公众监督企业实施清洁生产提供依据。"但在实践中，公民真正有效地参与环境管理、监督以及检举还存在许多困难，如缺乏具体行使权利的形式和有关法律规定。在一些国家，环境法之所以执行得好，就是因为任何单位和个人都可以对不严格执行环境法的行政机关甚至政府提起司法审查诉讼。有法律手段作为保障的公众监督，其力量和作用是其他形式所不可比拟的。

新时期，随着公民生态权益意识的不断增强，保护环境、维护生态权益公正已经成为当前公众越来越关注并积极参与的一大民生领域。加快构建政府、企业、公众三方主体共同构筑的现代环境保护和监督体系，鼓励各类主体共同朝着生态文明建设的战略目标努力，推动我国环境保护领域的公众参与更加有效、稳步、持续的发展，对于有效遏制生态环境领域的群体性事件，保障人民群众对环境评价的知情权、参与权和监督权具有重要意义。

第一，要保障公众参与的代表性。

在当前环境保护领域，公众参与的主体主要是环境保护非政府组织、热衷于环境保护公益事业的或从事环境保护相关专业教学研究的专家学者、社会公众个人等，而且以前两者为主。我国环境保护事业的发展态势呼唤环境保护非政府组织的出现与发展。近年来，我国环境保护非政府组织等环境保护与环境维权公益组织已取得了长足的发展。一大批公益性环境保护组织在我国环境保护、宣传和维护公众生态权益事业中了发挥重要作用。它们积极宣传与倡导环境保护，维护公民的合法权益；开展监督，积极参与我国环境事业的建设；扶贫解困，推动发展绿色经济；增强公民生态权益和生态公正意识，维护社会公平与正义；深入民间，聚集社会资本；协助政府探寻生态治理新模式，弥补政府保护环境、治理污染、保障公民生态权益职能的不足。因此，政府要在提高公众参与的代表性、扩大公众个人的参与面、提高公众的参与程度等方面多下功夫。

第二，要提高环境评价和监督的透明度。

社会公众参与环境评价和环境监督的前提是环境信息的公开透明。2008年5月1日实施的《环境信息公开办法（试行）》将环境信息界定为包括政府环境信息和企业环境信息。政府环境信息是指环保部门在履行环境保护职责中制作或者获取的，以一定形式记录、保存的信息；企业环境信息是指企业以一定形式记录、保存的，与企业经营活动产生的环境影响和企业环境行为有关的信息。该办法规定了环保部门应当在职责权限范围内向社会主动公开政府环境信息。此外，公民、法人和其他组织还可以依法向环保部门申请获取其他政府环境信息。该办法规定，污染物排放超过国家（或地方）排放标准，或者污染物排放总量超过地方人民政府核定的排放总量控制指标的污染严重企业，要向社会公开企业名称、地址、法定代表人，主要污染物的名称、排放方式、排放浓度和总量、超标、超总量情况，企业环保设施的建设和运行情况，环境污染事故应急预案等企业环境信息。此外，国家鼓励企业自愿公开企业环境保护方针、年度环境保护目标及成效，企业年度资源消耗总量，企业环保投资和环境技术开发情况，企业排放污染物种类、数量、浓度和去向，企业环保设施的建设和运行情况，企业在生产过程中产生的废物的处理、处置情况，废弃产品的回收、综合利用情况，与环保部门签订的改善环境行为的自愿协议，企业履行社会责任的情况等企业环境信息。

随着有关环境信息公开的法律法规的实施和完善，环境评价和监督的透明度将大幅提高。环境信息公开制度，尤其是政府环境信息公开制度将为前述公众参与环境保护途径的顺利实施提供前提保障。

第三，要降低公众参与环境评价和监督的成本。

相对于国内其他领域而言，环境保护公众参与属于可持续性较强的一个领域。然而，近年来，公众以及环保非政府组织等公益性环保组织参与环境保护与监督的成本相对较高。尤其是环保非政府组织，大多面临经费缺口大、资金来源不稳定、人员环境保护相关专业背景不强、人员稳定性差等诸多因素，环保非政府组织参与和组织公众参与环境保护的成本居高不下，制约了公众参与的积极性和环保组织的发展。要增强公众参与环境保护的意识和环保非政府组织在法治框架内的更加专业化的环境保护参与能力，需要创新环评制度，降低公众参与环境评价和监督的成本。

四、完善环境责任追究机制，保障公民生态环境损害救济权

完善环境责任追究机制，保障公民的生态环境损害救济权，是维护公民生态权益，实现生态公正的重要举措。公民的生态环境损害救济权，是指公民在生态权益受到侵犯时依法享有的司法救济权和生态补偿权利，即公民在生态权益受到侵害后拥有向有关部门请求司法保护和经济补偿的权利。2016年颁布的《国务院办公厅关于健全生态保护补偿机制的意见》明确了公民生态保护补偿的基本原则之一是："权责统一、合理补偿。谁受益、谁补偿。科学界定保护者与受益者权利义务，推进生态保护补偿标准体系和沟通协调平台建设，加快形成受益者付费、保护者得到合理补偿的运行机制。"使公众的环境知情权、参与权和监督权得到切实有效的保护，是保障公民生态权益的关键。因此，公众生态权益和生态公正的实现必须依靠完善的政府环境责任追究机制和公民环境救济途径。

第一，建立环境信息公开的行政问责制度。政府要将环境信息公开确定为行政机关的法定义务。如果政府无正当理由拒绝公众依法提出的信息公开申请或没有依法履行主动公开义务，公民可依法向有关机关提出申诉和提起行政复议。

第二，完善环境信息公开的司法救济。公众的环境知情权最终的保障就是司法救济。得不到司法救济的权利是一种虚设的权利。不公开环境信息行为应纳入司法审查范围。公民可以请求法院审查行政机关的不公开决定，由法院裁定是否公开信息。

第三，建立环境信息不公开的环境公益诉讼制度。当前的政府环境信息公开的相关法律法规对于环保部门的不作为没有有效的救济规定，更未涉及公益诉讼。目前，我国建立环境公益诉讼制度的条件已基本成熟，因此，针对政府环境信息不公开行为的环境公益诉讼，更加有利于保障公众的环境知情权。

第四，建立环境信息不公开的国家赔偿制度。如果公民利益因行政机关拖延提供或隐瞒应该公开的信息而受损，公民有权向法院起诉要求获得国家赔偿。

五、发挥《中华人民共和国民法典》在保障公民生态权益中的作用

2020 年，第十三届全国人民代表大会第三次会议通过的《中华人民共和国民法典》（简称《民法典》）是中华人民共和国成立以来社会主义法治建设发展历程中具有里程碑意义的一部"百科全书"式的法律。其中涉及自然资源、生态治理与环境保护的许多重要民事法律条款，对新时代助推社会主义生态文明建设，维护公民平等享有的生态权益，保障生态公正，促进公民自由而全面发展提供了法治基础，具有重大现实意义。

第一，《民法典》提出了民事立法应遵循绿色原则，明确了民事主体从事民事活动，应当有利于节约资源、保护生态环境。这条立法原则开宗明义，为公民在生产生活中的民事行为应该有利于环境保护和生态文明建设做出了法理规范和价值引导，也为司法部门界定和处理各类民事案例中涉及的环境破坏、环境污染等违法行为，加大环境违法处罚力度提供了法律依据；有利于绿色发展理念和绿色生活方式在人民群众日常生产生活中的培育和贯彻落实，为在全社会传播生态文明思想、加快生态文明建设法治化进程奠定了法治基础。

第二，《民法典》明确了民事侵权责任中的"生态破坏责任"，为促进环境保护、加快生态治理、推进生态文明建设法治化提供了法治保障。有别于以往的环境污染责任，"生态破坏责任"被赋予了新的时代内涵。以往的环境污染责任救济的是因污染而受损害的个体。而"生态破坏责任"追究的是违法行为人虽未导致私人人身财产直接受损，但导致生态环境公益受损的破坏行为，更有效地回应了当下的生态环境问题。从单纯的对环境污染受害者施以司法救助和补偿，到不断加大对环境污染破坏者违法行为的惩处力度，《民法典》弥补了近年来我国环境立法和司法中的诸多漏洞和不足，有利于从源头上遏制环境违法企业、政府、社会组织和个人等民事行为主体任意排放废弃物污染水源、空气、土壤等公共自然资源，违法圈占自然资源，奢靡消费浪费自然资源等肆意破坏环境的行为，提高民事主体环境违法成本，震慑环境违法分子，使生态治理走上法治化轨道，从而提高生态治理效能。

第三，《民法典》将公民"健康权"纳入民事权利范畴，彰显了维护公民生态权益的重要性。健康权是马克思主义人权思想的重要内容。生态权益是公民健康权的基础和重要内容。生态环境质量的好坏直接决定着人民的生活质量和生命健康。保障人民平等享有生态权益，维护生态公正是社会主义生态文明建设的根本目标和价值诉求。在现实生活中，民事行为人破坏生态环境，导致水、空气、土壤等公共自然资源质量恶化，给他人身体或心理健康带来损害的事件屡见不鲜。对公民健康权利受到的侵犯在民事法律中予以明确，既是顺应民众生态权益诉求的必然需要，也是彰显民法修订与完善与时俱进的充分体现。

第四，《民法典》全面界定了"物权"法则的自然资源权属，为推动自然资源市场化产权交易改革、创新生态文明建设制度体系提供了重要法律依据。长期以来，一直困扰和制约我国环境保护与生态治理的一个重要问题就是自然资源所有权归属问题。由于自然资源产权不明晰，生态环境责权利分配不平衡，导致生态环境的保护和治理处于条块分割、各自为政的状态。《民法典》第二百四十四条关于耕地保护条款，对保障我国基本农田用地，保护有限的土地资源，维护广大农民生存权益，发展农业生产，保障我国粮食安全具有重大意义。《民法典》中明确了矿藏、水流、海域、森林、草地、滩涂、野生动植物资源等属于国有自然资源。这一国家所有权关系的明晰具有重要意义，为环境执法部门保护自然资源，遏制和防止私人对公共资源进行掠夺性、破坏性滥采乱挖导致生态环境恶化提供了法律武器。

第五，《民法典》彰显了"以人民为中心"的发展理念在保障人民生态权益、维护生态公正方面的立法宗旨。中共十八大以来，习近平总书记深切关注生态环境质量给人民健康福祉带来的影响。他深刻指出："良好生态环境是最公平的公共产品，是最普惠的民生福祉。对人的生存来说，金山银山固然重要，但绿水青山是人民幸福生活的重要内容，是金钱不能代替的。"改革开放四十多年来，随着经济社会的迅猛发展，人民生活水平和生活质量不断提高，人民对美好生活的期望也水涨船高。老百姓由过去"盼温饱"变为现在的"盼环保"，由过去"求生存"变为现在的"求生态"。生态环境在人民幸福指数中的地位不断攀升，环境和健康问题也日益成为重要的民生问题。《民法典》作为维护公民各项民事权利的一部重要法律，是全体人民意志的体现，也是党领导中国特色社会主义执政理念和宗旨的集中体现。

民之所求，法之所应。近年来，随着人民生态权益意识的增强，生态环境领域各类环境违法和民事侵权案例呈高发态势，由生态矛盾问题引发的群体性冲突事件也日益成为影响社会和谐稳定的重要因素。国家迫切需要从法律层面对涉及环境侵权的民事行为及其处置予以界定，做到有章可循、有法可依，将生态文明建设融入民法实践，呼应人民群众对良好生态环境的期待。

生态治理现代化是国家治理现代化的重要组成部分。建立健全生态文明建设法律制度体系是实现国家治理现代化的必然要求。《民法典》中关于生态环境保护的相关内容，必将有助于节约资源和保护环境的基本国策和绿色发展理念深入人心，有助于生态文明建设融入经济建设、政治建设、文化建设、社会建设各方面和全过程，有助于党和国家加大生态环境保护建设力度，推动生态文明建设在重点突破中实现整体推进，为美丽中国生态梦的实现保驾护航。

附：《中华人民共和国民法典》关于生态环境保护条款（节选）

第一编　总则

第一章　基本规定

第九条　【绿色原则】民事主体从事民事活动，应当有利于节约资源、保护生态环境。

第二编　物权（第二分编　所有权）

第六章　业主的建筑物区分所有权

第二百七十四条　【建筑区划内道路、绿地等的权利归属】建筑区划内的道路，属于业主共有，但是属于城镇公共道路的除外。建筑区划内的绿地，属于业主共有，但是属于城镇公共绿地或者明示属于个人的除外。建筑区划内的其他公共场所、公用设施和物业服务用房，属于业主共有。

第二百八十六条　【业主的相关义务及责任】业主应当遵守法律、法规以及管理规约，相关行为应当符合节约资源、保护生态环境的要求。对于物业服务企业或者其他管理人执行政府依法实施的应急处置措施和其他管理措施，业主应当依法予以配合。

第二百九十四条　【相邻不动产之间不可量物侵害】不动产权利人不得违反国家规定弃置固体废物，排放大气污染物、水污染物、土壤污染物、噪声、光辐射、电磁辐射等有害物质。

第二编　物权（第三分编　用益物权）

第十章　一般规定

第三百二十五条　【自然资源使用制度】国家实行自然资源有偿使用制度，但是法律另有规定的除外。

第三百二十六条　【用益物权人权利的行使】用益物权人行使权利，应当遵守法律有关保护和合理开发利用资源、保护生态环境的规定。所有权人不得干涉用益物权人行使权利。

第十二章　建设用地使用权

第三百四十六条　【建设用地使用权的设立原则】设立建设用地使用权，应当符合节约资源、保护生态环境的要求，遵守法律、行政法规关于土地用途的规定，不得损害已经设立的用益物权。

第三编　合同（第一分编　通则）

第四章　合同的履行

第五百零九条　【合同履行的原则】当事人应当按照约定全面履行自己的义务。

当事人应当遵循诚信原则，根据合同的性质、目的和交易习惯履行通知、协助、保密等义务。

当事人在履行合同过程中，应当避免浪费资源、污染环境和破坏生态。

第三编　合同（第二分编　典型合同）

第九章　买卖合同

第六百一十九条　【标的物包装方式】出卖人应当按照约定的包装方式交付标的物。对包装方式没有约定或者约定不明确，依据本法第五百一十条的规定仍不能确定的，应当按照通用的方式包装；没有通用方式的，应当采取足以保护标的物且有利于节约资源、保护生态环境的包装方式。

第二十四章　物业服务合同

第九百三十七条　【物业服务合同定义】物业服务合同是物业服务人在物业服务区域内，为业主提供建筑物及其附属设施的维修养护、环境卫生和相关秩序的管理维护等物业服务，业主支付物业费的合同。

物业服务人包括物业服务企业和其他管理人。

第七编　侵权责任

第七章　环境污染和生态破坏责任

第一千二百二十九条　【污染环境、破坏生态致损的侵权责任】因污染环境、破坏生态造成他人损害的，侵权人应当承担侵权责任。

第一千二百三十条　【环境污染、生态破坏侵权举证责任】因污染环境、破坏生态发生纠纷，行为人应当就法律规定的不承担责任或者减轻责任的情形及其行为与损害之间不存在因果关系承担举证责任。

第一千二百三十一条　【两个以上侵权人的责任大小确定】两个以上侵权人污染环境、破坏生态的，承担责任的大小，根据污染物的种类、浓度、排放量，破坏生态的方式、范围、程度，以及行为对损害后果所起的作用等因素确定。

第一千二百三十二条　【环境污染、生态破坏侵权的惩罚性赔偿】侵权人违反法律规定故意污染环境、破坏生态造成严重后果的，被侵权人有权请求相应的惩罚性赔偿。

第一千二百三十三条　【因第三人的过错污染环境、破坏生态的侵权责任】因第三人的过错污染环境、破坏生态的，被侵权人可以向侵权人请求赔偿，也可以向第三人请求赔偿。侵权人赔偿后，有权向第三人追偿。

第一千二百三十四条　【生态环境修复责任】违反国家规定造成生态环境损害，生态环境能够修复的，国家规定的机关或者法律规定的组织有权请求侵权人在合理期限内承担修复责任。侵权人在期限内未修复的，国家规定的机关或者法律规定的组织可以自行或者委托他人进行修复，所需费用由侵权人负担。

第一千二百三十五条　【公益诉讼的赔偿范围】违反国家规定造成生态环境损害的，国家规定的机关或者法律规定的组织有权请求侵权人赔偿下列损失和费用：

（一）生态环境受到损害至修复完成期间服务功能丧失导致的损失；

（二）生态环境功能永久性损害造成的损失；

（三）生态环境损害调查、鉴定评估等费用；

（四）清除污染、修复生态环境费用；

（五）防止损害的发生和扩大所支出的合理费用。

第三节　以生态文明制度创新为实现
生态公正提供规范和制度约束

生态兴则文明兴，生态衰则文明衰。加强社会主义生态文明建设是实现生态公正、维护社会主义公平正义的必然要求。在加快推进生态文明建设中，我国应通过制度创新来提高生态文明建设水平和成效，将生态公正作为生态治理的制度伦理基础、理论支点和价值诉求而贯穿其中，努力建设人与自然、人与人、人与社会和谐共生的美丽中国画卷。

一、创新生态补偿制度

中共十八届三中全会《中共中央关于全面深化改革若干重大问题的决定》提出，实行资源有偿使用制度和生态补偿制度。建立和完善生态补偿制度，将为防止生态环境破坏、维护生态公正、促进生态系统良性发展提供有效的制度保障。生态补偿机制是一项缓解人与自然矛盾，提高生态系统服务功能的社会系统工程，需要综合运用经济、政治、法律、行政等多种手段，发挥政府、市场以及社会多方面力量的积极作用，形成合力方能显现其效果。我国应按照循序渐进、由易到难的工作原则，公平公正、权责一致的责任原则，政府主导、市场运作的组织原则，借助经济、法律、社会舆论等手段，借鉴国外差别化、多元化的补偿方式来构建和完善生态补偿机制。

第一，重点突破，以点带面合理规划生态补偿优先区域。由于地理环境的复杂性和生态补偿评估标准的复杂性，我国在实践中应该将理论结合实际，有必要先划定生态补偿实施的优先区域，创新生态补偿机制，切忌搞一刀切。与西方发达国家具备完善的生态补偿体系不同，我国受经济发展水平和地区发展不平衡性等条件的制约，目前还不具备全面实施生态补偿的条件。因此，根据我国具体国情制定出生态补偿优先区域是提高生态补偿效率，完善生态补偿机制的首要措施。我国存在不少生态脆弱、贫困而对外部有重要生态影响的"三合一地区"[1]。生活在那里的主要是农民。为保障发达地区甚至整个国家的生态安全，他们的发展权、环境资源利用权受到了很大的限制。如在水土保持方面，一些江河的中上游地区往往是贫困山区，而这些地区也是水土保持的关键地带，那里的植被对下游的水生态平衡乃至安全有着重大影响，因此停止伐木、保护天然林的任务便落到了当地农民的身上。对这些重要生态功能区的补偿也相应地解决了一定的区域补偿问题。划定生态补偿优先区域，要考虑各种因素，通过分出先后次序，能更有效地加快生态建设的步伐。按责任范围，可以划出一个较清晰的政府推动机制建立的重点区域，即中央政府重点解决重要生态功能区、矿产资源开发区和跨界中型流域的补偿问题，地方政府则主要建立好城市水源地和本辖区内水流域的生态补偿机制，并配合中央政府建立跨界中型流域的补偿问题。这样各有分工和侧重，既能逐步完善，又可以全面推进生态补偿工作。划定生态补偿重点区域的同时，政府应依据《国务院关于落实科学发展观加强环境保护的决定》要求"要完善生态补偿政策，尽快建立生态补偿机制。中央和地方财政转移支付应考虑生态补偿因素，国家和地方可分别开展生态补偿试点"。2021年12月28日发布的《国务院关于"十四五"节能减排综合工作方案的通知》等文件明确了新时期开展节能减排的总体要求、主要目标，实施节能减排的重点工程和健全机制，大力推动节能减排，深入打好污染防治攻坚战，加快建立健全绿色低碳循环发展经济体系，推进经济社会发展全面绿色转型，助力实现碳达峰、碳中和目标，积极开展跨流域生态补偿试点工作，改进和完善资源开发生态补偿机制。

　　第二，完善生态补偿法律法规，加快生态补偿法制化进程。在生态文明建设进程中，强化法治在生态治理中的重要性，建立并完善生态补偿的法律制度已经刻不容缓。在严峻的环境资源形势下，充分依靠法治确认、规范和保障生态补偿行为和由此发生的各种社会关系，具有重要性和紧迫性。因此，我国应当在法律法规的制定和实施上有所突破，"将生态环境补偿制度上升为环境保护基本制度的范畴，使生态补偿机制法制化。这不仅是理论上的科学论断，也是实践中的客观要求，生态补偿制度符合基本制度的普遍适

---

[1]　中国社会科学院环境与发展研究中心：《中国环境与发展评论》，社会科学文献出版社，2004，第12页。

用性"[1]。多年的生态补偿实践未能催生出中国完善而成熟的生态补偿法律制度，一个重要的原因就是建立统一生态补偿法制立法技术上的障碍。在创新生态补偿法律制度时，我们需要注意以下三个方面。一是立法模式的选择。生态补偿法律构建必须充分发挥地方立法的自主性。地方应当在不与生态补偿法律原则相抵触的情况下，及时将本地区内比较成熟的生态补偿策略上升为法律规范，以建立起适应本地区的生态补偿长效机制。国家应通过地方立法量的积累，再求法律层面的整合与统一，带动全国生态补偿立法。二是坚持公众参与开门立法原则。一种开放性的法律与社会互动机制有利于使法律制度的系统独立性与社会关联性实现平衡。公众参与制度是保障立法和司法公平公正的重要条件。就立法而言，制度化的公众参与既可提高立法的针对性，又可减少实施的阻力。生态补偿法律制度的构建应坚持"谁保护，谁受益"原则，发动社会公众广泛参与，激励社会公众特别是广大农民生态维护和生态建设的热情。三是充分发挥法律辅助手段的作用。在生态补偿中，灵活的生态补偿政策可以弥补法律的刚性和不足，且具有因地制宜的优势。国家可以结合不同地区自然条件和经济社会发展水平探索具有地方特色的生态补偿方式，使生态补偿政策能满足多层次和全方位现实或潜在的需求，成为推进生态补偿的法律辅助手段。

第三，创新生态补偿的财政转移支付制度。生态维护和建设是各级政府的职责所在，但由于我国地域广阔及经济发展不平衡，各地区生态状况和财政能力存在差异，因此，国家需要以财政转移支付的方式保证生态维护与建设的资金基础。科学合理的生态补偿财政转移支付制度是实现不同范围内生态公共服务均等化的重要保障。财政转移支付制度作为政府进行生态补偿的一项重要制度，即为了实现生态系统的可持续性，政府通过公共财政支出将收入的一部分无偿地让渡给微观经济主体或下级政府主体支配使用所发生的财政支出。财政转移支付分为一般性转移支付和专项转移支付。一般性转移支付是一种不带使用条件或无指定用途的转移支付，其目标是重点解决各级政府间财政收入能力与支出责任不对称问题，特别是使经济欠发达地区或贫困地区有足够的财力履行政府的基本职能，提供与其他地区大致相等的公共服务；专项转移支付是政府为实现其特定的政策目标而进行的转移支付。生

---

[1] 尤晓娜、刘广明：《建立生态环境补偿法律机制》，《经济论坛》2004 年第 21 期。

态补偿中财政转移支付多是专项性的补助，转移支付的项目必须用于指定的项目，实行专款专用。

完善现有的财政转移支付财政制度，要做到以下几点。一是加大财政转移支付的力度。生态环境的建设和改善需要强大的资金投入。实践证明，财政支付强度较大的地区，生态补偿推进比较顺利，效果比较明显。目前，我国生态保护的资金缺口相当大，而且用于财政转移支付的资金多来自预算内。政府在预算外应该开辟新的资金渠道，设立专门的生态补偿基金，加大生态补偿的财政支持力度。二是建立生态补偿的横向财政转移支付制度。无论是从理论分析还是从现实需要看，以横向转移支付方式来协调那些生态关系密切的相邻区域间或流域内上下游地区之间的利益冲突似乎都更直接有效，而且能减轻中央政府的财政压力。三是改善财政转移支付的资金投向和使用。在资金的投向和使用上，政府应该进行优化和改善，而且调整的依据和标准应该明确。纵向财政转移支付，补偿的内容是保护者牺牲的发展机会成本，所以发展机会成本是调整转移支付的主要依据。横向财政转移支付的依据是上游地区政府和居民为保护生态环境而付出的额外建设与保护的投资成本，以及因保护而丧失的发展机会成本。这种补偿也可以用项目合作弥补，有明确的标准，资金投向也相对明朗化。另外，政府还要整合现有的生态保护专项资金统筹使用，将现有水土保持、防沙治沙、退耕还林、天然保护林等生态保护方面的专项资金整合起来，优先用于水源地保护、水土保持、生物多样性保护、防风固沙等重要生态功能区，集中资金进行生态保护与建设。

生态环境损害赔偿磋商十大典型案例公布[1]

本报北京5月6日电（记者张蕾）由生态环境部组织开展的"生态环境损害赔偿磋商十大典型案例"评选结果近日揭晓，山东济南章丘区6企业非法倾倒危险废物生态环境损害赔偿案、贵州息烽大鹰田2企业违法倾倒废渣生态环境损害赔偿案、浙江诸暨某企业大气环境污染损害赔偿案等10个案件入选。

自2018年全国试行生态环境损害赔偿制度以来，全国共办理生态环境损害赔偿案件945件，涉及金额超过29亿元，形成了一批可供借鉴的经验和

---

[1]　张蕾：《生态环境损害赔偿磋商十大典型案例公布》，《光明日报》2020年5月7日。

做法。经过地方推荐、专家评审、公众投票，综合考虑案件的代表性、典型性，生态环境部最终确定了以下"生态环境损害赔偿磋商十大典型案例"：山东济南章丘区6企业非法倾倒危险废物生态环境损害赔偿案、贵州息烽大鹰田2企业违法倾倒废渣生态环境损害赔偿案、浙江诸暨某企业大气环境污染损害赔偿案、天津经开区某企业非法倾倒废切削液和废矿物油生态环境损害赔偿案、江苏苏州高新区某企业渗排电镀废水生态环境损害赔偿案、湖南郴州屋场坪锡矿"11·16"尾矿库水毁灾害事件生态环境损害赔偿案、深圳某企业电镀液渗漏生态环境损害赔偿案、安徽池州月亮湖某企业水污染生态环境损害赔偿案、上海奉贤区张某等5人非法倾倒垃圾生态环境损害赔偿案、重庆两江新区某企业违法倾倒混凝土泥浆生态环境损害赔偿案。

此次发布的十个典型案例涉及解决人民群众反映强烈的大气、水、土壤污染等突出环境问题，包括赔偿磋商涉及多个赔偿义务人的程序、第三方调解组织主持磋商、赔偿磋商与环境公益诉讼的衔接、简易案件的损害赔偿磋商、磋商不成提起诉讼等主要内容。这些典型案例多数为本行政区域内较早开展的生态环境损害赔偿磋商案件，对于指导各地办理生态环境损害赔偿案件，引导社会公众和污染企业逐步树立生态环境保护意识，推动形成绿色生产和生活方式具有非常积极的作用。

附：2020年度生态环境损害赔偿磋商十大典型案例

生态环境损害赔偿磋商十大典型案例

生态环境部2020年4月

一、山东济南章丘区6企业非法倾倒危险废物生态环境损害赔偿案

（一）案情简介

2015年10月21日凌晨2时，山东省济南市章丘区普集镇上皋村废弃3号煤井发生重大非法倾倒危险废物事件，废酸液和废碱液被先后倾倒入废弃煤井内，混合后产生有毒气体，造成4人当场死亡。该事件为重大突发环境事件，造成了土壤及地下水污染。经调查与鉴定评估，该案件涉及6家企业非法处置危险废物，对济南市章丘区3个街道造成生态环境污染，生态环境损害数额约2.4亿元。

（二）磋商结果

赔偿权利人指定的部门原山东省环境保护厅与赔偿义务人涉案6企业开展了4轮磋商。磋商过程中，原山东省环境保护厅与涉案的4家企业达成一

致，签订了 4 份共计 1 357.5 万余元的生态环境损害赔偿协议。其中 3 家企业已实际履行，1 家企业在按照赔偿协议履行了一期 100 万元后反悔，原山东省环境保护厅将其诉至法院，法院判决该企业继续履约。其他 2 企业对排放污染物的时间、种类、数量不能达成共识，原山东省环境保护厅提起生态环境损害赔偿诉讼。法院判决其中 1 家企业承担 20% 的赔偿责任，另 1 家企业承担 80% 的赔偿责任。本案受污染的土壤处于煤矿巷道内，巷道埋深约为 77 米，修复难度较高。目前，修复工作已经基本完成，正在进行自主验收。

（三）典型意义

该案件为重大突发环境事件，生态环境损害数额达到 2.4 亿元，在全国范围有较大的影响，具有积极的宣传、教育和警示意义。一是本案涉及环境危害较大、修复难度和费用高、责任界定困难、磋商难度大，其处理过程和方式对其他类似案件具有较好的借鉴意义。二是索赔部门运用了磋商和诉讼两种途径索赔，及时对生态环境进行了有效修复，实现了社会效益和环境效益的双赢。

（四）专家点评

该案件是生态环境损害赔偿制度改革在全国试行以来损害数额较高的案件。原山东省环境保护厅作为赔偿权利人指定的部门在事件发生后立即启动生态环境损害调查、鉴定评估与修复方案编制工作，根据案件涉及多个赔偿义务人的实际，先易后难、分类处理，主动与赔偿义务人就损害事实、赔偿数额、缴纳方式进行磋商，及时开展了受损生态环境的修复工作，积累了赔偿磋商工作经验。由于该案件部分赔偿义务人对赔偿责任未能达成一致、一家企业对已磋商一致的协议未予执行，赔偿权利人分别提起诉讼。本案对生态环境损害赔偿案件磋商与司法审判的衔接进行了有益的探索，对后续相关制度的形成提供了较好借鉴。（生态环境部环境规划院　於方）

二、贵州息烽大鹰田 2 企业非法倾倒废渣生态环境损害赔偿案

（一）案情简介

2012 年 6 月，贵阳某化肥有限公司（以下简称化肥公司）委托息烽某劳务有限公司（以下简称劳务公司）承担废石膏渣的清运工作，劳务公司未按要求将废石膏渣运送至渣场集中处置，而是运往大鹰田地块内非法倾倒。倾倒区域长约 360 米，宽约 100 米，堆填厚度最高约 50 米，占地约 100 亩，堆存量约 8 万立方米。经鉴定评估，此次非法倾倒造成生态环境损害数额共计

891.6 万元，其中应急处置费用 134.2 万元，修复费用 757.4 万元。

（二）磋商结果

2017 年 1 月，在贵州省律师协会的参与下，赔偿权利人指定的部门原贵州省环境保护厅与赔偿义务人化肥公司、劳务公司进行磋商，由化肥公司、劳务公司将废渣全部开挖转运至合法渣场填埋处置，对库区进行覆土回填和植被绿化。达成协议后，赔偿权利人和义务人共同向清镇市人民法院递交了司法确认申请书，经法院依法审查后裁定确认赔偿协议有效。此后，赔偿义务人按照协议对大鹰田地块开展了生态环境修复，并于 2017 年 12 月前自行修复完毕。

（三）典型意义

本案是全国首例经磋商达成生态环境损害赔偿协议的案件，也是全国首例经人民法院司法确认的生态环境损害赔偿案件。其典型意义主要有：一是探索了磋商的机制，细化了磋商的工作程序，探索引入了第三方参与磋商，提升了磋商的可操作性；二是探索了司法确认制度，通过司法确认赋予了赔偿协议强制执行效力；三是探索了企业自行修复的做法，引导企业自行组织修复受损生态环境，积极履行环境修复责任。

（四）专家点评

本案是全国首例生态环境损害赔偿司法确认案。根据 2015 年中办、国办印发的《生态环境损害赔偿制度改革试点方案》，赔偿权利人和义务人通过磋商达成赔偿协议，是生态环境损害救济的重要途径之一，但是试点方案并没有直接规定赔偿协议的法律效力。本案尝试通过司法确认程序，赋予赔偿协议以强制执行的法律效力，有力保障和促进了磋商制度的实施。通过该案探索形成的生态环境损害赔偿协议司法确认制度已被 2017 年中办、国办印发的《生态环境损害赔偿制度改革方案》认可和采纳。同时，本案赔偿到位，污染地块的废石膏渣得到了清理，荒地复绿，增强了周边群众的良好环境获得感，并被央视栏目《焦点访谈》专题报道，推动"环境有价、损害担责"的改革理念深入人心，起到了积极的示范作用。（复旦大学　张梓太）

三、浙江诸暨某企业大气污染生态环境损害赔偿案

（一）案情简介

2017 年 4 月 11 日，原诸暨市环境保护局会同当地公安局联合突击检查浙江某建材公司，发现该企业在在线监测设备的取样管上套装管子，并喷吹

中和后的气体，将氮氧化物浓度由实际的 400 毫克/立方米左右降至在线监测设备显示的 250 毫克/立方米左右，通过干扰在线监测设备，达到"达标"排放的目的。该案为 2017 年《最高人民法院 最高人民检察院关于办理环境污染刑事案件适用法律若干问题的解释》实施后，浙江省查处的第一起大气污染物在线监测数据造假案件。经鉴定评估，该案造成的生态环境损害数额为 110.4 万元。

（二）磋商结果

2018 年 8 月 6 日，赔偿权利人指定的部门原绍兴市环境保护局会同相关单位与赔偿义务人涉案企业开展磋商，达成以替代修复方式承担生态环境损害赔偿责任的协议，由赔偿义务人在其所在地开展替代修复，建设一个占地面积 6 372 平方米的生态环境警示公园。该项目总投资 286 万元，其中赔偿义务人自愿追加 175.6 万元赔偿金用于公园建设。修复项目由属地政府进行组织、监督管理、资金决算审计。2018 年 12 月 18 日，绍兴市中级人民法院出具《民事裁定书》对赔偿协议进行司法确认。2019 年 1 月 16 日，替代修复项目通过评估验收。

（三）典型意义

该案是生态环境损害赔偿制度改革启动以来，浙江省第一起大气污染损害赔偿案件，积极探索了大气环境损害替代修复的实践路径。其典型意义主要有：一是部门联合，协作推进。原绍兴市环境保护局联合绍兴市财政局、绍兴市人民检察院等部门与赔偿义务人进行磋商，多部门协作推进，确保损害赔偿落实。二是严守底线，创新方式。磋商双方围绕赔偿方式、工程监管等焦点进行磋商，最终结合企业诉求，在属地政府监管和第三方资金审计模式下，由赔偿义务人自行委托第三方在当地以替代修复方式建设生态环境警示公园，赔偿权利人委托第三方对修复工程进行评估。三是长期警示，服务群众。这种替代修复模式，既弥补了违法企业对大气环境造成的损害，同时改善了企业所在地居民的生活环境，又起到长期警示作用，产生较好的社会效应，为生态环境损害赔偿工作取得实效进行了有益的探索。

（四）专家点评

该案件是浙江省首个经司法确认的生态环境损害赔偿案件。由于大气环境损害难以修复，由赔偿义务人以在当地修建生态公园的替代修复方式承担生态环境损害赔偿责任，当地村民成为生态公园建设的直接受益人，彰显了生态环境损害赔偿制度改革改善民生的良好社会效应。该案件体现了生态环境损害赔偿制度对环境污染的"零容忍"，人民群众对美好生活环境的期盼，企业自愿追加1倍赔偿金用于开展生态环境治理的行动，也体现了损害赔偿制度改革在推动企业主动承担社会责任方面的积极作用。（生态环境部环境规划院　於方）

四、天津经开区某企业非法倾倒废切削液和废矿物油生态环境损害赔偿案

（一）案情简介

2017年9月20日，原天津经济技术开发区环境保护局（以下简称原经开区环保局）对区内某企业进行现场检查，发现其厂区内西北侧草地上有一形状不规则的油渍地面。随后，原经开区环保局会同公安机关共同调查取证，确认了该企业向厂区内草地倾倒废切削液和废矿物油的事实，依法对该企业进行查处，并同时将案件移送至公安处理。经鉴定评估，超过用地风险筛选值需开展修复的土壤面积约240平方米，体积约360立方米，涉及生态环境损害赔偿数额共计114.7万元。

（二）磋商结果

2019年7月11日，赔偿权利人指定的部门原经开区环保局与赔偿义务人涉案企业进行磋商，并达成赔偿协议。双方约定采用氧化技术进行原地异位修复，生态环境损害赔偿责任由赔偿义务人承担，包括鉴定评估报告明确的生态环境损害数额、本案相应支出的鉴定评估费、恢复效果评估费等费用。为确保协议顺利履行，赔偿权利人和义务人共同向天津市第三中级人民法院申请了司法确认。依据赔偿协议，涉案企业委托第三方机构对需要开展修复的土壤进行修复，并将受污染影响但未超过用地风险筛选值的土壤和地下水生态环境损失47.5万元缴纳至滨海新区财政非税收入专用账户。目前，土壤修复工作已基本完成，正在开展修复效果评估。

（三）典型意义

本案的典型意义主要有：一是生态环境、公安协同合作，密切联动、健全机制，推进生态环境损害赔偿的顺利开展；二是证据固定及时，为后续鉴定评估和磋商工作奠定了良好基础；三是案件办理过程中，注重加强对企业的宣传教育，使其提高认识，促成磋商成功；四是赔偿协议申请司法确认，为促使企业尽快履行协议、完成环境修复提供保障。

（四）专家点评

本案对生态环境损害赔偿案件的具体办理操作流程，进行了实践，并探索了需要修复和不需要修复两种损害的责任承担方式。一方面，修复费用、评估费用由赔偿义务人自愿与第三方机构签订合同支付。按照《生态环境损害赔偿制度改革方案》的规定，生态环境损害可以修复的，由赔偿义务人自行修复或者委托第三方机构修复。另一方面，将不需要开展修复的土壤和地下水生态环境损害造成的损失直接给付赔偿权利人。本案既修复了受损的生态环境，又赔偿了不需要开展修复但造成损害的土壤和地下水生态环境损失，是落实《生态环境损害赔偿制度改革方案》"应赔尽赔"要求的典型案例。（天津大学　孙佑海）

五、江苏苏州高新区某企业渗排电镀废水生态环境损害赔偿案

（一）案情简介

2018 年 5 月 23 日，原苏州高新区环境保护局（以下简称原高新区环保局）接到对江苏某电子有限公司涉嫌偷排废水的投诉后，联合公安机关成立专案组，查实该企业电镀废水渗漏经土壤流入河道造成生态环境损害，查采样监测渗漏废水 pH 值为 1.98～3.41、化学需氧量（COD）为 322～379 毫克/升、总铜为 119～183 毫克/升，超出排放标准。原高新区环保局对该企业进行立案处罚，并将案件移送公安机关处理。经鉴定评估，此次事件违规排放废水 118 吨，受到污染的土壤总面积约为 3 400 平方米，造成的生态环境损害数额为 622.7 万元。

（二）磋商结果

苏州国家高新技术产业开发区管理委员会与赔偿义务人江苏某电子有限公司开展了多轮磋商，于 2019 年 7 月 18 日签订了生态环境损害赔偿协议，并向法院申请司法确认。根据赔偿协议，赔偿义务人应支付应急检测、污染清除、鉴定评估等费用 195.9 万元，地表水环境损害恢复费用 103.8 万元，并对受损的土壤进行修复。赔偿义务人缴纳了赔偿金，委托第三方机构将受污染土壤清挖外运，进行水泥窑协同处置，并客土回填，将受污染的地下水抽取进入污水处理设施进行处理。目前，土壤、地下水修复工作已基本完成，地表水环境损害赔偿金由区财政统一调配用于苏州高新区生态补偿专项资金。

（三）典型意义

本案的典型意义主要有：一是生态环境部门与公安机关联合调查，鉴定评估依规开展，为后期赔偿磋商奠定坚实基础；二是赔偿协议经法院司法确认，保证了生态环境损害赔偿的执行力；三是按赔偿协议要求，组织涉案企业开展土壤、地下水修复，并通过报纸、电视、网络等媒体广泛宣传报道，起到了"处置一个、警示一批、教育一片"的宣传教育作用。

（四）专家点评

本案的最大特点，是苏州市高新区建立了对生态环境损害赔偿案件处置的会商制度。本案初期，在环境保护部门发现违法犯罪的线索之后，及时将案件移交给公安机关。公安机关在接到环境保护部门移送的材料之后，组成联合调查组，开始侦查取证，全程参与现场笔录、问询笔录的制作，为案件办理和证据的有效收集提供了合法保证。之后，环境保护部门会同公安、检察、安监等有关部门进行反复沟通协调，建立并规范了生态环境损害违法案件的联合查办机制和生态环境违法犯罪处置的会商制度，确保了生态环境损害赔偿案件的依法精准办理。实践证明，为了更加精准的办好生态环境损害赔偿案件，仅仅依靠生态环境部门一家的力量是不够的。生态环境部门只有与有关部门精诚合作，善于沟通协调，建立健全联合办案的会商制度，才能把生态环境损害赔偿案件切实办理好，并在资金保障、生态环境修复、司法确认等方面将责任具体落实。（天津大学　孙佑海）

六、湖南郴州屋场坪锡矿"11·16"尾矿库水毁灾害事件生态环境损害赔偿案

（一）案情简介

2015年11月16日23时许，因受连日强降雨影响，位于郴州市北湖区芙蓉乡屋场坪村的某矿冶有限公司屋场坪锡矿尾矿库排水竖井上部坍塌，尾矿库内积水及部分尾矿经排水涵洞下泄，事件造成杨家河部分河堤被洪水冲塌，沿岸1 377亩农田菜地、林地和荒地被洪水尾矿淹没，部分居民饮水安全受到影响，下游部分重金属治理工程被冲毁，杨家河和武水河砷浓度超标。郴州市人民政府迅速成立处置工作组，并委托第三方机构开展鉴定评估。

（二）磋商结果

处置工作组多次与赔偿义务人涉案企业磋商，就赔偿金分配和修复工作

达成一致，赔偿金总额为 1 568.7 万元。截至 2019 年 6 月，生态环境修复工程已完成，共修复农用地 1 377 亩，清理河道、修复河道护壁与河堤护坡 15 660 立方米，固化河道淤泥及废渣 6 000 立方米，开展河道两岸绿化工程 23 847 立方米，对 3 口超出地下水质量标准的水井进行清洗和抽出处理，并对水井水质进行跟踪监测。

（三）典型意义

本案的典型意义主要有：一是在应急处置结束后，及时启动生态环境损害调查与鉴定评估工作，确保了生态环境损害鉴定评估数据的可靠性和时效性；二是委托第三方编制修复方案，并确定生态环境修复工程分为河道生态修复工程、土壤修复工程和饮用水源保障 3 个部分，力求达到最佳修复效果；三是明确修复过程采取市生态环境部门统一监督，相关区县具体负责的方式，资金由企业按修复方案直接拨付到相关区县专用账户，确保专款专用。

（四）专家点评

本案是湖南省境内影响较大的跨区域生态环境损害事件，涉及郴州市两县一区。郴州市人民政府在本案应急处置阶段即成立由生态环境、安监等相关部门参加的协调处置工作组，与鉴定评估机构联动，启动生态环境损害调查与鉴定评估工作，确保了生态环境损害鉴定评估数据的可靠性和时效性。应急处置与损害评估联动有助于保证突发环境事件生态环境损害鉴定评估的有效性和准确性。此外，本案件积极探索了市政府牵头，两县一区政府负责落实修复责任，市生态环境主管部门监督考核的模式，确保了生态环境修复工作按时保质完成。（复旦大学　张梓太）

七、深圳某企业电镀液渗漏生态环境损害赔偿案

（一）案情简介

2018 年 4 月，原深圳市人居环境委员会执法人员在对深圳某企业进行检查时，发现该企业厂区外市政管网观察井下层有水泥管流出含重金属的废水。执法人员对该区域进行挖掘，发现此处雨水管道周边土壤有淡黄色废水渗出，经监测，渗出废水总铬浓度为 2 060 毫克/升，六价铬浓度为 2 010 毫克/升。深圳市环境监测中心站利用水质溯源技术，排查废水污染来源，判断出废水来源于该企业生产车间。经鉴定评估，此次事件受到污染的土壤总面积 2 189 平方米，土壤总方量为 8 754 立方米，受到污染的地下水总方量为

122 立方米。该案件造成的生态环境损害数额约 1 400 万元。2018 年 8 月，深圳市生态环境部门依法对该企业处以罚款 100 万元，吊销其排污许可证。2018 年 10 月，宝安区人民法院以环境污染罪判处该企业两名相关责任人有期徒刑各 10 个月，处罚金各 5 万元。

（二）磋商结果

赔偿权利人指定的部门深圳市生态环境局与赔偿义务人涉案企业进行磋商，于 2019 年 6 月 10 日签订生态环境损害赔偿协议。赔偿义务人承诺按照相关规定对污染地块开展自行修复，并承担本案生态环境损害调查和鉴定评估等相关费用；同时加强排查和整改，确保废水得到有效收集和达标排放。目前，土壤污染风险评估报告已经广东省生态环境厅评审通过。赔偿义务人根据评估报告确定的期限和目标，已启动生态环境损害修复工作。

（三）典型意义

本案是一起通过溯源执法发现的涉重金属污染的生态环境损害赔偿案件，其典型意义主要有：一是运用溯源技术开展环境监管执法，通过分析比对积存废水与企业原水水质，排查废水来源，快速锁定排污主体；二是实施严格的责任追究制度，本案通过综合运用行政、刑事、民事以及失信联合惩戒、上市公司环境信息披露等手段，给违法企业戴上"紧箍咒"；三是推动在监管执法环节建立生态环境损害赔偿案件筛查工作机制，确定了筛查标准、筛查流程和筛查责任分工，将筛查工作前置。

（四）专家点评

本案的最大亮点在于，在案件办理过程中推进了深圳市生态环境损害赔偿工作机制的完善。根据深圳市委、市政府印发的工作方案，生态环境主管部门和检察机关、公安机关、司法行政机关强化部门协作机制，建立联合会商制度，促进了损害赔偿工作的顺利展开；同时生态环境部门创新案件筛查工作机制，制定了筛查制度，确保了集中力量办理重大案件；强化了环境污染的民事责任追究，为构建"三位一体"的责任追究体系提供了借鉴经验。通过本案的办理，可以看到，对涉案企业违法行为的行政罚款和刑事罚金总计 110 万元，而其承担的赔偿金额高达 1 400 万元，违法成本提高十多倍，不仅有助于实现对受损生态环境的及时有效修复，而且将对潜在违法者产生极大震摄，切实践行了"用最严格制度、最严密法治保护生态环境"要求。

（中国政法大学　于文轩）

八、安徽池州月亮湖某企业水污染生态环境损害赔偿案

（一）案情简介

2019 年 3 月 28 日，池州市生态环境局对该市某项目地块东侧月亮湖污染问题进行现场调查，发现该项目通过两个非法排污口直接将大量生活污水排入月亮湖，致使湖体水质超标。池州市生态环境局启动生态环境损害赔偿程序，在调查勘验、综合分析的基础上，经专家测算，修复费用在 50 万元以下，采用简易评估认定程序进行生态环境损害鉴定评估。专家建议采取异位处理、清淤、清水替换和生态系统重建的方式进行修复，生态环境修复费用 49 万元。

（二）磋商结果

2019 年 10 月 9 日，赔偿权利人指定的部门池州市生态环境局向赔偿义务人涉案企业发出《生态环境损害赔偿意见书》，征询对方意见。2019 年 10 月 11 日，赔偿义务人书面回复同意按赔偿意见书要求进行赔偿。根据意见书要求，赔偿义务人要将湖体水生生态系统重建，水质达到景观用水要求的地表水 IV 类水质标准。目前，修复工作正在按计划实施，预计 2020 年 8 月竣工验收。

（三）典型意义

本案是安徽省首例达成协议的生态环境损害赔偿磋商案，其典型意义主要有：一是省生态环境厅积极介入、全程指导、协调专业机构，及时开展鉴定评估；二是针对本案生态环境损害事实清楚、数额小、无争议的实际情况，探索创新了简易评估认定程序，达到及时有效修复的目的，实现了磋商效率和修复效益的双赢。

（四）专家点评

生态环境损害赔偿制度改革鼓励各地积极探索、勇于创新。在本案中，池州市生态环境局积极作为，及时开展调查，根据本省改革实施方案的规定，采用简易评估认定程序，根据专家提出的环境修复意见，与赔偿义务人在较短的时间内达成共识。由于生态环境的复杂性、生态环境损害的潜在性和广泛性等原因，生态环境损害鉴定评估时间周期长、成本费用高是改革过程中存在的难题。本案简易评估认定程序的探索有助于破解鉴定评估"费用高"的问题，并提高工作效率。另外，本案赔偿义务人以异位处理、清淤、清水替换和生态系统重建的方式开展修复，为同类型受损生态环境的修复提

供了借鉴。（中国政法大学　于文轩）

九、上海奉贤区张某等 5 人非法倾倒垃圾生态环境损害赔偿案

（一）案情简介

2018 年 6 月，上海市奉贤区四团镇沪芦高速西侧断头沟和河浜发现大量偷倒的工业和建筑垃圾，且垃圾倾倒未采取任何防渗措施。奉贤区四团镇绿化和市容管理所对现场垃圾进行了初步现场评估，倾倒区域 A 地块长约 39.5 米，宽约 21 米，高约 1.5 米；B 地块长约 44 米，宽约 31 米，高约 1.5 米；A、B 两个区域垃圾倾倒总量共计约 1 800 吨，其中 70% 为一般工业垃圾，30% 为建筑垃圾。经调查和专业机构评估，共倾倒垃圾 100 余车，占地面积近 2 000 平方米，污染清除和生态环境修复费用约 400 万元。

（二）磋商结果

2018 年 12 月，赔偿权利人指定的部门原奉贤区环境保护局开展索赔具体工作。在磋商组织方式上，为进一步保证公平，提高沟通效率，原奉贤区环境保护局与赔偿义务人共同委托奉贤区四团镇人民调解委员会组织召开磋商会议。在修复方式上，为切实落实修复责任，强化修复监督，约定由赔偿义务人自行开展修复，并实行履约保证金制度，如赔偿义务人未按要求完成修复，保证金将由属地政府用于代为组织开展修复工作。经过充分沟通，2019 年 1 月，原奉贤区环境保护局与 5 名赔偿义务人签订了赔偿协议。协议确定了损害事实、责任范围及履约方式，规定由赔偿义务人在 2019 年 8 月 30 日前完成修复，并先行支付履约保证金。协议签订以后，赔偿义务人根据协议要求委托第三方机构组织开展垃圾处置和生态环境修复等工作，原奉贤区环境保护局会同绿化市容等部门进行监督。目前，受损地块的清挖和垃圾分类处置等相关修复工作已全部完成，并通过评估论证。

（三）典型意义

本案在全面、及时落实生态环境修复责任方面进行了积极探索，其典型意义主要有：一是试行履约保证金制度。本案中，赔偿义务人自行修复生态环境，并根据生态环境损害评估情况缴纳履约保证金。二是探索生态环境损害修复责任与刑事责任的衔接。本案在刑事责任追究中将赔偿义务人落实生态环境修复责任的情况作为考量要素。三是强化修复监督。本案在调查、磋商、修复过程中，始终坚持修复为本的理念，并依托相关部门共同开展索赔和修复监督。修复过程中，生态环境、绿化市容等部门对赔偿义务人的修复

行为进行全过程监督，属地政府负责履约保证金的管理，有效地保障了修复责任的落实。

（四）专家点评

本案的亮点有三：一是将生态环境损害赔偿责任的履行作为环境刑事审判的量刑情节，实现了生态环境损害赔偿责任与环境刑事责任的统筹。生态环境损害赔偿磋商、协议履行在先，刑事诉讼判决在后，法院根据各被告人的犯罪事实、性质、情节和对社会的危害程度，并结合其积极修复生态环境等认罪悔罪表现，依法予以从宽处理，有利于促进赔偿义务人及时采取相应的修复措施并积极履行赔偿义务。二是本案在磋商过程中试行了履约保证金制度，赔偿义务人支付保证金，如未按时完成修复工作，保证金将用于修复，以保障赔偿协议的履行。三是本案首探"从业禁止令"，禁止相关赔偿义务人在缓刑考验期内从事与排污或处置危险废物有关的经营活动，对强化犯罪分子的有效监管，防止生态环境损害的再次发生具有重要意义。（北京大学　汪劲）

十、重庆两江新区某企业非法倾倒混凝土泥浆生态环境损害赔偿案

（一）案情简介

2019年3月，重庆市生态环境局两江新区分局（以下简称两江分局）现场检查时发现，某企业先后于2007年、2008年擅自在重庆市两江新区翠云街道云竹路厂区外修建2个沉淀池，未采取防渗措施，泥浆水长期渗漏造成厂区外北侧山坡下12 000平方米农田受到污染。2018年以来，该企业违法倾倒罐车清洗水和泥浆导致厂区外北侧山坡400平方米土壤硬化板结。2019年4月4日，该企业擅自将山坡下泥浆水形成的水塘掘开，泥浆水外泄导致坡下2 000平方米农田受到污染。经鉴定评估，14 400平方米农田表土流失和板结，土地裸土化，生态系统结构和功能发生变化。经评估，生态环境损害数额为948.2万元。

（二）磋商结果

2019年7月，赔偿权利人指定的部门两江分局与赔偿义务人涉案企业召开磋商会议。会上双方就对受损土地进行修复、赔偿生态环境修复期间服务功能的损失及鉴定评估等相关费用，达成一致意见并签署赔偿协议。2019年10月，赔偿义务人积极履行生态环境修复责任，清理污染物4.05万立方米，复绿土地1.32万平方米；向财政专户缴纳生态环境损害期间损失13.1万元，

鉴定评估费用 19.5 万元，修复效果评估费用 10 万元。经第三方机构评估，修复效果达到预期目标。

（三）典型意义

本案的典型意义主要有：一是财政预算保障有力，鉴定评估及时开展。两江分局依据《重庆市生态环境损害赔偿资金管理办法》，将生态环境损害调查、鉴定评估、修复效果评估等费用预先纳入同级财政预算安排，鉴定评估费用得到保证。二是加强宣传教育，推动磋商顺利进行。本案中赔偿义务人曾以已受到行政处罚又面临刑事追责、担心作为上市企业影响企业形象等各种理由拒绝履行赔偿义务。磋商前，两江分局多次与企业沟通，宣传有关政策法规，依据《重庆市生态环境损害赔偿磋商办法》，告知企业其积极参与生态环境损害赔偿磋商、及时履行赔偿协议的情况将提交人民法院、有关行政主管部门参考。检察机关依据《重庆市人民检察院重庆市环境保护局关于在公益诉讼中加强协作的意见》发送检察建议书，有力推动生态环境损害赔偿工作。三是强化公众参与，促进修复取得实效。生态环境损害修复过程中，组织人民监督员和专家到修复现场查看，主动接受公众监督，让人民群众亲身体验生态环境修复取得的实效，增强人民群众对优美生态环境的获得感。

（四）专家点评

生态环境损害赔偿制度改革工作的有效推进，需要多部门协同合作，比如在案例线索移交和索赔工作的具体分工等方面"团结各种力量"，建立良性协作机制将极大促进工作顺利开展。本案的亮点主要体现在生态环境等行政主管部门之间以及与司法部门的良好互动，保障了案件的快速推动。一是完善了生态环境损害赔偿与环境公益诉讼案件线索的衔接。本案中，重庆市人民检察院发现企业违法行为造成生态环境损害后，向两江新区管理委员会发送了检察建议书。检察机关通过发送检察建议的方式，将赔偿案件的线索告知生态环境部门，实现了生态环境损害赔偿与环境公益诉讼案件线索的有效衔接。二是充分体现了部门联动的作用，实现行政、刑事、民事责任同步追究，构建严密责任追究法网。两江分局与自然资源、城管、公安、检察等部门召开联席会议，依据各自职责依法对企业进行了全面检查，对发现的违法行为均进行了立案查处，及时督促整改；公安机关对涉嫌环境污染犯罪行为，依法立案调查追究刑事责任；生态环境部门提起生态环境损害赔偿，督促开展生态环境损害修复。（北京大学　汪劲）

二、创新环境资源税费制度

当前，对生产经营主体征收环境资源税是国际比较普遍的一项环境保护制度。国家要改变过去将自然环境资源视作无主物而无偿使用的认识，确立"谁使用，谁付费"的原则。环境资源税费制度是指国家对于污染环境、破坏生态和使用或消费资源等影响环境的行为，采取的包括环境污染税费、生态补偿税费、资源使用税费、资源补偿税费、资源与生态消费税费、有损环境产品税费等在内的税费征收措施，目的在于提高经济效率，促进环境状况和资源使用状况的好转。[1] 环境资源税费可以使生态环境的外部成本内部化，可以为生态维护与生态治理筹集必要的资金。该制度由于具有提高企业经济效率的作用和实现环境目标的潜力，因而为各国决策者所熟知和使用。我国在环境保护方面实行税收和费用征收相结合的制度，目前采取了征收污染排放费、征收自然资源和生态税费、出台限制性和鼓励性相结合的税收政策等措施。[2] 目前我国尚没有专门的环境税种，现行的资源税从立法及开征目的看，主要是为了调节资源的级差收入，而且征收范围仅限于矿产品和盐，尚未进入其他领域，因此我国要完善生态补偿税费制度。

首先，坚持生态修复与生态补偿并举，将资源税费在用途上增设生态环境补偿和恢复专项，即真正对自然资源的生态环境价值进行补偿，条件成熟的，可以独立设立生态税费。国家必须用法律手段，把征收生态补偿费的目的、主体、对象、使用等，用法律的形式固定下来，并在我国自然资源保护法律中对征收生态效益补偿费做出明确的规定，以取得全社会遵守的效果。生态补偿费作为生态环境保护的专项基金，只能用于生态环境的保护和恢复，不得挪作他用。该项资金由环境保护部门会同财政部门统筹安排使用，可具体用作生态环境的维持、恢复费用，对重大生态破坏进行调查的科研费用，生态环境保护奖励费用，生态环境区建立费用等。

其次，加快推进环境资源税费改革，扩大资源税的征收范围。当前，我

---

[1]　常纪文：《我国环境税费制度需要进一步完善》，http://www.cas.ac.cn/htmllDir/2007/08/10/15/15/82.htm，访问日期：2021 年 8 月 8 日。

[2]　常纪文：《我国环境税费制度需要进一步完善》，http://www.cas.ac.cn/htmllDir/2007/08/10/15/15/82.htm，访问日期：2021 年 8 月 8 日。

国现行的资源税征收范围过窄，规模偏小，与我国资源短缺、利用率低、浪费严重的情况极不相称，不利于实现对环境资源保护的全面覆盖。开征资源税的主要目的不是为了创收，而是保护资源，提高资源利用效率，所以政府应将资源税的征税范围扩大到水资源、森林资源，草地资源等方面，适度增加非再生性、非替代性、稀缺性资源重税。

最后，实施差别化的税收政策，加大对环保产业环境资源税收的优惠力度。税收优惠是国家对生产者改进技术和工艺流程，减少污染物排放、资源损耗所给予的一种正面的税收鼓励或间接的财政援助。作为一种环境保护手段，在西方国家中颇受重视，也是实现并有效维护公民生态权益，体现生态公正的一项重要政策。环境税费作为政府补偿的主要来源，其自身也具有生态补偿的作用。政府通过税费的调整，改变市场上不合理的环境资源定价，能够有效提高企业的利用效率，使企业减少排放，或对破坏的生态环境进行恢复治理，间接地达到生态补偿的目的。

三、创新生态资源市场化交易制度

自然资源作为人类社会发展的物质基础，除具备自然属性之外，还具备产权性、稀缺性、资产性等社会经济属性。因此，引入市场机制，实现自然资源资本化是加快生态文明建设，实现生态公正的重要手段。我国要正确认识和处理市场与政府之间的关系，加强绿色市场的建设与管理，充分利用市场机制，运用经济手段来配置各种资源，发挥市场的能动作用，使政府和市场"两只手"之间相互配合，形成合力，共同推进生态文明建设的顺利进行。[1]

第一，要确立自然资源有偿化使用原则。由于过去自然资源计划配置，自然资源的经营者无偿取得自然资源经营权，无偿开发和使用，造成自然资源的极大浪费，很多自然资源被破坏。实行自然资源资本化后，自然资源的经营者要花费相应的价值去取得自然资源的经营权，从而会从自身利益出发来关心自然资源的开发和使用效益。自然资源所有权的权益价值最终要从自然资源产品中得到体现，并从资源产品收入中得到补偿，这样有利于理顺自然资源产品的价格，促使企业节约使用自然资源产品，从而减少资源开发和

[1] 张丽娟、王延伟：《美国环境执法经验及其对我国的借鉴》，《法治与社会》2014 年第 12 期。

使用中的浪费，也就减少了对自然资源的破坏。

第二，要进一步完善环境保护市场交易制度。政府要根据环境承载力、能源消耗总量、污染物排放总量控制的要求，建立并推行用能权和碳排放权、排污权、用水权等交易制度，确立市场交易的原则、规范，健全绿色证券、绿色保险、绿色信贷等绿色金融制度，鼓励绿色投资，吸引社会资本投资环境治理和环境保护，建立并拓宽稳定的环境保护资金渠道；制定相关制度着力支持环境污染第三方治理，把市场机制引入环境治理领域，通过政府购买服务等方式，实现环境治理的市场化，带动绿色服务业、金融业的发展，促进绿色转型，提升经济增长的质量和可持续性。

第三，探索自然资源的资本化交易机制。自然资源是有价值的一种特殊商品。自然资源的价值是由凝结人类劳动创造的现实社会价值和自然资源本身蕴藏的潜在社会价值两部分构成的。[1] 政府一是要创新自然资源价值的计量方法，为自然资源的资本化交易提供依据；二是要保障自然资源经营者依法享有的经营权和经营收入；三是要创新自然资源资本化交易的方式；四是要搭建自然资源资本化交易平台，以利于自然资源的公平有序交易。

第四，探索自然资源消费市场竞争激励倒逼机制。长期以来，中国积极参与全球治理，将温室气体减排任务纳入国家规划和远景目标。在落实政策方面，通过产业结构调整、能源结构优化、能源效率提高、碳市场建设、生态碳汇增加等一系列措施，使得中国节能减排行动取得了显著成效。2019年，中国单位国内生产总值 CO_2 排放（碳强度）较 2005 年降低 48.1%，非化石能源占比为 15.3%，已经提前和超额完成 2020 年气候行动目标[2]。

为进一步强化应对气候危机，在全球碳减排进程中做出更大贡献，中国在第七十五届联合国大会及气候雄心峰会上宣布了新的国家自主贡献目标和长期愿景。相比于 2015 年提交的国家自主减排贡献（NDC）方案，碳强度由"2030 年左右达峰"提升到"2030 年前碳达峰、2060 年前碳中和"，非化石能源比重由 20% 提高到 25%，森林蓄积量由 45 亿立方米增加到 60 亿立方米。这些新的目标具有多重意义，展现了中国积极应对全球气候变化的责任担当，有利于推动全面绿色转型，加快形成清洁、高效、绿色、安全的现代

---

[1] 沈振宇、王秀芹：《自然资源资本化研究》，《生态经济》2001 年第 3 期。

[2] 生态环境部：《生态环境部举办积极应对气候变化政策吹风会》，http://www.mee.gov.cn/ywdt/hjy-wnews/202009/t20200927_800752.shtml，访问日期：2021 年 8 月 8 日。

治理体系。中国政府在世界环境大会上已经宣布了 2030 年实现碳达峰、2060年实现碳中和的宏伟节能减排战略目标，由此倒逼国内各类市场主体优胜劣汰。

四、创新区域生态合作治理机制

生态治理的有效推进需要整体性视野。生态危机及生态公正问题的彻底解决不能完全在单纯生态保护和生态治理的范畴中实现，还应该在对人的自我异化的扬弃以及对资本主义现代文明的扬弃的历史革命性转变中得到实现。因此，我国的生态治理必须在构建生态公正的价值前提下纳入国家治理体系和治理能力现代化的宏观战略视野中全面、协调地整体推进。

我国应创新生态治理范式，强化大区域生态合作治理的生态治理理念，建立健全责、权、利有机统一的区域生态补偿机制。各地方协同治理生态是必然之路，但是如何协同缺少有效的体制和机制保障。东部地区经济快速发展，但自身资源能源不足，对中西部地区依存度高。东部地区经济的发展也得益于中西部地区人、财、物的支持。中西部地区资源开发会使东部地区从中受益，生态治理的难题却主要由中西部地区承担。这种建立在市场等价基础上的交换，看似公平，实则没有实现生态治理的真正公平。当前的生态治理往往局限于各地方政府管辖区域内，区域之间的协同在现行的行政区域分割的大前提下，难有大的作为。而要实现生态协同治理，就必须有体制和机制的保障。

区域生态补偿是推动区域生态协同治理，实现区域生态公正的一种重要生态治理手段。我国区域之间在经济发展、资源利用以及财富占有等方面存在的不平衡性加剧了区域间的生态不公正，增加了区域生态治理的复杂性。在对生态资源的拥有以及实际享用方面，东南沿海发达地区和中西部不发达地区之间的经济社会发展的不平衡性，加剧了不发达地区生态环境的恶化和社会不公正。要改变这种不合理的现象，必须建立跨区域生态补偿制度。首先，要科学核算区域间经济发展的生态贡献和环境污染损失，建立合理的生态补偿制度和补偿标准。其次，要发挥中央财政和生态受益区财政在制定和实施生态补偿的公共财政政策上的优势，将区域生态补偿资金纳入常规性预算之中；加大财政转移支付力度，用于补偿贫困地区因产业结构转型升级放弃高能耗、高污染产业以及输出廉价的资源产品和初级产品产生的经济损失。再次，要充分发挥税收在生态治理中的调节杠杆作用，按照责权相当、权利和义务对等原则，创新环境资源税的征收、监管机制，有效约束环境资源消费主体的生产经营活动，明确从自然资源中获得收益者所要承担的保护环境的相应责任与义务。

案例：太湖水生态治理——区域跨界治理的经典案例[1]

太湖位于长三角区域，是我国五大淡水湖之一，其水域分布涉及浙江、江苏和上海两省一市，流域面积3.7万平方公里，其中江苏省占53%。从20世纪末开始，由于环太湖流域工业生产的日益兴起，江浙交临市县（区）经济的快速发展，太湖流域水系与太湖水体受到了严重污染，蓝藻频发，水体富营养化日益严重，其中2007年到达高峰值，原先的"美不美，太湖水"已成往日记忆。在这样的背景下，1998年12月26日，由国家环保部牵头，迅速发起"零点行动"，对太湖流域水体进行了铁拳治理。"零点行动"可谓力度大、气势足、速度快，但阵风过后，收效并不理想。面对治后又污的问题，2007年5月，"太湖蓝藻事件"爆发后，太湖流域各省市又掀起了一波治污风暴，江浙及沿湖各县大胆探索水污染治理"铁腕治污、科学治太"的新思路、新举措，通过治理取得了明显成效。据2012年监测数据显示，当年太湖水域水质监测值为IV类，湖体综合营养状态指数为56.5，较2007年下降了9%。近年来，太湖没有再发生大面积污染事件，水体状态比较稳定。2016年，江苏省无锡市启动了"治太工程"2.0版，应用现代新技术、新工艺、新装备对太湖进行全面治理，太湖水体改善明显。

建立跨界联动的大环保工作机构。在太湖治理中，苏浙沪合作进行了开放式探索，建立了环太湖五市行政首长的定期会晤机制、部门会议机制等。但这还不够，在层级上、在工作面上、在频率上还应加大合作力度，不能让合作治理流于形式。为保证工作实效，对于区域间生态跨界合作治理，应设立超区域政府的、能独立运作的生态型机构——"生态共同体"，并设立经常工作的常设领导机构，由它领导大区域的生态治理工作。常设机构应与上级环保部门保持互动，并受其领导。各区域环保部门作为生态保护与生态治理的直接责任部门，应在常设机构的领导下开展工作，明确工作机制、工作

---

[1] 注：本案例综合公开报道信息整理形成。

制度、工作职责。在常设机构的统一领导下，各区域单位应保持热线互动、经常联动，分头办公，但要保持同步工作，做到"形散神不散"，利用大数据系统平台共通共治。如遇到难于解决的实际问题，可以由上一级环保部门出面进行调解与处置。上一级相关职能部门（如环保部门、水利部门、国土部门等）在共同体系统运作中要有所作为，赋予区域"生态共同体"相应的规划与调控权，扮演上情下达的中间者角色，利用自身层级权威，代表同级政府下达工作指示；同时，必须掌握下层情况并定期向上层汇报。

区域生态治理的主体是政府。政府作为维护公众利益的公共权力机构，在环境治理中处于主导地位，必须实施政府主导型的环境治理战略。[1] 从2003 年开始，因形势变化和治理需要，政府主导下的环太湖区域合作持续强化，具体表现为：五个地市级领导互访频繁化，部门协作会议、太湖生态论坛等新的合作模式不断创新试水，相互合作越来越多，越来越紧密。2003 年末，苏州市政府出面与北京决策咨询中心共同创办了首届"长三角（太湖）发展论坛"，以"相约太湖、共谋发展"为主题，在推动区域生态环境合作治理方面响亮发声，在国内学术界和政府体系内产生了强烈反响。2007 年，第二届论坛在苏州隆重举行，与会各环太湖城市政府代表表示：应强化地方政府之间的沟通与合作，建立环太湖五市市长联席会议制度和政府各主要部门的联席会议制度，共商共推"区域生态保护共同体"构建大计，实现环太湖流域的高质量治理，建设美丽太湖生态圈；同时又提出，太湖治理要充分发挥民间组织的参与力度，要积极推动社会力量参与。

第四节　以乡村生态振兴
为实现生态公正营造和谐氛围

党的十九届五中全会通过的《中共中央关于制定国民经济和社会发展第十四个五年规划和二〇三五年远景目标的建议》，明确了"十四五"时期要优先发展农业农村，全面推进乡村振兴，提出了"坚持把解决好'三农'问题作为全党工作重中之重，走中国特色社会主义乡村振兴道路，全面实施乡

---

[1] 肖建华、秦立春：《两型社会建设中府际非合作与治理》，《湖南师范大学社会科学学报》2011年第2期。

村振兴战略，强化以工补农、以城带乡，推动形成工农互促、城乡互补、协调发展、共同繁荣的新型工农城乡关系，加快农业农村现代化"，为新时代实施乡村振兴战略，建设现代化农村指明了方向。乡村振兴战略是包括乡村经济、政治、文化、社会和生态"五位一体"的整体振兴战略。十八大以来，中国共产党在实施乡村振兴战略中，通过整体推进乡村自然环境、人文和社会生态环境的综合治理和优化保护，为保障农民生态权益，维护城乡生态公正，实现人与自然和谐共生的生态现代化奠定了坚实的经济、政治、文化、社会和生态基础。

一、乡村生态振兴的内涵

乡村生态振兴，是指在美丽乡村建设中，实现乡村自然生态、人文生态和产业生态从传统向现代的全面转型与复兴过程。

第一，乡村人与自然和谐共生关系的价值重塑。传统的"人类中心主义"价值观只强调人类作为价值主体，对作为价值客体的大自然单向度索取，否定自然生态应有的独特价值，因而导致了人类在认识和改造自然中对自然资源肆无忌惮的开发利用和破坏而毫无保护意识。马克思主义辩证的价值观揭示了，价值作为表明主客体关系的范畴，是主体与客体之间的一种互益性关系，而不仅仅是客体满足主体需要的单向度需求。因此，人要在与生态环境的关系中获得自己的价值，就必须承认生态环境的内在的和固有的价值。否则，主体就没有自己的价值可言。[1] 乡村生态振兴的价值重塑，在于充分认识并尊重乡村自然生态环境的独特价值，加大乡村自然环境的治理与保护力度，落实节约优先、保护优先、自然恢复为主的方针，统筹山水林田湖草系统治理，严守生态保护红线，以绿色发展引领乡村振兴，实现人与自然和谐共生的生态现代化。

第二，乡村人文环境与自然环境有机融合的人文生态复兴。马克思生态自然观表明，自从有了人类社会，人是自然界的一部分，因而自然界就不再是脱离了人的抽象的自然，而是与人时刻发生对象性关系的自然，是人的实践活动改造了的人化自然。马克思恩格斯指出："全部人类历史的第一个前提无疑是有生命的个人的存在。因此，第一个需要确认的事实就是这些个人

---

[1] 方世南：《美丽中国生态梦：一个学者的生态情怀》，上海三联书店，2014，第232页。

的肉体组织以及由此产生的个人对其他自然的关系。当然，我们在这里既不能深入研究人们自身的生理特性，也不能深入研究人们所处的各种自然条件——地质条件、山岳水文地理条件、气候条件以及其他条件。任何历史记载都应当从这些自然基础以及它们在历史进程中由于人们的活动而发生的变更出发。"[1] 人类社会与自然界之间是辩证的统一体，生态环境是人类文明存在和发展的前提和基础。乡村人文环境与自然生态环境相得益彰，水乳交融。乡村作为人类社会生存和发展的最早的组织形式，经历了长期人类活动的改造形成的历史文化积淀，记录并承载了一个民族和国家的生存记忆而具有了文化人类学的独特价值。今天散落在广袤乡村大地上的古树名木、古村古道、老街古建筑、宗教寺庙等历史遗存构成了乡村独具特色的人文生态景观，与山川河流、森林草地、蓝天白云等自然生态融为一体，相得益彰。因此，乡村生态振兴的内涵绝不仅仅是对乡村自然生态的保护与发展，更应重视对数千年延续下来的乡村人文生态的保护与发展。

第三，乡村产业业态和乡村生活方式的绿色转型。乡村生态振兴要实现乡村社会产业业态和生活状态的绿色化。一方面乡村产业业态要践行"绿水青山就是金山银山"理念，以尊重自然、顺应自然和保护自然为宗旨，在乡村产业业态上追求生态效益的最佳化、经济效益的最大化和社会效益的最优化，在农业农村生态系统运作过程中推动资源节约、环境友好、污染控制、废弃物循环、产品优质、生态协调等一系列相互配套、兼容的产业技术体系，协调推进农业经济效益、社会效益和生态效益相统一的绿色产业，满足当代人日益增长的对优质农产品和美好自然风光的需求。另一方面，为了破解乡村振兴面临的人口、资源和环境之间的瓶颈制约，在乡村生活方式上必须大力提高生活消费的绿色化程度，树立绿色、健康和节约可持续的消费理念，做到资源利用的最大化、生活品味的最优化和行为方式的简约化，努力构建资源节约型、环境友好型和人口增长适度型社会。

二、乡村生态振兴的价值

乡村生态环境是农业、农村和农民赖以生存和发展的前提和基础。乡村

---

[1] 中共中央马克思恩格斯列宁斯大林著作编译局编译《马克思恩格斯文集》第 1 卷，人民出版社，2009，第 519 页。

生态振兴是乡村振兴战略的重要内容之一。生态兴，则乡村兴；环境美，则乡村美。乡村生态环境与农业、农村和农民的生存发展是相辅相成、休戚与共的命运共同体。在新时代，实现乡村生态振兴对于全面实施乡村振兴战略，实现城乡融合发展，维护城乡生态公正和建设美丽中国等具有重要的理论价值和实践价值。

第一，乡村生态振兴是维护城乡生态公正，保障农村居民公平公正享有基本生态权益的必然要求。

习近平总书记指出："良好生态环境是最公平的公共产品，是最普惠的民生福祉。"[1]生态环境是关系党的宗旨使命的重大政治问题，也是关系民生的重大社会问题。随着我国由"温饱型"社会向"全面小康型"社会的转型，广大人民群众对提高生态环境质量的要求和期盼越来越强烈。因此，我们要积极回应人民群众所想、所盼、所急，大力推进生态文明建设，提供更多优质生态产品，不断满足人民群众日益增长的优美生态环境需要。生态权益是最基本的人权，人民群众公平公正享有生态权益是实现马克思关于人的自由而全面发展的重要前提和基础，生态权益与经济权益、政治权益、文化权益和社会权益共同构成中国特色社会主义"五位一体"的整体权益观。近年来，城乡发展不平衡、不充分性问题成为全面建成社会主义现代化强国的一个重要短板。在生态文明建设进程中，我国城乡发展的不平衡性不仅体现在经济社会发展上的差距，还体现在城乡居民之间在生态环境资源的开发利用、承受环境污染的侵害以及承担生态治理责任等方面生态权益的不公平性。实施乡村生态振兴战略，加强农村生态环境治理，是保障农民公平公正地享有生态权益，实现城乡社会公平正义的必然要求。

第二，乡村生态振兴是实现乡村经济社会高质量发展，构建人与自然和谐共生生态现代化的重要路径。

大自然为农业、农村和农民高质量发展提供了丰富的生产和生活资料，包括山川、河流、耕地、森林、草地等自然资源，是乡村赖以生存和发展的物质基础。生态振兴是乡村振兴的重要前提和基础。没有生态振兴，没有优良的生态环境，乡村振兴就将成为无源之水、无本之木。只有夯实乡村振兴的生态基础，才能吸引乡村振兴所需要的人才、资金、技术和经营管理等先

---

[1]　中共中央文献研究室编《习近平关于社会主义生态文明建设论述摘编》，中央文献出版社，2017，第4页。

进的生产要素，促进乡村经济社会实现高质量发展。通过不断推进绿色发展理念在乡村的实践，用绿色发展理念引领美丽乡村建设，将推进乡村经济、政治、文化、社会和生态的全面振兴作为一个完整的实践体系来加以整体性研究。只有乡村生态振兴了，才有利于乡村产业振兴、产业发展和产业转型升级；只有乡村生态环境改善了，才有利于留住乡村人才，进而推动乡村经济社会文化等各项事业的顺利发展；只有乡村生态优美了，才有利于乡村文化兴盛，才有利于留住乡愁；只有乡村生态繁荣美丽了，才有利于更好地发挥乡村组织的作用和功能。

第三，乡村生态振兴是构建城乡生态命运共同体，实现中华民族永续发展的价值遵循。

习近平总书记指出："生态兴则文明兴，生态衰则文明衰。"[1] 乡村自然生态环境是乡村与城市人文生态环境存续与发展的前提和基础。从城乡生态命运共同体意识和整体性思维考察，乡村生态振兴对于实现中华民族伟大复兴和永续发展具有重大的战略意义。在乡村生态振兴中，要坚持整体性、系统性思维，充分认识到城乡自然生态和社会生态系统是一个休戚与共的整体。乡村生态振兴彰显了人类认识城乡关系方面的生态命运共同体意识和系统性、整体性思维方法论的辩证统一。就城乡两大自然生态系统的内在逻辑关系而言，城乡生态环境是休戚与共、唇齿相依的命运共同体。广大农村优美的自然生态环境是城市生态系统赖以存在和发展的最后屏障。要摒弃城乡发展中的零和博弈思维，探索构建城乡经济社会发展共存共荣、互利共赢的融合发展新路径。在城乡一体化发展过程中强化农村环境保护优先原则，保护和建设人类赖以生存的生态系统，实现城乡社会、经济、环境的协调可持续发展，维护城乡生态公平正义，促进城乡生态文明的整体性进步。

三、新时代推进乡村生态振兴战略的实践路径

近年来，在实施乡村生态振兴战略，加快农村生态文明建设中，我国一些地区探索总结出了许多富有成效的经验，为加快推进新时代乡村生态现代化奠定了基础。

---

[1] 中共中央文献研究室编《习近平关于社会主义生态文明建设论述摘编》，中央文献出版社，2017，第 10 页。

第一，坚持"红色"引领"绿色"发展，提升农村基层党组织领导绿色发展能力，为乡村生态振兴提供坚强有力的政治保障。

美丽乡村建设离不开农村基层党建引领绿色发展的政治效能。近年来，苏南地区作为我国城乡融合发展的重要示范区，涌现了众多经济社会发展与生态文明建设有机融合的美丽乡村建设典范。其基本经验和做法为：一是固本强基，强化基层党组织的领导力和执政能力，将乡村生态治理与美丽乡村建设作为党政"一把手"工程常抓不懈。二是在乡村基层干部考核中探索建立美丽乡村建设评价体系，把美丽乡村建设纳入党政干部政绩综合考核、生态文明建设考核和社会主义新农村建设考核。三是以"千村示范、万村整治"建设工程为抓手，成立乡村工作协调领导小组，充分发挥综合协调和牵头作用，各级各相关部门都根据自身的职能，积极承担相应职责，保证工作上统筹安排，步调一致地开展乡村振兴战略。

第二，遵循绿色发展理念，优化并促进农村产业结构的转型升级，实现乡村经济生态化与生态资源产业化的高质量发展。

推动乡村生态振兴，就是要以绿色发展为引领，严守生态保护红线，推进农业农村绿色发展，加快农村人居环境整治，让良好生态成为乡村振兴支撑点，打造农民安居乐业的美丽家园。要以"两山"理论为指导，将乡村丰富的生态资源转化成推动乡村经济高质量的绿色保障。

近年来，一些农村地区着眼于人与自然和谐相处，注重加强乡村生态环境保护，大力发展乡村特色生态经济，加快转变农村经济发展方式，打造农村宜居、宜业、宜游的良好发展环境，成功探索出了一条通过贯彻落实绿色发展理念，优化农村产业结构的转型升级，实现经济与生态高质量发展之路。一是积极发展农村生态经济，持续促进农民创业增收。各地大力发展高效生态农业，按照经济生态化、生产园区化、产品标准化的要求，以粮食功能区和现代农业园区建设为抓手，促进土地规模经营和无公害、绿色、有机农产品基地建设，推进农业科技进步和农作制度创新，提高农业规模化、标准化、产业化、科技化、生态化水平，努力持续促进农民创业增收，不断提升农村富裕程度。二是积极发展乡村生态农业，努力提升农产品精、深加工水平，拉长产业链，打造一批知名品牌，提高农产品的附加值，大幅提高农业效益，不断提升农民人均收入来自农业的份额。三是大力发展以"农家乐"为主题的乡村休闲旅游观光产业，把乡村丰富的生态资源转化为农民增收的"聚宝盆"。四是积极搭建农民创业就业平台，不断开拓农民增收渠道途径。五是重视乡村生态环境中绿色生产力的现实转化，实现乡村传统的农家乐、民宿等单一模式走向乡村度假、乡村生活模式，凝心聚力开发中高档乡村生态文化产品，提升乡村旅游品牌竞争力，提升村级集体经济造血功能和村民发家致富的经济发展能力。乡村集体经济实力的不断增强，为美丽乡村建设、实现乡村生态振兴提供强大的物质力量。

第三，推进城乡一体化生态治理，坚决打赢乡村污染防治攻坚战，建设美丽乡村。

近年来，乡村生产生活带来乡村环境的破坏与污染问题比较突出，乡村生态治理面临巨大挑战。乡村生态振兴的一个重要着力点在于以美丽乡村建设为契机，加大乡村生态环境整治力度，打赢乡村环境污染攻坚战，实现乡村百姓生活富裕与生态宜居的和谐统一。

一是坚持整体性思维，构建城乡一体化生态治理体系，整体推进城乡生态治理与环境保护。充分发挥政府在城乡生态治理中的主体作用，通过构建城乡一体化的生态环境治理体系，保障农村居民公平公正享有生态权益，为实现"经济发展、生态良好、生活富裕"奠定良好的生态基础。由于农村生态环境问题涉及面广，水、土壤、固体废弃物、农村居民生活垃圾、农民生产生活方式等，需要统筹规划，科学指导，有序推进。

二是构建公平公正的城乡生态补偿机制，激发农民参与乡村生态振兴的积极性、主动性。生态补偿是生态治理中政府依据生态公平原则，从生态受益方给予生态保护付出方一定经济或社会补偿的政策机制。作为政府应对生态危机和环境污染问题的一种公共政策工具，生态补偿机制有利于鼓励经济主体与社会成员积极保护生态环境，实现区域经济、社会和环境的可持续发展。从生态保护区域分布来看，包括饮用水水源保护区、生态湿地等重要生态功能区大多分布在农村居民生活和生产的核心区域。由于乡村要承担起保障城市经济社会发展所需要的优质水源、蔬菜、水果、粮食等农副产品和其他自然资源的义务，而不得不限制经济发展，牺牲经济利益，这样势必对农村居民的经济利益、生活状况等带来较大影响和损失。如果在经济上不对乡村居民给予生态补偿，必然加剧城乡发展的不平衡，带来生态不公正，也会影响城乡之间的和谐可持续发展。因此，政府需要通过立法明确城乡之间权责与义务对等的生态补偿，加大财政支持力度以维护生态公平公正，调动农民生态保护和治理的积极性、主动性和创造性。

第四，重视乡村独特的人文历史景观的保护与开发，实现自然生态与人文生态价值的有机融合与相得益彰。

乡村生态的美不仅仅体现在优美的乡村自然风光、绿水青山等自然生态资源，还包括几千年来中国传统村落演变进程中沉淀下来形成的独特的村落人文历史文化，如古树名木、亭台楼阁、民情风俗、渔猎耕种等具有浓郁的乡土气息的人文景观与自然生态环境交相辉映，形成浑然一体的独特价值。乡村文化的保护与传承有利于提高乡村建设的文化品位。我国地域广大，每个地区都有其独特的人文历史和风土人情，但近年来随着城镇化的不断推进，部分乡村的原始风貌和地域特性逐渐消失，加强对乡村文化的保护与传承迫在眉睫。美丽乡村建设不仅仅要提高农民的物质生活水平，更要重视保护与传承乡村独特的农耕文化。

乡村是我国传统文化的发源地，相比现代化的城市，乡村有着丰富的历史文化遗产，是我国传统文化的载体和根基，而乡村文化的保护与传承能够提升美丽乡村建设的质量。因此，乡村生态振兴不仅要加强乡村自然生态环境的治理与保护，更要重视乡村人文生态环境的保护与挖掘，保护中国传统村落文化的历史记忆，让当代人在"望得见山水，记得住乡愁"的人文情怀的熏陶中存续城乡历史文化的余脉，奠定实现城乡融合发展的文化基础。

第五，发展乡村生态文化，构建乡村生态文明教育体系，培育具有现代生态文明理念的新型农民。

乡村生态振兴的关键在于"人的行为方式的生态化"。乡村生态振兴本质上是一种包含现代化生态价值观、生态思维方式和生态生产生活方式在内的乡村生态文化振兴。乡村生态振兴必须通过构建乡村生态文明教育体系，繁荣发展乡村生态文化，培育具有现代化生态文化理念、文化养成、文化认同和文化自觉的新型农民；必须通过唤醒农民的生态意识，强化农民生态行为建设，形成农民的生态文化自觉，实现农民生产生活方式向生态现代化转型。

一是重视农村居民的环保宣传教育，培育具有现代环保意识的新型农民。人民群众既是良好的生态环境的受益者，也是环境保护和治理的主要力量，农村居民的生态文明素质和环保意识水平的高低对农村生态治理的成效有着直接的影响。只有在生产生活方式绿色转型中持续激发村民的生态热情与生态担当，才能真正夯实乡村生态建设的成果。

二是加强农村公共文化建设，融入生态文化元素，加大宣传力度，提高农民生态保护意识。意识是行动的指南，只有让农民真正意识到环境保护的重要性，才能让农民行动起来保护共同赖以生存的家园。推进乡村文化发展，要推进乡村生态文化的群众化建设，为乡村振兴营造良好的人文环境。乡村生态文化振兴是乡村生态振兴的重要组成部分。长期以来，农村居民在生产生活中创造并总结出了独具特色的乡村生态文化。要充分发挥传统优秀文化中的生态智慧，提高农民的内在文化修养，形成环境保护的生态自觉，为乡村生态振兴注入强有力的精神动力。

三是培养和打造一支热爱乡村、扎根乡村的具备良好生态思想的乡村人才。实施乡村生态振兴战略，如何培养懂农业的乡村人才，提升农业生产的生态性与科技含量是关键。政府要通过制定促进乡村人才发展的优惠政策，引导大学毕业生，尤其是掌握农业生产技术的农、林、水产养殖类优秀大学毕业生投身到乡村挂职锻炼，进一步密切和加强高校、科研机构与乡村之间的合作，推动高科技转化和转移的乡土化，为乡村振兴、农业生产储备高质量人才。此外，政府还要重视培养扎根农村的乡村人才，加强当代农村青年以爱家乡、乐创业、甘奉献为核心的理想信念和社会主义核心价值观教育，加强农村人才的技能培训，补齐制约新农村建设和乡村振兴的人才短板，为实施乡村振兴战略提供坚实的人力基础。

第六，引入市场竞争机制，调动民营环境科技企业参与农村生态治理、建设美丽乡村的积极性。政府要鼓励和扶持民营环境科技企业走出当前发展困境，在助力城乡生态治理兼顾经济效益和社会效益中实现发展壮大。在推进乡村生态振兴战略中，政府应从生态治理的政策制度落实、市场规则完善、资金和人才支持等方面打好组合拳。

一要在生态治理中引入公平透明的市场竞争机制，健全和完善生态治理绩效长效考核机制，实行优胜劣汰。打赢环境污染防治攻坚战是国家当前"三大攻坚战"之一，要打赢这场硬仗，就必须动员一切社会力量，充分发挥民营环境科技企业的作用。在环境科技资金、政策等方面给予遵循科学系统思维、注重耐心治本、生态治理成效显著的民营环境科技企业更多的支持，通过引入公平透明的市场竞争激励机制，建立健全生态治理绩效长效考核机制，实行优胜劣汰，提高生态治理成效。

　　二要加大对科技型民营环境企业在资金、人才、政策、项目等方面的扶持力度。政府应加大对创新能力强、社会声誉好、具有发展潜力的创新型民营环境科技企业的支持力度，在资金、税收、工程项目等方面给予政策倾斜，发挥市场在生态治理资源的配置中的决定性作用，促进环境科技企业优胜劣汰。同时，政府应出台政策鼓励国家环保科研机构吸纳优秀的民营环境科技企业家加入，共同参与国家生态治理攻关项目，增强协同创新。

　　三要大力扶持民营环境科技企业发展，纾解其在生存和发展中面临的困境。政府要加强对民营环境科技企业的支持力度，及时了解和关注他们的困难与需求，纾解生态环境领域的民营企业的发展困境。要精准施策、雪中送炭，促进不同所有制的环境科技企业共同成长和发展，为建设社会主义生态文明贡献力量。在社会主义生态文明建设进程中，随着党和政府对农村生态环境治理问题的日益重视，农村生态治理在资金、技术和人才等要素投入的不断加强，民营环境科技企业在助力美丽乡村建设，促进乡村生态振兴中一定拥有良好的发展机遇和广阔的发展前景。

　　新时代乡村生态振兴战略，是加快农村经济社会发展，缩小城乡差距，实现城乡融合发展，整体推进城乡现代化的重大战略部署。乡村生态振兴是构建人与自然和谐共生的城乡生态现代化的重要内容。在推进乡村生态振兴战略实践中，只有充分尊重并发挥农民的主体地位及其作用，教育、引导和发动农民，提升农民参与乡村生态治理的自觉性、积极性、主动性和创造性，在乡村经济振兴与生态振兴的良性互动发展中，保障广大农民公平公正享有生态权益，在乡村生态振兴中有更多获得感，持续改善农民生存发展的经济基础和生态环境，不断提升农民生活质量，才能实现城乡融合发展，缩小城乡差距，为实现中华民族伟大复兴的中国梦奠定坚实的生态基础。

第七章
人类命运共同体视野下的国际生态合作治理

生态环境问题具有国际性。因此，解决全球性生态危机，维护国际生态公正，需要国际社会携手合作，共同努力完成国际生态治理，保障世界各国人民平等公正享有和平发展的生态权益。中国作为最大的发展中国家，同样面临着完成工业化与保护生态环境，实现经济社会高质量发展的历史任务。在努力解决本国环境问题的同时，中国主动适应世界发展趋势，认真地履行国际环境公约，积极开展环境外交和国际环境合作，扩大在全球生态治理中的国际话语权，在国际环境发展领域发挥建设性作用，为全球环境保护事业做出了应有贡献，树立了良好的国际形象。当代中国应对生态危机，实现生态公正，必须要有整体性、全球性宏观视野，重视加强国际生态合作治理，同世界各国"携手构建合作共赢、公平合理的气候变化治理机制"[1]，努力构建人类命运共同体。

第一节　人类命运共同体为实现国际生态公正提供价值遵循

一、人类命运共同体的提出

中共十八大报告中首次提出倡导人类命运共同体意识。2015 年 9 月，习近平在联合国总部举行的第七十届联合国大会一般性辩论时，发表题为《携手构建合作共赢新伙伴 同心打造人类命运共同体》的讲话，明确指出要构建以合作共赢为核心的新型国际关系，打造人类命运共同体。[2] 2019 年 3 月 26 日，习近平总书记在中法全球治理论坛闭幕式上的讲话中再提"构建人类命运共同体"。这是习近平总书记基于"治理赤字、信任赤字、和平赤字、发展赤字"[3] 等人类面前的严峻挑战而再提的重大理念。其目标在于建设一个"持久和平、普遍安全、共同繁荣、开放包容、清洁美丽"[4] 的世界，其路径是"从伙伴关系、安全格局、经济发展、文明交流、生态建设等

---

[1] 习近平：《习近平谈治国理政》第 2 卷，外文出版社，2017，第 527 页。
[2] 习近平：《习近平谈治国理政》第 2 卷，外文出版社，2017，第 522 页。
[3] 习近平：《为建设更加美好的地球家园贡献智慧和力量：在中法全球治理论坛闭幕式上的讲话》，《人民日报》2019 年 3 月 27 日第 3 版。
[4] 习近平：《习近平谈治国理政》第 2 卷，外文出版社，2017，第 541－544 页。

方面做出努力"[1]。这一理念已载入联合国多项决议，获得了广泛的国际认同，赢得了国际社会广泛赞誉。共谋全球生态文明建设、建设清洁美丽世界，是构建人类命运共同体的重要内容与目标，同时，构建人类命运共同体为推进全球环境治理、维护全球生态安全指明了方向与路径。

在全面深化改革，加强全球生态治理合作过程中，我国绝不承诺与我国发展水平不相适应的义务，坚决反对任何国家以保护环境为由干涉我国内政，以及对我国进行生态殖民主义，自觉维护国家生态主权和生态安全。在全球化背景下，生态危机早已超越了国家和地区的边界而具有全球性和弥散性特征。构建人类命运共同体，这是中国领导人基于对历史和现实的深入思考给出的中国答案。从国与国双边的命运共同体，到区域内的命运共同体，到人类命运共同体，习近平总书记多次谈及"命运共同体"，深入思考事关人类命运的宏大课题，展现出中国领导人面向未来的长远眼光、博大胸襟和历史担当。

构建人类命运共同体是中国为应对全球共同挑战和建设美好世界而提出的中国方案。2017年2月，人类命运共同体理念首次被写入联合国决议，随后又被陆续写入联合国大会、安理会、人权理事会及相关国际组织重要文件，得到国际社会广泛认同。当前，威胁全人类健康和生命安全的新冠肺炎疫情仍然在世界蔓延，世界抗疫形势仍然严峻，加上全球性生态危机对人类可持续生存与发展的挑战，世界和平发展之路任重道远。后疫情时代，中国提出的人类命运共同体理念对于未来各国之间的合作将会产生至少三方面的重大影响。第一，强化各国间的政策沟通，减少乃至避免更多冲突，尤其是大国间的冲突。世界各国间有了更好的政策沟通，才会有更好的全球社会环境，人类文明才会有进一步良性发展和繁盛的基础。第二，明确阐释人类相互联通、沟通命运的未来，在经济上进一步加强各国间互联互通的政策导向。第三，极大地提升各国社会之间的全球认同。过去我们只认同国家，现在不仅要认同国家，也要认同国家之上的人类命运共同体。[2]

二、人类命运共同体的内涵

人类命运共同体理念是以习近平同志为核心的党中央和政府为应对全球

---

[1] 习近平：《习近平谈治国理政》第2卷，外文出版社，2017，第541页。
[2] 张红：《人类命运共同体为世界指明前进方向》，《人民日报（海外版）》2021年7月5日（第6版）。

共同挑战和建设美好世界而提出的中国方案，内涵十分丰富，具有中国特色，体现了中国传统文化独特的文化价值观和世界观。

（一）超越时空的人类整体合作观

随着全球化的发展，人类社会是一个相互依存的命运共同体已经成为共识。20 世纪 90 年代以来，人类社会进入复杂多变的历史进程中，国际社会发生的一系列重大事件对人类的发展走向产生了深远的影响，也重塑了国际经济、政治、文化和生态环境的格局与版图，使各国之间相互依存现象具有了更加深刻的内涵。在经济全球化背景下，一国发生的危机通过全球化机制的传导，可以迅速波及全球，危及国际社会整体。面对这些危机，国际社会只能同舟共济、共克时艰。如 2008 年国际金融危机爆发后，二十国集团构建起来的危机应对机制是国家之间在相互依存中通过国际机制建设应对国际危机的例证。可以设想，如果国家之间互不合作、以邻为壑，这些危机完全可能像 20 世纪 20—30 年代的危机一样，引发冲突甚至战争，给人类社会带来严重灾难。

（二）超越国家、民族和种族的整体利益观

经济全球化促使人们对传统的国家利益观进行反思。瞬间万里、天涯咫尺的全球化传导机制把人类居住的星球变成了"地球村"。各国利益的高度交融使每个国家都成为一个共同利益链条上的一环。任何一环出现问题，都可能导致全球利益链中断。一个国家的粮食安全出现问题，则饥民将大规模涌向别国。交通工具的进步为难民潮的流动提供了可能，而人道理念的进步又使拒难民于国门之外面临很大的道义压力。以互联网技术为标志的现代信息技术革命把各国空前紧密地连在一起，使世界各国家、民族的交往和联系空前紧密，结成了共存共荣的利益共同体。在这样的背景下，人们对共同利益也有了新的认识。既然人类已经处在"地球村"中，那么各国公民同时就是地球公民，全球的利益同时也就是自己的利益，一个国家采取有利于全球利益的举措也就同时服务了自身利益。

（三）昭示人类终极发展指向的整体发展观

工业革命以后，人类开发和利用自然资源的能力大大增强，但接踵而至

的环境污染和极端事故也给人类造成巨大灾难。工业革命以来，人类对自然界带来的严重破坏与污染，反噬了人类工业文明创造的成果，制造了人类与自然的对立和对抗关系，促使人类对自身的发展方向和终极目标进行了深层次的哲理反思，并开始对工业文明的种种弊端进行有意识的调适与纠偏，促进了一种新的人类文明形态——生态文明的萌发。

1972 年，"罗马俱乐部"发表了《增长的极限》报告，提出"若世界按照现在的人口和经济增长以及资源消耗、环境污染趋势继续发展下去，那么我们这个星球迟早将达到极限进而崩溃"，引起国际社会极大争论。同年，联合国在斯德哥尔摩召开人类环境研讨会，在会上首次有人提出了"可持续发展"的概念。1983 年，联合国成立世界环境与发展委员会进行专题研究。该委员会 1987 年发表《我们共同的未来》报告，正式将可持续发展定义为"既能满足当代人需要，又不对后代人满足其需要的能力构成危害的发展"。此后，可持续发展成为国际社会的共识。1992 年，联合国在巴西里约热内卢召开环境与发展大会，通过了以可持续发展为核心的《里约环境与发展宣言》等文件，被称为《地球宪章》。2002 年，联合国又在南非召开可持续发展问题世界首脑会议，通过了《约翰内斯堡执行计划》。2012 年，各国首脑再次聚会里约热内卢，出席联合国可持续发展大会峰会，重申各国对可持续发展的承诺，探讨在此方面的成就与不足，发表了《我们憧憬的未来》成果文件。

2015 年 12 月 12 日，在第 21 届联合国气候变化大会（巴黎气候大会）上，全世界 178 个缔约方共同签署通过了《巴黎协定》，对 2020 年后全球应对气候变化的行动作出了统一安排。《巴黎协定》的长期目标是将全球平均气温较前工业化时期上升幅度控制在 2 摄氏度以内，并努力将温度上升幅度限制在 1.5 摄氏度以内。该协定要求欧美等发达国家继续率先减排并开展绝对量化减排，为发展中国家提供资金支持；发展中国家应该根据自身情况提高减排目标，逐步实现绝对减排或者限排目标；最不发达国家和小岛屿发展中国家可编制和通报反映其特殊情况的关于温室气体排放发展的战略、计划和行动。

2016 年 11 月，国务院印发了《"十三五"生态环境保护规划》（2016—2020 年），在第七章"维护国家生态安全"一节中明确提出：构建生物多样性保护网络，继续开展生物多样性保护活动，加强生物多样性优先区域管理，完善迁地保护设施，实现对生物多样性的系统保护。

2021年10月，中国政府在昆明举办了《生物多样性公约》缔约方大会第十五次会议（COP15），开展"2020年后生物多样性框架"谈判。作为世界上生物多样性最丰富的国家之一，中国政府一直致力于与国际社会共谋全球生态文明建设之路，为全球生物多样性保护和可持续发展贡献中国智慧和力量。

（四）基于共同生存发展挑战的全球治理观

人类命运共同体理念在应对人类共同的挑战——生态危机中的实现形式就是基于共同生存发展挑战的全球治理观。全球治理观的核心观点是，由于全球化导致国际行为主体多元化，解决全球性问题成为一个由政府、政府间组织、非政府组织、跨国公司等共同参与和互动的过程。其重要途径是强化国际规范和国际机制，形成一个具有机制约束力和道德规范力的、能够解决全球问题的全球机制。比如，2008年国际金融危机爆发后，二十国集团协调各国应对危机，避免了世界经济陷入20世纪20—30年代全球大萧条的境地。国际上各种协调磋商机制非常活跃，推动国际社会朝着更加制度化和规范化的方向前进。

近年来，随着中国经济发展水平的不断提高，综合国力的日益增强，中国共产党和政府以人类命运共同体的全球性、整体性视野，积极主动承担本国国际责任和义务，参与全球治理，为推动全球治理朝更加公平合理、"包容发展、权责共担"的方向发展，为利用全球治理形成的倒逼机制促进中国国内改革，为实现世界各国从全球治理中获得更多的和平发展机遇做出了重要贡献。中国将秉承共商、共建、共享的全球观，积极参与全球治理体系改革与建设，并坚定维护以《联合国宪章》的宗旨和原则为核心的国际秩序和国际体系，推进国际关系民主化，支持联合国发挥积极作用，支持广大发展中国家在国际事务中的代表权和发言权，建设性参与国际与地区热点问题的解决进程，积极应对各类全球性挑战，维护国际和地区和平稳定。中国将继续发挥负责任大国作用，不断为完善全球治理贡献中国智慧和力量。

人类命运共同体理念蕴含的相互依存的国际权力观、共同利益观、可持续发展观和全球治理观，为建设人类命运共同体提供了基本的价值观基础。由于国际社会存在的各种价值观仍主要服务于不同国家的现实利益，人类命运共同体的建设仍是一个长期、复杂和曲折的过程。如果各国政治家能真正从全人类长远利益出发来考虑问题，而不是从短期国内政治需求出发来制定政策，一个更高程度的、走向共同繁荣的人类命运共同体完全是可以建成的。

三、人类命运共同体的价值

2017年10月18日，习近平总书记在中共十九大报告中提出：中国坚持和平发展道路，推动构建人类命运共同体。"中国共产党始终把为人类作出新的更大的贡献作为自己的使命。中国将高举和平、发展、合作、共赢的旗帜，恪守维护世界和平、促进共同发展的外交政策宗旨，坚定不移在和平共处五项原则基础上发展同各国的友好合作，推动建设相互尊重、公平正义、合作共赢的新型国际关系。"[1]

第一，人类命运共同体理念是凝聚了传统与现代中国智慧的中国方案，为解决与应对国际社会面临的政治、经济、文化、社会和生态环境等方面的共同危机与发展挑战提供了新思路。人类命运共同体理念与中国自古就有的"世界大同"思想一脉相承，包含着"天下一家""和而不同""协和万邦""大道之行，天下为公""美美与共，天下大同"等中国优秀传统文化精髓，也是对中华人民共和国成立以来和平共处、和平发展、和谐世界等优良外交传统的继承和发扬，是中国"和合"哲学思想在当代世界释放出的新光芒。

第二，人类命运共同体理念彰显了中华文明历经沧桑始终不变的"天下"情怀。从"以和为贵""协和万邦"的和平思想，到"己所不欲，勿施于人""四海之内皆兄弟"的处世之道，再到"计利当计天下利""穷则独善其身，达则兼济天下"的价值判断，同外界其他行为体命运与共的和谐理念，可以说是中华文化的重要基因，薪火相传，绵延不绝。在新时期，中国人民致力实现中华民族伟大复兴的中国梦，追求的不仅是中国人民的福祉，也是各国人民共同的福祉。推动建设人类命运共同体，是中国领导人基于对世界大势的准确把握而贡献的中国方案。人类只有一个地球，各国共处一个世界。不同国家和地区已是你中有我、我中有你，一荣俱荣、一损俱损。国家之间，必须摒弃过时的零和思维，不能只追求你少我多，更不能搞你输我

[1] 习近平：《在中国共产党第十九次全国代表大会上的报告》，人民出版社，2017，第58页。

赢、一家通吃。只有义利兼顾才能义利兼得，只有义利平衡才能义利共赢。

第三，人类命运共同体理念是新时期中国特色大国外交的生动实践。从致力构建新型国际关系到不断拓展全球伙伴关系网络，从亲诚惠容的周边外交理念到共建"一带一路"倡议……中国不仅坚持走和平发展道路，而且敞开胸怀欢迎各国搭乘中国"快车"、共享发展机遇，以实际行动为构建人类命运共同体注入中国智慧、贡献中国力量，同世界各国合作共赢。合作共赢，就是在追求本国利益时兼顾他国合理关切，在谋求本国发展中促进各国共同发展，建立更加平等均衡的新型全球发展伙伴关系。

第四，人类命运共同体理念超越种族、文化、国家与意识形态的界限，为思考人类未来提供了全新的视角，为携手共同应对全球生态危机，推动国际生态合作治理，实现人类永续发展提供了重要价值遵循。如果将地球比作一艘大船，存在于这个星球上的所有国家就是这艘大船的一个个船舱。世界各国只有同舟共济，相互尊重、平等相待，合作共赢、共同发展，遵循平等、互利、合作、共赢的可持续发展理念，坚持不同文明兼容并蓄、交流互鉴，承载着全人类共同命运的"地球号"巨轮才能乘风破浪，平稳前行，到达幸福的彼岸。

第五，人类命运共同体理念有利于凝聚国际社会共识，深化生态治理国际合作，构建全球生态治理共同体，推动人类文明由工业文明迈向生态文明的历史进程。在生存和发展两大主题中，生态治理是人类最为基础的共同需求。今天，人类更加意识到保护环境的紧迫性与重要性。一方面，世界人民的生态意识越来越强。在生态环境问题上，人类开始反思自身的行为，各种先进的生态保护理念受到全世界的关注。另一方面，人类积极将生态意识转变为生态行为。在积极的保护生态环境的意识引导下，人类开始转变传统的行为习惯，有意识地培养自身良好的生态行为。生态意识与生态行为都是实现生态文明的方式。人类正在朝着"构筑尊崇自然、绿色发展的生态体系"的方向努力。生态文明代表着人类文明的发展方向，追求的是在更高层次上实现人与自然、环境与经济、人与社会的和谐统一。生态文明建设的提出，既是文明形态的进步，又是社会制度的完善；既是价值观念的转变，又是生产生活方式的改变；既是中国环境保护新道路的目标指向，又是人类文明进程的有益尝试。作为人类文明的一种高级形式，生态文明是先进的生态伦理观念、发达的生态经济与完善的生态制度的统一体，以确保基本生态安全和良好生态环境为目标。生态文明作为一种新型的文明样态，体现了人类历史发展的新轨迹和新历程，人类命运共同体思想中的"构筑尊崇自然、绿色发展的生态体系"则强化了共同体的生态意识和生态行为。

第二节　加强国际生态合作治理　建设和谐美丽世界

一、加强国际生态合作治理的必要性

随着全球化进程的加速，面对气候变暖、极端天气、土地荒漠化、核污染等生态危机，仅靠一国之力无法独立解决生态环境治理，需要全球国家展开密切的国际合作，共同营造良好的生态体系。国际间的生态合作治理是人类共同生存和发展的基础性需要。

国际生态合作治理是指国际社会在生态治理中为了达成生态治理公共决策或提供生态公共物品，在平等的基础上通过协商、谈判等过程，最终共同做出决策、共同承担责任的一种治理方式。合作的意涵在于：协商、参与、创新、互助、自由沟通、在相互理解和包容的基础上达成共识、权力和资源的公平分配等。国际生态合作治理不仅需要各国政府部门直接参与公共政策制定，还需要各参与者对政策结果负责，即从实质意义上做到共享决策权利，共担决策责任。国际生态合作治理的理论逻辑在于：人类社会正在走向一个重视社会自治的历史时期，社会中的每一个自治系统都与其他系统共生于一个共有的大环境中，它们之间互为环境而共生。在这种共生中，"每个系统都要对自己的个体自主性做些牺牲，通过互相交换和互相参与，获得新的自主性层次，在环境中建立起更高的协调系统"[1]。

第一，建立在平等互利基础上的国际生态合作治理，有利于激发世界各国参与全球生态治理的积极性、主动性和创造性，提高全球生态治理效能。国际生态合作治理的最大特点是合作治理主体之间的平等与民主协作。在合作治理中，政府的基本职能是引导而不是控制。国际社会通过引导和协调制度供给激发多元主体的活力，使得多元治理主体能共同地、平等地、尽可能

---

[1] 埃里克·詹奇：《自组织的宇宙观》，曾国屏、吴彤、宋怀时等译，中国社会科学出版社，1992，第 231 页。

地发挥作用，各主体则以公共利益为目标相互支持、相互补充，构成一个系统性、整体性的治理结构。结构决定功能。合作治理的主体平等结构决定了其具有多元主体共同做出决策、共同提供公共服务、共同承担治理结果的功能。而且，这种平等的治理结构决定了各主体合作治理的积极性，特别是激发了各国政府进行合作治理的积极性和主动性。因为，"治理结构越是拥有平等的内涵，公众就越会积极地参与到治理过程中来，反之，公众就会对治理过程表现出冷漠"[1]。人与自然共生共存，伤害自然最终将伤及人类。空气、水、土壤等自然资源用之不觉、失之难续。工业化创造了前所未有的物质财富，也产生了难以弥补的生态创伤。我们不能用破坏性方式搞发展。绿水青山就是金山银山。我们应该遵循天人合一、道法自然的理念，寻求永续发展之路。我们要倡导绿色、低碳、循环、可持续的生产生活方式，平衡推进 2030 年可持续发展议程，不断开拓生产发展、生活富裕、生态良好的文明发展道路。《巴黎协定》的达成是全球气候治理史上的里程碑。中国同世界各国要共同推动协定实施，为努力构建一个美丽和谐的美好世界而共同奋斗。

　　第二，加强国际生态合作治理是提高全球治理效率，构建人类命运共同体的客观需要。人类正处在大发展、大变革、大调整时期：世界多极化、经济全球化深入发展，社会信息化、文化多样化持续推进，新一轮科技革命和产业革命正在孕育成长，各国相互联系、相互依存、全球命运与共、休戚相关，和平力量的上升远远超过战争因素的增长，和平、发展、合作、共赢的时代潮流更加强劲。同时，人类也正处在一个挑战层出不穷、风险日益增多的时代：世界经济增长乏力，金融危机阴云不散，发展鸿沟日益突出，兵戎相见时有发生，冷战思维和强权政治阴魂不散，恐怖主义、难民危机、重大传染性疾病、气候变化等非传统安全威胁持续蔓延。当今世界，全球化、城市化、信息化快速推进。技术的快速变革、价值观念的多元、国际政治经济秩序的变化，这一切使现代社会日趋复杂，不确定性加剧。这是多元主体合作治理的时代基础。环境作为一种公共物品，在消费上具有非竞争性和非排他性，可以供区域甚至社会全体成员共同享用。环境一旦遭到破坏，将导致全体社会成员共同受害。可见，环境问题涉及每一个人、每一个主体。在环境问题上，各主体有共同利益。多元主体完全可能围绕环境保护问题进行平

---

[1]　张康之：《对"参与治理"理论的质疑》，《吉林大学学报（社会科学版）》2007 年第 1 期。

等协商、共同合作，共担责任、共享成果。这是多元各主体合作治理的利益基础。

第三，加强国际生态合作治理是应对全球自然生态系统复杂多变、不确定性加剧的严峻形势的必然选择。环境问题非常复杂，其形成的原因多样，影响范围往往跨界（跨区域），涉及的主体多元，治理的技术复杂，治理的成本巨大，治理的周期漫长，治理的结果具有不确定性，因此单个国家难以做出正确的决策，难以负担高昂的费用，难以承担治理的后果。例如，全球气候变暖这个世纪难题，其形成过程非常复杂，形成原因和污染源来源非常多样，而且不同主体的责任难以界定，受影响的主体和区域非常广泛且往往是跨区域的，生态危害和社会危害极其深远，其危害性难以定量估算。对于这些高度复杂的环境问题，如果主要依靠单个国际主体通过控制的方式去谋求确定性的治理结果，就可能使整个国际社会陷入更大的不确定性之中，"消除不确定性的努力以及希望把不确定性转化为确定性的努力都不再能够取得合目的性的结果"[1]。因而，多元主体只有通过合作治理，发挥各自的专业特长、功能优势，才能够承担起任何单一主体无法承担的治理任务和治理结果。

二、加强国际生态合作治理面临的挑战

面对愈演愈烈的全球性生态危机，任何一个国家和地区都不可能独善其身，置身事外。加强国际生态合作治理，保障世界各国人民平等公正地享有生存和发展的自然条件应该成为国际社会的共识。尽管我国具有同发达国家加强国际生态合作治理，改善本国环境，为本国人民创造良好的生态环境的强烈愿望和价值诉求，但是受国际生态殖民主义文化和不合理的国际政治经济旧秩序等因素的影响，我国参与国际生态合作治理，排除国际生态霸权对我国生态文明建设的干扰同样面临着许多挑战。

首先，加强国际生态合作治理面临着全球利益意识和全球责任意识难以协调和统一的挑战。思想是行动的先导。在国际生态合作治理中，全球生态利益共同体意识的缺失是影响全球生态合作共治的最为重要的因素。实际上，全球范围内的生态危机是各国经济利益冲突在生态领域的深刻反映。当

---

[1] 张康之：《论政府行为模式从控制向引导的转变》，《北京行政学院学报》2012年第2期。

前，在生态环境问题上的利益冲突主要表现为，各国面对有限的生态资源以及在生态治理上的巨大投入，必然呈现出民族/国家利益与全球利益、目前利益与长远利益、局部利益与整体利益、经济利益与社会利益、生态利益与人类利益的矛盾冲突。[1]部分西方发达国家只为本国利益着想而漠视其他国家平等公正发展的生态权益的极端利己主义思维方式和实践方式是影响全球生态合作共治的观念阻力。近年来，美国先后退出《京都议定书》《巴黎气候协定》等国际气候公约，充分凸显了其为了一己私利而致人类共同的命运与未来于不顾的自私和虚伪。总之，国与国之间对于各自利益的盘算，特别是想以牺牲别国利益来满足自己利益的利己主义以及只考虑局部利益而忽视全球整体利益的想法，都是目前阻碍全球生态合作共治的重要观念阻力。

其次，加强国际生态合作治理面临着以维护国际霸权主义生态利益为宗旨的国际政治经济旧秩序的制度性障碍的挑战。全球生态合作共治的本质是全球生态民主治理，而目前因为制度设计和诠释制度的话语权民主化不够，导致制度的公正性不足，使全球生态合作共治制度建设陷入了合法性危机、认同性危机和权威性危机。目前一些西方大国在生态治理领域牢牢地掌握着全球生态治理制度的投票权、表决权、知情权、参与权和决策权，而广大发展中国家处于全球生态治理制度体系的边缘位置，因享受不到与西方发达国家相应的生态治理权利而很难发挥应有的积极作用。同时，世界各国生态治理参与权的不公正性导致全球生态治理制度缺乏应有的合法性，从而导致合法性危机、认同性危机和权威性危机，使全球生态合作治理以及相关制度陷入失范、失效和失灵的窘境。此外，在制度执行力方面，由于有关的国际生态治理制度没有严格的惩罚性效力，只具有一定的软约束作用，因此一些国家对全球生态治理领域的有关国际法律置若罔闻，严重制约了全球生态合作治理制度有效性的发挥，阻碍了全球生态合作治理的进度。

最后，加强国际生态合作治理面临着各国利益与全球利益发生冲突，各国个体理性和全球整体理性之间的矛盾碰撞严重阻滞全球生态合作治理实践进程的挑战。全球生态合作共治凸显出全球整体利益影响下的整体理性与国别利益制约下的个体理性之间的内在矛盾。在生态公共物品和生态公共事务面前，各国相对于全球呈现出的是"个体理性"，它并不能保证全球这一

---

[1]　方世南：《全球生态合作共治：价值、困境与出路》，《北华大学学报（社会科学版）》2017年第18卷第3期。

"集体理性"[1]，而这往往导致集体的非理性结局。因此，在全球生态合作治理实践中，类似哈丁的"公有地悲剧""囚徒困境""搭便车"等生态治理集体行动逻辑困境，使国际生态合作治理绩效大打折扣。此外，全球生态合作治理中的实践困境还表现在发达国家虽然拥有绿色技术和生态治理资金，但是不愿意无偿或有偿地提供给不发达国家，不愿意及时地伸出援助之手为他国的生态治理提供帮助。

三、加强国际生态合作治理，实现国际生态公正的主要路径

人类生态命运共同体是在生态危机成为全球性危机态势下形成的。在全球严重生态危机面前，已没有任何地区、集团、民族和国家可以独善其身。鉴于此，世界各国必须展开全球生态合作共治，摒弃意识形态差异和各自利益诉求，增强人类生态命运共同体意识，充分发挥各自优势，凝聚生态治理智慧，采取国际分工、国际合作和国际技术互补、国际生态治理民主协商等方式形成整体合力，应对和解决全球性环境污染，整体提高全球生态治理绩效，将生态危机转化为有助于全球绿色发展的良好契机。

（一）弘扬全球生态协同治理理念

第一，加强全球生态环境保护的宣传与呼吁。人类命运共同体视域下的全球生态保护与治理，核心是生态，主体是人类，即生态文明建设是摆在全人类面前的共同性课题，为此，世界上每个国家都应该以主人翁态度参与生态环境保护和生态文明建设，而不能持观望态度。解决人类共同面临的生态环境课题，就需要全球形成共识，每个国家都必须站在人类发展的战略高度上积极参与全球气候变化治理，而决不能任性地以本国利益的一时得失退出全球气候治理。因而，从理念上呼吁全球高度重视全球生态协同治理的必要性和紧迫性，对深化全球气候治理合作极为关键。

第二，构建国际合作机制。应对气候变化是全球性课题，需要各国的通力合作。但就国际合作机制构建上，全球各国并没有达成共识。实践表明，国际合作机制是影响国际合作成效的关键因素。在人类命运共同体视域下全

---

[1] 方世南：《全球生态合作共治：价值、困境与出路》，《北华大学学报（社会科学版）》2017年第18卷第3期。

球生态保护与治理的过程中，要充分尊重、相互借鉴不同国家的文明，实现协商进程中的文明对话和交流，从而着力强化人类命运共同体构建的文明支撑广度和深度。此外，要拓宽协商空间、构建多种形式协商机制，确保每个国家都能通过协商解决好应对气候变化的人类利益和国家利益，形成紧密的利益联结体，实现利益交融，在追求本国利益时兼顾他国合理关切，在谋求自身发展中促进各国共同发展，不断扩大共同利益汇合点。[1]

第三，树立合作共赢的生态治理理念。人类命运共同体视域下的全球生态保护与治理，就是遵循天人合一、道法自然的理念，在全球范围内实现生态利益、经济利益和社会利益的有机统一，以坚持共同但有区别为原则，通过共建共治共享建设一个清洁美丽的世界，实现整个人类社会永续发展。一是要在应对气候变化共患难层面达成一致。国际社会共同应对全球性生态危机给人类带来的生存与发展困境。二是要在谋求人类可持续发展层面达成一致。人类命运共同体视域下的全球生态保护与治理，国际社会共同解决生态危机，实现资源节约和环境友好是工具性目标，最终的价值性目标就是让人类社会实现可持续发展。三是要在携手共进层面达成一致。面对共同的时代性困境时，人类社会为了追求同发展和共命运，需要携起手来共同努力，通过深度的国际合作化解人类社会面临的时代性困境，站在人类社会发展的高度上，克服狭隘的国家民族主义观念。

（二）构建生态合作共赢导向的全球生态保护与治理模式

人类命运共同体视域下的全球生态保护与治理，体现了生态集体主义的价值观，也就是作为后工业文明时代伴随着生态文明建设实践呈现的崭新历史形态。以生态集体主义为价值观遵循的人类命运共同体构建，实现了人、自然和社会的有机统一，蕴含了自然财富、经济财富和社会财富的交汇融合，呈现了主权国家生态利益的交融。在这个意义上，人类命运共同体视域下的全球生态保护与治理是世界各国合作共赢的事业。因而，需要在合作共赢上下足功夫，通过寻求最大利益公约数，确保各个国家能获得富有保障但又不侵害他国利益关切的生态权益。

第一，要形成各个国家的生态合作联动效应。人类命运共同体视域下的全球生态保护与治理是全球性议题，求同存异、聚同化异是主权国家参与国

---

[1]　习近平：《论坚持推动构建人类命运共同体》，中央文献出版社，2001，第30页。

际合作和协同治理时应当坚持的原则。为建设清洁美丽的世界，应当建立健全主权国家宏观经济政策协调机制，充分考量国内政策的联动效应，高度重视政策传导影响，不断释放正向的溢出效应。

第二，要发挥全球生态保护与治理的合作优势。应对全球气候变化，应该充分调动各个国家的积极性和主动性，通过共商共建共享，才能确保全球气候治理的国际政治、经济环境更加稳定，从而全球气候治理成效也就更显著。人类命运共同体视域下的全球生态保护与治理，不是要不要国际合作，而是如何加强国际合作，怎样充分释放合作优势，回答好这些问题对构建合作共赢导向的人类命运共同体颇为重要。

第三，要推动生态治理体系法治化。要将人类命运共同体落到实处，建设一个生态安全的、开放包容的和清洁美丽的世界，必须提高全球生态治理体系和治理能力现代化。气候变化是全球性挑战，人类命运共同体视域下的全球生态保护与治理，需要全球共建共享，而不能由一个国家自行决策，应该保障每个主权国家都拥有话语权，自由表达本国利益诉求，并坚持利益融合的原则，寻求最大利益公约数。为此，应以全球气候治理为聚焦，围绕合作共赢，通过合作实现共同获益，构建生态利益共同体。

（三）提供全球生态保护与治理的中国方案

第一，在国际生态合作治理理念方面，当代中国坚持合作共赢的义利观，充分利用国际舞台全面深入阐述以构建人类命运共同体为核心理念的中国特色的全球治理理念，提供解决全球生态治理的中国方案，争取国际社会的理解和支持，为我国生态文明建设，实现生态公正赢得国际话语权。全球生态治理国际合作的前提和基础是对科学技术的深刻把握。在生态治理方面，国际合作意味着技术共享。在全球生态环境问题上，仅靠一个国家或是几个国家利用技术手段解决是不现实的，需要各个国家、民族间共同合作走向敞开性的交往合作，通过技术整合和系统优化解决当前生态环境问题。

第二，在国际生态合作治理的制度建设中，当代中国作为负责任的发展中大国，积极加入以联合国为核心的国际环境组织和机构，主动参与双边和多边国际生态治理谈判；忠实履行联合国气候变化框架下的国际条约，在国际社会树立负责任大国形象；参与联合国气候变化框架条约和协定的制定与修改，积极推动以合作共赢、包容互惠、平等公正为核心价值观的国际新秩序的建设，维护我国的国际生态权益。全球生态治理国际合作要加强国际社会的信任与沟通。信任是沟通的桥梁，尤其在国家交往过程中，生态合作需要跨过各种障碍，在维护本国生态环境的同时维护他国的生态环境。生态治理国际合作既具有复杂性，又面临相应的机遇和挑战。我们必须积极迎接机遇，应对挑战，在复杂的国际环境中加强国家间的生态合作。

第三，在国际生态合作治理实践中，中国政府坚持绿色发展观，坚持走绿色、低碳、循环和可持续的发展之路，鼓励和支持国内环保科技企业加强国际合作，引进国外先进的环保技术，引导国际资本参与我国生态治理，促进环保产业发展。加强西方国家输入性生态污染源的监管，限制"洋垃圾"等有毒有害严重污染我国生态环境和损害我国公民生存发展的环境污染源流入我国，防止西方国家借投资为名向我国转嫁生态风险，维护我国生态安全。

第四，中国与国际社会特别是广大发展中国家一道携手努力推动形成公平合理、合作共赢的全球气候治理体系。加强全球气候治理，维护国际生态公正缺少中国这样的发展中大国是不可能取得成效的。中国已经把应对气候变化融入国家经济社会发展中长期规划，履行节能减排承诺，推动国际社会就全球气候重大问题达成共识。习近平总书记强调，未来中国"在推进国内生态文明建设的同时，要深度参与全球气候治理，积极参与应对全球气候变化谈判；积极承担与我国基本国情、发展阶段和实际能力相符的国际义务，从全球视野加快生态文明建设，把绿色发展转化为新的综合国力和国际竞争新优势，为推动世界绿色发展、维护全球生态安全作出积极贡献"[1]。习近平总书记深刻阐述了中国生态文明建设与国际生态合作治理的辩证互动关系，为新时代我国开展生态保护和加强国际生态合作治理指明了方向。在全球生态治理问题上，各个国家只有放下偏见才能为国际合作创造条件。国际合作表现为国家与国家之间的友好态度，表现为顾全整体利益和全局利益，表现为各个国家秉承"求同存异"的原则，即抓住主要矛盾，共同推进全球生态文明建设。

---

[1] 中共中央宣传部编《习近平总书记系列重要讲话读本》，人民出版社，2016，第239页。

结　语

改革开放以来，在"以经济建设为中心"的发展主义思想指导下，当代中国在快速工业化、城市化进程中创造了一个个令世界瞩目的奇迹，但为此也付出了生态环境日益恶化的沉重代价。愈演愈烈的生态危机和日益尖锐的生态矛盾已经对中华民族伟大复兴和永续发展构成严峻挑战。在全面反思和总结我国经济社会发展中的经验教训的基础上，中国共产党果断转变了发展理念，及时调整了发展战略，将生态文明建设重大战略作为"五位一体"总体布局的重要组成部分，在生态文明建设实践中，全面贯彻落实可持续发展战略，树立科学发展观和"创新、协调、绿色、开放、共享"的新发展理念，加强生态治理，坚持绿色发展，坚定维护人民群众平等公正享有的生态权益。

从农耕文明、工业文明到生态文明的历史性跨越，反映了中国共产党对自然规律、人类社会发展规律、社会主义建设规律和党的执政规律认识的不断深化，体现了中国共产党在马克思主义生态文明思想指导下，反思并总结中国特色社会主义发展实践经验教训，并致力建设一个更加全面、协调、可持续的公平公正的社会主义社会的文化自觉、理论自信与政治担当。美国绿党运动的杰出代表人物丹尼尔·A.科尔曼在其著作《生态政治：建设一个绿色社会》中指出："生态社会将是一个公正的社会，不管人们住在哪里，这个社会都会赋予他们能力和手段，去追求一种健康的、愉快的、可持续的生活方式。"[1] 在人类社会公正系统中，生态公正是社会公正的前提和保障。生态公正的要义在于人们能够公正地分配和合理处置生态资源，同时不影响生态系统内部的和谐发展。马克思、恩格斯认为，公正是人类社会的崇高境界，是社会主义和共产主义的首要价值目标。马克思主义公正观是内在地包

---

[1]　丹尼尔·A.科尔曼：《生态政治：建设一个绿色社会》，梅俊杰译，上海译文出版社，2006，第110页。

含了生态公正与社会公正的广义公正观。生态公正问题的实质是当代人类社会如何全面协调处理人与人、人与社会、人与自然之间辩证互动关系，使人与人、人与社会、人与自然朝着良性、和谐、可持续发展。只有以生态公正保障社会公正，以社会公正促进生态公正，才能实现人类真正的社会公正。

推进生态文明建设，实现和维护生态公正是一项复杂的系统工程，尤其需要整体性视野。生态公正问题是人类社会历史总体性问题的一个缩影。因此，生态危机及生态公正问题的彻底解决不能完全在单纯生态保护和生态治理的范畴中实现，而应该在人的自我异化的扬弃以及资本主义现代文明被彻底扬弃的历史革命性转变中得到实现。社会主义生态文明建设的核心和宗旨是实现人与自然从"二元对立"向"和谐共生"发展的生态公正的转型，坚持人与自然和谐共生的核心发展理念，强调自然生态对人的自由而全面发展的重要性，把生态环境优先性作为生产力发展必须遵循的前提条件与客观规律。生态公正问题的真正解决有赖于社会生产力的发展、人类社会生产方式和生活方式的深刻变革以及人类价值取向的深度调整；在全球化背景下，解决当代中国的生态公正问题，还要重视与国际社会携手共进，加强全球生态治理的国际合作，构建人类命运共同体。

中共十九大报告指出："中国特色社会主义进入新时代，我国社会主要矛盾已经转化为人民日益增长的美好生活需要和不平衡不充分的发展之间的矛盾。我国稳定解决了十几亿人的温饱问题，总体上实现小康，不久将全面建成小康社会，人民美好生活需要日益广泛，不仅对物质文化生活提出了更高要求，而且在民主、法治、公平、正义、安全、环境等方面的要求日益增长。"[1] 人民日益增长的美好生活需要首先是对优美生态环境的需要。在生存环境方面，每个公民依法享有平等公正的生态权益。一百多年前，马克思、恩格斯为未来人类社会勾勒了一幅理想的蓝图：由社会全体成员组成的共同联合体来共同地和有计划地利用生产力；把生产发展到能够满足所有人的需要的规模；结束牺牲一些人的利益来满足另一些人的需要的状况；彻底消灭阶级和阶级对立；通过消除旧的分工，通过产业教育、变换工种、所有人共同享受大家创造出来的福利，通过城乡的融合，使社会全体成员的才能

---

[１]　习近平：《决胜全面建成小康社会 夺取新时代中国特色社会主义伟大胜利：在中国共产党第十九次全国代表大会上的报告》，人民出版社，2017，第 11 页。

得到全面发展。[1] 实现包括生态公正在内的社会公平正义，是中国特色社会主义的价值意蕴，也是中国共产党的历史使命与政治责任。中共十八大以来，以习近平同志为核心的党中央怀着神圣的使命感向人民庄严承诺："我们的人民热爱生活，期盼有更好的教育、更稳定的工作、更满意的收入、更可靠的社会保障、更高水平的医疗卫生服务、更舒适的居住条件、更优美的环境，期盼孩子们能成长得更好、工作得更好、生活得更好。人民对美好生活的向往，就是我们的奋斗目标。"[2] 中国共产党在新时代的历史使命，就是下大力气着力解决人民日益增长的美好生活需要和不平衡不充分的发展之间的矛盾，全面贯彻落实新发展理念，践行绿色发展，大力推进生态文明建设，加强生态治理，实现人与自然的和谐共生，建设美丽中国，切实维护人民群众的生态权益，使生活在同一片蓝天下的每一个中国公民能够同呼吸共命运，平等公正地共享优美的生存环境和生态资源，过上绿色、健康和有尊严的生活。

---

[1] 中共中央马克思恩格斯列宁斯大林著作编译局编译《马克思恩格斯文集》第 1 卷，人民出版社，2009，第 246 页。

[2] 习近平：《人民对美好生活的向往，就是我们的奋斗目标》，《人民日报》2012 年 11 月 16 日（第 4 版）。

参考文献

一、著作类

［1］中共中央马克思恩格斯列宁斯大林著作编译局. 马克思恩格斯文集：第1卷［M］. 北京：人民出版社，2009.

［2］中共中央马克思恩格斯列宁斯大林著作编译局. 马克思恩格斯文集：第2卷［M］. 北京：人民出版社，2009.

［3］中共中央马克思恩格斯列宁斯大林著作编译局. 马克思恩格斯文集：第3卷［M］. 北京：人民出版社，2009.

［4］中共中央马克思恩格斯列宁斯大林著作编译局. 马克思恩格斯文集：第4卷［M］. 北京：人民出版社，2009.

［5］中共中央马克思恩格斯列宁斯大林著作编译局. 马克思恩格斯文集：第5卷［M］. 北京：人民出版社，2009.

［6］中共中央马克思恩格斯列宁斯大林著作编译局. 马克思恩格斯文集：第6卷［M］. 北京：人民出版社，2009.

［7］中共中央马克思恩格斯列宁斯大林著作编译局. 马克思恩格斯文集：第7卷［M］. 北京：人民出版社，2009.

［8］中共中央马克思恩格斯列宁斯大林著作编译局. 马克思恩格斯文集：第8卷［M］. 北京：人民出版社，2009.

［9］中共中央马克思恩格斯列宁斯大林著作编译局. 马克思恩格斯文集：第9卷［M］. 北京：人民出版社，2009.

［10］中共中央马克思恩格斯列宁斯大林著作编译局. 马克思恩格斯全集：第1卷［M］. 北京：人民出版社，1956.

［11］中共中央马克思恩格斯列宁斯大林著作编译局. 马克思恩格斯全集：第2卷［M］. 北京：人民出版社，1956.

［12］中共中央马克思恩格斯列宁斯大林著作编译局. 马克思恩格斯全

集：第 31 卷 ［M］. 北京：人民出版社，1979.

［13］中共中央马克思恩格斯列宁斯大林著作编译局. 马克思恩格斯全集：第 42 卷 ［M］. 北京：人民出版社，1979.

［14］中共中央马克思恩格斯列宁斯大林著作编译局. 马克思恩格斯全集：第 3 卷 ［M］. 北京：人民出版社，2002.

［15］胡锦涛. 胡锦涛文选：第 1 卷 ［M］. 北京：人民出版社，2016.

［16］胡锦涛. 胡锦涛文选：第 2 卷 ［M］. 北京：人民出版社，2016.

［17］胡锦涛. 胡锦涛文选：第 3 卷 ［M］. 北京：人民出版社，2016.

［18］习近平. 决胜全面建成小康社会夺取新时代中国特色社会主义伟大胜利：在中国共产党第十九次全国代表大会上的报告 ［M］. 北京：人民出版社，2017.

［19］中共中央宣传部. 习近平总书记系列重要讲话读本 ［M］. 北京：人民出版社，2016.

［20］习近平. 习近平谈治国理政：第 1 卷 ［M］. 北京：外文出版社，2014.

［21］习近平. 习近平谈治国理政：第 2 卷 ［M］. 北京：外文出版社，2014.

［22］中共中央文献研究室. 建国以来重要文献选编：第 12 册 ［M］. 北京：中央文献出版社，1996.

［23］中共中央文献研究室. 毛泽东文集：第 6 卷 ［M］. 北京：人民出版社，1999.

［24］中共中央文献研究室. 习近平关于社会主义生态文明建设论述摘编 ［M］. 北京：中央文献出版社，2017.

［25］中共中央宣传部. 习近平新时代中国特色社会主义思想学习纲要 ［M］. 北京：学习出版社，人民出版社，2019.

［26］中共中央文献研究室. 十八大以来重要文献选编（上） ［M］. 北京：中央文献出版社，2016.

［27］方世南，曹峰旗，王海稳. 马克思恩格斯弱者权益保护思想 ［M］. 上海：上海三联书店，2012.

［28］方世南. 马克思环境思想与环境友好型社会研究 ［M］. 上海：上海三联书店，2014.

〔29〕方世南. 马克思恩格斯的生态文明思想：基于《马克思恩格斯文集》的研究〔M〕. 北京：人民出版社，2017.

〔30〕余谋昌，王耀先. 环境伦理学〔M〕. 北京：高等教育出版社，2004.

〔31〕吴忠民. 社会公正论〔M〕. 济南：山东人民出版社，2004.

〔32〕曾建平. 环境公正：中国视角〔M〕. 北京：社会科学文献出版社，2013.

〔33〕卢风，等. 生态文明新论〔M〕. 北京：中国科学技术出版社，2013.

〔34〕洪大用，马国栋，等. 生态现代化与文明转型〔M〕. 北京：中国人民大学出版社，2014.

〔35〕张云飞. 唯物史观视野中的生态文明〔M〕. 北京：中国人民大学出版社，2014.

〔36〕田启波. 生态正义研究〔M〕. 北京：中国社会科学出版社，2016.

〔37〕陈金清. 生态文明理论与实践研究〔M〕. 北京：人民出版社，2016.

〔38〕郇庆治. 欧洲绿党研究〔M〕. 济南：山东人民出版社，2000.

〔39〕陈学明. 谁是罪魁祸首：追寻生态危机的根源〔M〕. 北京：人民出版社，2012.

〔40〕孙正甲. 生态政治学〔M〕. 哈尔滨：黑龙江人民出版社，2005.

〔41〕黄寰. 区际生态补偿论〔M〕. 北京：中国人民大学出版社，2012.

〔42〕朱贻庭. 伦理学大辞典〔M〕. 上海：上海辞书出版社，2002.

〔43〕张兴杰. 跨世纪的忧患：影响中国稳定发展的主要社会问题〔M〕. 兰州：兰州大学出版社，1998.

〔44〕中国社会科学院环境与发展研究中心. 中国环境与发展评论〔M〕. 北京：社会科学文献出版社，2004.

〔45〕刘湘溶. 人与自然的道德话语：环境伦理学的进展与反思〔M〕. 长沙：湖南师范大学出版社，2004.

〔46〕李培超. 自然的伦理尊严〔M〕. 南昌：江西人民出版社，2001.

〔47〕卢风，刘湘溶. 现代发展观与环境伦理〔M〕. 保定：河北大学出版社，2004.

［48］许鸥泳. 环境伦理学［M］. 北京：中国环境科学出版社，2002.

［49］雷毅. 生态伦理学［M］. 西安：陕西人民教育出版社，2000.

［50］余谋昌. 生态哲学［M］. 西安：陕西人民教育出版社，2000.

［51］柳卸林. 世界名人论中国文化［M］. 武汉：湖北人民出版社，1991.

［52］丹尼尔·A. 科尔曼. 生态政治：建设一个绿色社会［M］. 梅俊杰，译. 上海：上海译文出版社，2006.

［53］蕾切尔·卡逊. 寂静的春天［M］. 吕瑞兰，李长生，译. 长春：吉林人民出版社，2004.

［54］彼得·S. 温茨. 环境正义论［M］. 朱丹琼，宋玉波，译. 上海：上海人民出版社，2007.

［55］詹姆斯·奥康纳. 自然的理由［M］. 唐正东，臧佩洪，译. 南京：南京大学出版社，2003.

［56］威廉·莱斯. 自然的控制［M］. 岳长龄，李建华，译. 重庆：重庆出版社，1993.

［57］琼·马丁内斯·阿里埃. 环境正义（地区与全球）［M］. 马丁，译. 南京：南京大学出版社，2002.

［58］约翰·贝拉米·福斯特. 生态危机与资本主义［M］. 耿建兴，宋兴无，译. 上海：上海译文出版社，2006.

［59］艾伦·杜宁. 多少算够：消费社会与地球的未来［M］. 毕聿，译. 长春：吉林人民出版社，1997.

［60］埃里希·弗罗姆. 逃避自由［M］. 刘林海，译. 北京：国际文化出版公司，2002.

［61］埃里希·弗罗姆. 健全的社会［M］. 蒋重跃，等译. 北京：国际文化出版公司，2003.

［62］加特勒·哈丁. 生活在极限之内：生态学、经济学和人口禁忌［M］. 戴星翼，张真，译. 上海：上海译文出版社，2001.

［63］霍尔姆斯·罗尔斯顿Ⅲ. 哲学走向荒野［M］. 刘耳，叶平，译. 长春：吉林人民出版社，2000.

［64］丹尼斯·米都斯，等. 增长的极限：罗马俱乐部关于人类困境的报告［M］. 李宝恒，译. 长春：吉林人民出版社，1997.

［65］世界环境与发展委员会. 我们共同的未来［M］. 王之佳，柯金良，等，译. 长春：吉林人民出版社，1997.

［66］联合国环境与发展会议. 21 世纪议程［M］. 国家环境保护局，译. 北京：中国环境科学出版社，1993.

［67］齐格蒙特·鲍曼. 被围困的社会［M］. 郇建立，译. 南京：江苏人民出版社，2005.

［68］大卫·希尔曼，约瑟夫·韦恩·史密斯. 气候变化的挑战与民主的失灵［M］. 武锡申，李楠，译. 北京：社会科学文献出版社，2009.

［69］戴维·佩珀. 生态社会主义：从深生态学到社会正义［M］. 刘颖，译. 济南：山东大学出版社，2005.

［70］布赖恩·巴克斯特. 生态主义导论［M］. 曾建平，译. 重庆：重庆出版社，2007.

［71］克里斯托弗·司徒博. 环境与发展：一种社会伦理学的考量［M］. 邓安庆，译. 北京：人民出版社，2008.

［72］哈罗德·J. 伯尔曼. 法律与宗教［M］. 梁治平，译. 北京：中国政法大学出版社，2003.

［73］饭岛伸子. 环境社会学［M］. 包智明，译. 北京：社会科学文献出版社，1999.

二、期刊类

［1］方世南. 从生态政治学的视角看社会主义和谐社会的构建［J］. 政治学研究，2005（2）：41-48.

［2］方世南. 生态权益：马克思恩格斯生态文明思想的一个重大亮点［J］. 鄱阳湖学刊，2011（5）：5-17.

［3］方世南. 社会正义观：生态社会主义的核心价值观［J］. 阅江学刊，2014（4）：5-10.

［4］方世南. 保障公民环境权益是政府的重大职责［J］. 学习论坛，2012（2）：44-47.

［5］方世南. 德国生态治理经验及其对我国的启迪［J］. 鄱阳湖学刊，2016（1）：70-77.

［6］方世南. 生态环境与人的全面发展［J］. 哲学研究，2002（1）：14-17.

［7］方世南. 全球生态合作共治：价值、困境与出路［J］. 北华大学学报（社会科学版），2017（3）：86-91.

［8］李培超. 多维视角下的生态正义［J］. 道德与文明，2007（4）：10-14.

［9］曾建平. 乡村视野中的环境公正与和谐社会［J］. 江西师范大学学报（哲学社会科学版），2005（5）：14-16.

［10］夏东民. 环境建设的伦理观［J］. 哲学研究，2002（2）：18-20.

［11］朱炳元. 关于《资本论》中的生态思想［J］. 马克思主义研究，2009（1）：46-55.

［12］滕海键. 20世纪八九十年代美国的环境正义运动［J］. 河南师范大学学报（哲学社会科学版），2007（6）：143-167.

［13］潘岳. 环境不公加重社会不公［J］. 瞭望新闻周刊，2004（45）：60.

［14］张乐民. 奥康纳的环境正义思想探析［J］. 学术论坛，2011（6）：49-52.

［15］文同爱，李寅铨. 环境公平、环境效率及其与可持续发展的关系［J］. 中国人口·资源与环境，2003（4）：16-20.

［16］王云霞，杨小华. 福斯特的资本主义生态批判及其启示［J］. 安徽大学学报（哲学社会科学版），2010（1）：45-50.

［17］冯颜利，周文，孟献丽. 生态学社会主义核心命题的局限：评詹姆斯·奥康纳"生产性正义"思想［J］. 中国社会科学，2011（5）：114-120.

［18］董慧. 空间、生态与正义的辩证法：大卫·哈维的生态正义思想［J］. 哲学研究，2011（8）：36-41.

［19］汪盛玉. "生态正义"何以可能：生态学马克思主义生态文明观探析［J］. 贵州师范大学学报（社会科学版），2014（4）：90-95.

［20］郑湘萍，田启波. 生态学马克思主义视阈中的生态殖民主义批判［J］. 岭南学刊，2009（6）：120-123.

［21］潘岳. 环境保护与社会公平［J］. 中国国情国力，2004（12）：4-7.

［22］王建明，王爱桂. 红色经典的绿色视野：《共产党宣言》中的社会

正义与生态正义［J］. 苏州大学学报（哲学社会科学版），2008（5）：5-9.

［23］邵发军.《1844 年经济学哲学手稿》的生态正义思想探析［J］. 岭南学刊，2012（3）：107-110.

［24］李惠斌. 生态权利与生态正义：一个马克思主义的研究视角［J］. 新视野，2008（5）：67-69.

［25］任铃. 马克思主义生态正义思想的多重向度及其现实关怀［J］. 南京社会科学，2014（5）：48-53.

［26］陶火生. 资本中心主义批判与生态正义［J］. 福州大学学报（社会科学版），2011（6）：65-71.

［27］郎廷建. 生态正义何以可能［J］. 马克思主义哲学研究，2014（5）：304-312.

［28］张劲松. 论生态治理的政治考量［J］. 政治学研究，2010（5）：93-101.

［29］朱旭峰，王笑歌. 论"环境治理公平"［J］. 中国行政管理，2007（9）：107-111.

［30］郇庆治. 终结"无边界的发展"：环境正义视角［J］. 绿叶，2009（10）：114-121.

［31］骆徽，刘雪飞. 小康社会视角下的生态正义及其实现［J］. 山东农业大学学报（社会科学版），2005（2）：106-110.

［32］李诗凡，陈海飞，陈柯楠. 生态公平问题初探［J］. 江苏科技大学学报（社会科学版），2014（1）：78-83.

［33］包大为. 公共性：生态公正的现实基础：一个关于生态文明的历史唯物主义洞见［J］. 中共宁波市委党校学报，2013（3）：22-29.

［34］钱秋月. 生态正义在当代中国何以实现：兼论十五大以来党对生态理论的创新［J］. 西北工业大学学报（社会科学版），2014（3）：1-5.

［35］刘湘溶，曾建平. 作为生态伦理的正义观［J］. 吉首大学学报（社会科学版），2000（3）：1-7.

［36］尤晓娜，刘广明. 建立生态环境补偿法律机制［J］. 经济论坛，2004（21）：124-125.

［37］刘仁胜. 德国生态治理及其对中国的启示［J］. 红旗文稿，2008（20）：33-34.

［38］洪大用. 关于中国环境问题和生态文明建设新思考［J］. 探索与争鸣，2013（10）：4-10.

［39］董敬畏. 生态公平与生态文明［J］. 长春市委党校学报，2014（5）：21-24.

［40］贾凤姿，杨驭越. 城乡环境公正缺失与农民生态权益［J］. 大连海事大学学报（社会科学版），2010（4）：83-87.

［41］黄爱宝. 后工业社会的城乡生态公正论［J］. 南京师大学报（社会科学版），2014（1）：29-37.

［42］陆树程，刘萍. 关于公平、公正、正义三个概念的哲学反思［J］. 浙江学刊，2010（2）：198-203.

［43］冯颜利. 公正与正义［J］. 道德与文明，2002（6）：28-29.

［44］洪大用，龚文娟. 环境公正研究的理论与方法述评［J］. 中国人民大学学报，2008（6）：70-79.

［45］曾建平. 环境公正三题［J］. 中共中央党校学报，2007（6）：83-88.

［46］张金俊. 国内农民环境维权研究：回顾与前瞻［J］. 天津行政学院学报，2012（2）：44-49.

［47］曾建平，顾萍. 环境公正：和谐社会的基本前提［J］. 伦理学研究，2007（2）：59-63.

［48］侯文蕙. 20 世纪 90 年代的美国环境保护运动和环境保护主义［J］. 世界历史，2000（6）：56-60.

［49］王韬洋. "环境正义运动"及其对当代环境伦理的影响［J］. 求索，2003（5）：160-162.

［50］曲格平. 人类在生物圈内生存［J］. 中国环境管理，1987（4）：4-7.

［51］陈兴发. 中国的环境公正运动［J］. 学术界，2015（9）：42-57.

［52］苏孝宝，乔震. 警惕生态殖民主义［J］. 中学地理教学参考，2002（2）：21-22.

［53］王云霞，杨小华. 福斯特的资本主义生态批判及其启示［J］. 安徽大学学报（哲学社会科学版），2010（1）：45-50.

［54］刘顺. 资本全球化与国家生态安全［J］. 现代经济探讨，2017（2）：

22-26.

　　［55］洪大用. 当代中国环境公平问题的三种表现［J］. 江苏社会科学，2001（3）：39-43.

　　［56］郭琰. 环境正义与中国农村环境问题［J］. 学术论坛，2008（7）：47-51.

　　［57］李锦顺. 城乡社会断裂和农村生态环境问题研究［J］. 生态经济，2005（2）：28-32.

　　［58］黄鹂，张巧遇. 环境公平与新农村建设［J］. 安徽大学学报（哲学社会科学版），2008（7）：147-150.

　　［59］洪大用. 环境公平：环境问题的社会学视点［J］. 浙江学刊，2001（4）：67-73.

　　［60］郑易生. 环境污染转移现象对社会经济的影响［J］. 中国农村经济，2002（2）：8.

　　［61］龚文娟. 社会经济地位差异与风险暴露：基于环境公正的视角［J］. 社会学评论，2013（4）：16-28.

　　［62］张康之，熊炎. 风险社会中的风险治理原理［J］. 南京工业大学学报（社会科学版），2009（2）：5-9.

　　［63］洪大用，马芳馨. 二元社会结构的再生产：中国农村面源污染的社会学分析［J］. 社会学研究，2004（4）：1-7.

　　［64］王春凤，刘玉凤. 农村生态环境问题的成因与对策［J］. 山东省农业管理干部学院学报，2008（4）：34-35.

　　［65］林安云. 论当代中国的生态问题与生态治理困境：中国向生态文明转向的必然性［J］. 云南行政学院学报，2013（6）：105-108.

　　［66］曾建平，袁学涌. 科学发展观视野中的环境正义［J］. 道德与文明，2005（1）：8-10.

　　［67］曹明德，王良海. 对修改我国《野生动物保护法》的几点思考：兼论野生动物资源生态补偿机制［J］. 法律适用，2004（11）：28-31.

　　［68］黄河，李永宁. 关于西部退耕还林还草工程可持续性推进问题的几点思考：基于相关现实案例分析［J］. 理论导刊，2004（2）：10-14.

　　［69］夏友富. 外商投资中国污染密集产业现状、后果及其对策研究［J］. 管理世界，1999（3）：109-123.

［70］王久良. 废旧塑料进中国［J］. 环境教育，2015（10）：8-12.

［71］王贝. 中国：世界垃圾场？［J］. 世界知识，2013（11）：54-55.

［72］陈思维. 文化消费：扩大内需的重要突破点［J］. 中国发展观察，2009（5）：30-31.

［73］任力. 低碳经济与中国经济可持续发展［J］. 社会科学家，2009（2）：47-50.

［74］张翼. 陕西"癌症村"悲情实录［J］. 北京青年周刊，2000（31）：15-20.

三、学位论文类

［1］张留记. 苏州社会主义新农村建设中的生态公正问题研究［D/OL］. 苏州：苏州科技学院，2011.

［2］胡忠华. 论马克思主义环境公平观［D/OL］. 南昌：江西师范大学，2011.

［3］张瑜. 生态公正视角下的内蒙古草原碳汇［D/OL］. 呼和浩特：内蒙古大学，2012.

［4］岑淳. 马克思主义环境正义思想及其当代意义［D/OL］. 合肥：安徽大学，2011.

［5］温海霞. 基于环境公平理论对我国环境政策的评析及调整对策研究［D/OL］. 天津：天津大学，2006.

后　记

虽然博士毕业多年了，但我对生态公正问题的研究一直保持着浓厚的兴趣。参加工作以来，我的导师、朋友和同事都十分关心和支持我继续沿着这个方向做一些深度研究，建议我结合最新研究成果，尽快将博士论文修改后出版。于是，我终于鼓起勇气，着手本书的写作与修改，开启了博士毕业后的又一次艰苦的科研跋涉。这算是对自己和亲朋好友的一个交代。

近年来，我们可以看到，一方面，在国内，随着生态文明建设的深入推进，人们的环境保护和生态权益意识日益增强，步入全面小康生活的中国人民对优美的生态环境的期望与日俱增。而当前我国的环境污染问题仍然很多，人与自然的紧张关系引发的生态危机仍然严峻，由生态权益冲突引发的环境群体性事件日益增多，当代中国的生态文明建设仍然任重道远。另一方面，在国际上，一些西方发达国家面对人类共同面临的全球性生态危机和可持续发展问题，为了一己私利，不仅拒绝承担国际生态治理的责任和义务，还制造"绿色壁垒"，推行生态霸权主义，将本国的生态风险和生态矛盾转嫁给广大发展中国家，导致这些国家人民的生态权益得不到保障。我深感有责任将生态文明建设与生态公正这个课题深入研究下去。

结合我近几年的一些学习研究心得和掌握的最新研究资料，我在博士论文的基础上主要做了以下拓展和补充：一是重新调整了论著的写作提纲和框架，充分吸纳了中共十八大以来形成的习近平生态文明思想中的重要观点，将构建人类命运共同体理念、建设和谐美丽世界作为一个主题单独成章，增强了课题研究的国际视野，以体现中国应对全球性生态危机、加强国际生态合作治理的使命与担当。二是在学理性的阐释方面，吸纳了近年来学界关于生态文明与生态公正的一些最新理论成果，如习近平生态文明思想中的生态民生观、生态安全观、"两山论"、人与自然和谐共生的生态现代化理论等，以使论著的内容更厚重饱满。三是对一些比较陈旧的论证数据进行了修正，尽量采用国家统计局、生态环境部、自然资源部等国家权威部门的统计数据，以增强说服力；在实证研究中，论著增补了关于生态环境领域的一些最新的典型案例，引述了诸如《中华人民共和国民法典》等新修订的国家法律法规中关于保护环境、保障公民生态权益的法律条款，以增强学术论著的可读性与现实针对性。

在书稿的写作与修改过程中，我的博士生导师方世南教授给了我很多新的启发和指导，并在书稿完成后欣然应允为拙著作序，让我倍受鼓舞。方老师是国内外具有很大影响力的马克思主义生态文明理论研究学者，从20世纪80年代以来便开始关注我国生态环境问题，40多年来致力于当代中国生态文明的理论与实践研究，成果丰硕，著述等身。攻读博士学位期间，在方老师的影响下，我选择了生态文明理论作为自己的研究方向。改革开放以来，我国取得举世瞩目的巨大成就的同时，随着生态环境的日益恶化，生态危机和生态矛盾日益凸显出来，由经济社会发展的不平衡不充分、分配不公、贫富差距日益拉大等因素带来的社会不公正问题也日益延伸到生态环境领域。在当代中国的生态文明建设进程中，随着人们环境意识和生态权益意识的觉醒，生态公正问题已经成为一个重大的民生问题并日益成为理论界研究关注的热点。对于我的选择，方老师给予了充分肯定和热情的支持，同时也不忘提醒我说，生态公正问题是一个学科跨度很大、学理性很强、很有挑战性的课题，鼓励我要下大力气，攻坚克难，深入研究，出一些原创性成果。对于方老师的这一提醒，我在日后博士论文的研究写作和书稿的修改完善中才深切地体会到。现在想来，方老师对学生的关心、宽容与爱护可谓用心良苦啊！从书稿选题，到研究框架的拟定和调整，再到文字的润色修改，这部书稿无不倾注了方老师的心血和努力。尤其是当我研究和写作陷入困境，苦不堪言以致想要放弃的时候，方老师适时给予我信心和勇气，及时点拨启发，一次次不厌其烦地鞭策和鼓励，使我鼓起勇气继续课题研究与书稿的写作。几年来，由于自己在家庭、工作和学业之间没能够实现合理的平衡，加上理论学习和专业知识积累很不够，科研成果与老师的期望相距甚远。反观老师，虽著述丰富，功成名就，仍然每天坚持阅读、思考，笔耕不辍，为社会文明进步贡献智慧。这令我感到很惭愧。

在我潜心于书稿的写作和修改期间，家庭是我学术探索征程中疲惫时驻足小憩的港湾，亲人是我坚持不懈的动力和坚强后盾。2013年对于我来说是值得纪念的一年。在新年的第二天我的宝贝女儿多多出生了，给漂泊多年后才成家立业的我以莫大的慰藉。两个月后，怀着初为人父的喜悦，我重新走进考场接受挑战。在经历了数次挫折之后，我终于取得了苏州大学博士研究生的入学资格，圆了自己的读博梦。在此，我要感谢女儿给我带来的好运。面对着家庭、事业翻开的崭新一页，我有一种沉甸甸的责任感与使命感。回顾十多年来的求学和工作历程，兜兜转转一路走来，我要感谢命运的眷顾，感谢人生成长道路上邂逅的每一位为我指点迷津，关心、支持、鼓励、帮助、引导和鞭策我奋力前行的师长、同学、朋友和同事。还要感谢我的家人为了我的学业在我身后的默默支持与付出。生活在农村的父母这么多年来以羸弱的身躯，在农村默默无闻地以自己的辛劳和执着将我送出山区，让我走向城市，走上学术科研之路。我要感谢我的妻子王冬晶女士这些年来的理解和支持，当初和妻子邂逅后，在谈婚论嫁时为了减轻我的压力没有提出过多的要求，让我十分感动。妻子在外企从事科技生产工作，任务繁重，早出晚归，压力很大，为了家庭和事业努力打拼。为了排除干扰，让我安心学习，潜心研究，妻子在紧张的工作之余，承担起了陪伴和辅导孩子成长的重任，我亏欠妻子太多。我要感谢我的女儿罗歆尧，她的聪慧、天真和活泼，常绕膝间的戏要驱散了我在紧张繁重的教学科研中的疲惫与烦闷。对没有能够给予女儿更多的陪伴，我深表愧疚。我要特别感谢我的岳父母和我妻子的姐姐，从我和妻子结婚到孩子出生、成长、上学，他们帮助我们照顾孩子、料理家务，为我们分忧解难，这份恩情我永远不会忘记。此外，我还要感谢我的弟弟，他在我求学期间给了我默默的支持和鼓励，我将记住这份兄弟情义。于亲人们的倾情付出，我无以为报，唯有更加努力工作，争取更大的成绩。

论著的完成也是出版社编辑共同努力的结果。在此，我要特别感谢苏州大学出版社的责任编辑李寿春老师和助理编辑王玉琦老师为拙著付出的心血和辛劳。在书稿写作和修改过程中，李老师多次与我沟通协商，从书稿的题目、框架，到文字校对、学术规范与出版要求等，给我提出了许多宝贵的意见和建议。没有她的鼓励和鞭策，我不可能在有限的时间里完成这项任务。同时，我还要感谢我的工作单位苏州大学马克思主义学院的领导和我所在教研室的各位同事的关心、支持和帮助。本书的出版得到了江苏省优势学科第三期项目资助；在研究与写作过程中，我参考、借鉴了许多国内外专家学者的研究成果，在此我也向他们一并表示感谢！

学术研究的道路永无止境，充满着未知和艰辛。这也许正是学术研究的魅力所在。在论著即将付梓之际，面对着自己多年研究努力的结果，我诚惶诚恐，如履薄冰。囿于本人学业的粗疏和理论功底的肤浅，论著还存在许多的不足与缺憾，恳请学界同人批评指正，不吝赐教。

罗志勇
于苏州大学独墅湖校区
2021 年 8 月 8 日